高应力松软煤岩巷道变形机理与控制技术研究

薛维培　郝朋伟　张　浩　经来旺　著

武汉理工大学出版社

·武　汉·

内容提要

本书以淮北矿业股份有限公司许疃煤矿、涡北煤矿和袁庄煤矿为研究对象,先后进行了基础实验与理论研究、现场工业性试验研究和技术经济分析,提出了适合极松散煤层与松动泥岩中巷道支护的"支强压弱、支弱压强"和"锚杆与金属支架相互增强"等围岩变形控制原理,并依据上述原理提出了"锚架组合支护技术",获得了较好的技术成果与经济效益。

全书内容分为基础实验与理论研究、现场工业性试验研究和技术经济分析 3 篇,共 19 章,可作为煤矿井下基建工程技术人员制定支护方案的参考书。

图书在版编目(CIP)数据

高应力松软煤岩巷道变形机理与控制技术研究/ 薛维培,郝朋伟,张浩,经来旺著. —武汉 : 武汉理工大学出版社,2016.3
ISBN 978-7-5629-4329-7

Ⅰ. ①深… Ⅱ. ①薛…②郝…③张…④经… Ⅲ. ①疏松地层-厚煤层-巷道变形-研究 Ⅳ. ①TD322

中国版本图书馆 CIP 数据核字(2013)第 313177 号

项目负责人:王兆国
责 任 编 辑:徐 扬
责 任 校 对:陈 硕
封 面 设 计:许伶俐
出 版 发 行:武汉理工大学出版社
地　　　址:武汉市洪山区珞狮路 122 号
邮　　　编:430070
网　　　址:http://www.wutp.com.cn
经　　　销:各地新华书店
印　　　刷:虎彩印艺股份有限公司
开　　　本:710×1000　1/16
印　　　张:17
字　　　数:342 千字
版　　　次:2016 年 3 月第 1 版
印　　　次:2016 年 3 月第 1 次印刷
定　　　价:49.00 元

前　　言

　　本书以淮北矿业股份有限公司涡北煤矿、许疃煤矿和袁庄煤矿为试验矿井,对极松散厚煤层中的煤巷、反复破坏的软岩巷道、孤岛效应十分突出的倾斜破碎煤岩互层巷道进行了较长时间的细致研究,获得了大量的现场数据,提出了切合实际且效果显著地围岩控制技术和方案,并取得了显著的经济与社会效益。

　　整个研究包括基础实验研究、理论研究、解析计算与数值模拟分析和现场工业性试验,提出了"支强压弱、支弱压强"、"借力提力、越压越强"和"高应力松动泥岩中锚杆与金属支架相互增强"三个支护新原理。对治理后的三条巷道均进行了很长时间的治理效果监测,其中的许疃煤矿－500m水平南翼轨道大巷的监测时间更是长达36个月。

　　本课题在松散煤巷和软岩巷道的变形与控制机理的认识方面较现行的机理有较大的创新,在控制手段方面也实现了较大突破,对我国煤矿深部水平煤岩巷道支护理论与实践的研究均具有较大的参考价值。

　　本书包含绪论、第一篇"基础实验与理论研究"(第1章～第13章)、第二篇"现场工业性试验"(第14章～第16章)、第三篇"技术经济分析"(第17章～第18章)和附录。全书由安徽理工大学与淮北矿业股份有限公司课题组相关人员撰写,其中薛维培撰写了1～8章,郝朋伟撰写了9～14章,张浩撰写了15～18章,经来旺撰写了绪论、附录并对全书进行了总体规划与审核。

　　本书得到了安徽理工大学"工程力学专业综合改革试点"本科高校发展能力提升计划、安徽理工大学"工程力学特色专业"建设项目、安徽理工大学"工程力学卓越工程师"培养计划、安徽省"工程力学特色专业"建设等项目的支持,得到了淮北矿业股份有限公司科技计划的支持,在此表示衷心感谢!

编　者
2016年1月

目　　录

第 2 篇　现场工业性试验

第 3 篇　技术经济分析

0 绪 论

0.1 项目来源

本研究来源于淮北矿业股份有限公司 2009—2012 年科技攻关计划——"极松散厚煤层及高应力松动泥岩中锚杆锚固与支架相互增强技术研究",由淮北矿业股份有限公司许疃煤矿、涡北煤矿、袁庄煤矿和安徽理工大学负责实施和完成。

0.2 项目研究背景和意义

0.2.1 项目研究背景

背景之一是涡北煤矿 8203 跟底煤巷屡支屡败,在 2008 年 12 月至 2009 年 3 月之间分别采用了圆拱斜腿 36U 形钢支架、圆拱与拱形腿 36U 形钢支架等支护形式,但由于煤层极为松散,底板十分软弱,支护很难保持 10 天以上,整个施工过程处于前掘后修状况,2 个月进尺不足 100m,连续几个施工单位主动撤出。

背景之二是许疃煤矿−500m 南翼轨道大巷,该巷服务期 30 年,2003 年成巷,全长 1538.54m,处于次生高地压区段约 900m,几乎每 2 年大修一次,小修长年不断。不仅发生了巨额的修复成本,而且给生产带来了严重影响,产生了很多安全隐患。背景之三:袁庄 IV2 专用回风道在孤岛效应影响下的常年破坏、常年返修对生产造成了巨大影响。需特别强调,上述情况并不仅仅是三个矿的个别现象,而是整个两淮矿区普遍存在的情况。

巷道的严重变形不仅对煤矿的正常生产有严重影响,同时也会引发许多安全隐患。由于巷道变形导致断面大幅度减小,巷道通风能力势必降低,矿井生产能力势必受到影响;同时,剧烈的底臌还会导致轨道、皮带机倾斜,引发严重的安全事故。因此该项目的研究不仅具有较大的理论研究价值,而且还具有较大的社会意义和经济意义。

0.2.2　项目意义

首先,本项目的研究内容具有普遍性,高应力软岩巷道变形控制问题、极松散厚煤层软弱底板情形下的跟底煤巷的变形控制问题至今仍是世界难题,对其进行较长时间的理论与实践研究,将是对全人类的贡献。

其次,本项目的研究采用了理论与实践相结合的基本路线,依据理论研究获得的技术原理与长期以来坚持的观点有较大的差异,理论创新明显。依据创新原理制定的实施方案经现场工业性试验获得的成果表明,效果非常显著,经济效益巨大。这种经实践验证的技术原理不仅具有十分重要的理论价值,其社会与实践意义更为突出。

0.3　项目的主要研究成果

项目以淮北矿业股份有限公司许疃煤矿、涡北煤矿、袁庄煤矿等煤矿为依托,通过现场围岩岩样的力学性能试验研究,包含流变性质测试、地应力测试、岩石成分检测分析、现场松动圈测试、金属支架与围岩相互作用力现场测试、补强锚杆(索)拉力测试等,以涡北煤矿8203机风两巷、许疃煤矿－500m南翼轨道大巷和袁庄煤矿Ⅳ2专用回风道为现场试验研究地点,研究了极松散厚煤层软弱底板情形下跟底煤巷、高应力软岩巷道变形发生的基本因素、力学机理,同时研究了极松散煤层中和软岩巷道松动圈中锚杆锚固的基本机理,取得了重要的研究成果,具体如下:

(1)揭示了"让压"原理的适用条件,提出了适用于极松散厚煤层和高应力软弱厚泥岩中巷道支护的"支强压弱、支弱压强"技术原理并给出了相关的力学机理。

(2)揭示了极松散厚煤层中影响锚杆锚固力的基本因素,研究给出了提高锚固力的基本对策,提出了"借力提力、越压越强"锚杆锚固技术原理。

(3)揭示了锚固在巷道围岩松动圈中的锚杆锚固力的影响因素,研究给出了提高锚固力的基本对策,提出了"高应力松动泥岩中锚杆与金属支架相互增强"技术原理。

（4）揭示了巷道帮底之间的联动效应，提出了"抑帮控底"的治理底臌的基本思想。

（5）借助于良好的支护效果，对涡北煤矿生产系统实施技改，使得原规划的两个相邻、单独开采的煤块通过延长8203工作面机风巷得以合二为一，从而产生巨大经济效益。另外，实现了涡北煤矿8203机风两巷、许疃煤矿－500m南翼轨道大巷和袁庄Ⅳ2专用回风道围岩变形快速收敛、稳定。

第1篇 基础实验与理论研究

本篇共分三个部分:第一部分为基础实验研究成果,内容包括第 1 章～第 3 章;第二部分为理论研究成果,包括第 4 章～第 8 章,内容包括软岩巷道(煤巷)的变形特征、变形因素、变形机理、控制机理和控制措施五方面内容,以变形特征着手,由表及里揭示变形因素,然后依据变形因素研究分析变形机理,在清楚变形机理的基础之上,依据现代力学理论与原理,研究巷道变形的控制机理并以此给出控制措施;第三部分为解析计算与数值模拟成果报告,内容包括第 9 章～第 13 章。

1 许疃煤矿基础试验研究成果

1.1 许疃煤矿－500m 南翼轨道大巷顶底板岩石物理力学性质试验

1.1.1 取样地点

此次岩样取自淮北矿业集团许疃煤矿－500m 南翼轨道大巷配风巷底板。

1.1.2 测试内容

(1)力学性质

岩石的单轴抗压强度、抗拉强度(巴西盘劈裂试验)、弹性模量、变形模量、泊松比。

(2)物理性质

颗粒密度(比重)、块体密度(容重)、孔隙率。

1.1.3　采样的基本要求

岩石试件的采样应按照中华人民共和国行业标准《煤和岩石物理力学性质测定的采样一般规定》MT38—87的规定执行,需注意以下几点:

(1)在采样过程中,应使试样原有的结构和状态尽可能不受破坏,以便最大限度地保持岩样原有的物理力学性质。

(2)试样要按岩性分层采取,每组试样必须具有代表性。

(3)所采试样的长度和数量应满足所做力学试验的要求。根据试验项目,按《煤和岩石物理力学性质测定方法》的规定执行或根据实际取样情况决定。考虑到试件加工时的损耗或其它因素,在取样条件许可时,采样数量应为上述规定有效长度的两倍,对于较软岩石采样数量还应大一些。

(4)采样时应有专人做好试样的登记制册工作,应登记试样的编号、岩石名称、采样地点等。

(5)岩样取出后应立即封闭包好,以免受外部环境影响。

根据上述要求,此次取样,岩芯钻孔共有两个,深度均为 30m,钻头内径55mm,套筒长度 1.5m,岩芯成品直径 50.5~53mm。岩芯取出过后,立即编号并用胶带纸封装。

1.1.4　试件加工与测试

试件加工与测定遵照中华人民共和国煤炭行业标准《煤和岩石物理力学性质测定方法》MT44—87、MT45—87、MT47—87、MT173—87 的规定执行。

(1)试块加工

岩样通过实验室加工,制成《煤和岩石物理力学性质测定方法》中所要求的标准试件。实验室加工主要包括岩样的切割与端面打磨。

(2)试件数量

两次取芯加工共得抗压性能测试试件 47 个,抗拉性能测试试件 69 个,符合《煤和岩石物理力学性质测定方法》的规定。

(3)试验设备

试验所需主要设备、仪器:

①岩芯钻取机一台;

②岩石切片机一台；

③双端面岩石磨平机一台；

④RMT 岩石力学测试系统一套；

⑤岩石粉碎机一台；

⑥精密分析天平一台；

⑦衡温干燥箱一台；

⑧衡温电水浴器一台；

⑨50—100mL 李氏比重瓶若干只。

1.1.5　测试系统及部分测试试件展示（图 1.1～图 1.5）

图 1.1　RMT 岩石力学测试系统

图 1.2 试件分组编号示意图

图 1.3 抗压性能测试过程示意图

图 1.4　部分试件受压测试结束后的最终形态

图 1.5　部分试件劈裂测试(间接测量抗拉强度)结束后的最终形态

1.1.6　测试结果

（1）岩石容重测试结果（表1.1）

表 1.1　岩石容重测试结果（量积法）

岩石名称	试样编号	试样尺寸（mm）		试样体积（mm³）	燥干质量（g）	岩石容重（kg/m³）	平均容重（kg/m³）
		直径	高度				
泥岩	1	49.7	102.8	199432	519	2602	2589
铝土	2	49.7	103.4	200596	521	2597	
粗砂岩	3	49.7	102	197880	506	2557	
细砂岩	4	49.7	103.5	200689	522	2601	

测试：经来旺、郝朋伟、薛学贵、刘效云。

制表：经来旺、郝朋伟、薛学贵。

（2）岩石抗拉强度测试结果（表1.2～1.5）

表 1.2　细砂岩抗拉强度测度结果（巴西盘劈裂测试）

编号	直径（mm）	厚度（mm）	最大荷载（kN）	抗拉强度（MPa）	备注
1-5-1	52.28	27.54	2.578	1.14	
1-5-2	51.75	26.21	2.292	1.08	
1-6-1	52.79	28.69	1.528	0.64	测试结果奇异，舍弃
1-7-1	52.57	28.95	1.321	0.55	测试结果奇异，舍弃
1-7-3	52.36	29.36	4.329	1.79	
1-8-1	52.55	29.79	3.326	1.35	受微裂隙影响，破坏方式不对，报废
1-8-2	52.85	29.48	2.069	0.85	受微裂隙影响，破坏方式不对，报废
1-8-3	52.82	28.64	2.18	0.92	受微裂隙影响，破坏方式不对，报废
1-9-1	52.48	28.82	3.629	1.53	
1-10-1	52.66	25.39	3.263	1.55	
1-11-1	52.37	30.71	2.753	1.09	受微裂隙影响，破坏方式不对，报废
1-12-1	52.65	28.07	3.788	1.63	
1-12-2	52.96	28.49	5.077	2.14	
1-12-3	52.46	25.32	4.456	2.14	

编号	直径（mm）	厚度（mm）	最大荷载（kN）	抗拉强度（MPa）	备注
1-13-1	50.74	29.56	3.422	1.45	
1-13-2	49.88	24.61	1.926	1.00	
1-19-3	50.49	27.9	1.194	0.54	测试结果奇异,舍弃
1-20-1	52.48	26.29	0.334	0.15	测试结果奇异,舍弃
1-20-2	50.19	22.97	0.573	0.32	测试结果奇异,舍弃
1-20-3	49.61	24.85	2.005	1.04	受微裂隙影响,破坏方式不对,报废
1-21-1	53.06	30.05	2.387	0.95	测试结果奇异,舍弃
1-22-2	50.58	25.82	2.18	1.06	
2-3-1	51.97	25.91	1.225	0.58	受微裂隙影响,破坏方式不对,报废
2-3-4-1	49.62	27.11	1.210	0.57	受微裂隙影响,破坏方式不对,报废
2-3-4-2	50.33	27.58	0.78	0.36	受微裂隙影响,破坏方式不对,报废
2-4-1	51.47	27.51	1.878	0.84	测试结果奇异,舍弃
2-5-1	52.49	28.13	2.737	1.18	受微裂隙影响,破坏方式不对,报废
2-6-1	52.03	25.43	1.416	0.68	受微裂隙影响,破坏方式不对,报废
2-7-6-3	52.87	24.44	1.257	0.62	受微裂隙影响,破坏方式不对,报废
2-7-6-4	53.1	27.38	4.138	1.81	受微裂隙影响,破坏方式不对,报废
2-7-6-6	52.71	22.48	1.082	0.58	测试结果奇异,舍弃
2-8-2-1	52.72	27.11	3.533	1.57	受微裂隙影响,破坏方式不对,报废
2-8-2-2	53.29	28.4	2.180	0.92	受微裂隙影响,破坏方式不对,报废
2-8-2-3	52.88	24.72	4.663	2.27	
2-8-2-4	52.69	28.29	2.499	1.07	
2-8-3-1	53.2	27.63	2.833	1.23	
2-8-3-2	52.73	29.18	3.342	1.38	受微裂隙影响,破坏方式不对,报废
2-9-2-2	53.24	26.42	2.149	0.97	测试结果奇异,舍弃
2-9-2-3	52.85	27.54	3.199	1.40	受微裂隙影响,破坏方式不对,报废
平均值	去除报废试件及测试结果奇异试件,可知细砂岩的抗拉强度为1.51MPa。				

测试:经来旺、郝朋伟、薛学贵、刘效云。

制表:经来旺、郝朋伟、薛学贵。

表 1.3　粗砂岩抗拉强度测试结果

编号	直径(mm)	厚度(mm)	最大荷载(kN)	抗拉强度(MPa)	备注
1-14-1	52.85	27.8	5.809	2.52	
1-14-2	51.78	27.81	12.016	5.31	测试结果奇异,舍弃
1-14-3	52.66	29.37	3.995	1.65	测试结果奇异,舍弃
1-15-1	51.65	26.98	2.928	1.34	受微裂隙影响,破坏方式不对,报废
1-15-2	52.95	27.17	6.318	2.80	受微裂隙影响,破坏方式不对,报废
1-15-3	53.03	26.74	3.867	1.74	测试结果奇异,舍弃
1-16-1	52.87	26.15	6.462	2.98	
1-16-2	53.06	27.64	6.987	3.03	
1-16-3	53.1	28.14	7.56	3.22	
1-17-1	53.12	25.96	5.873	2.71	
1-17-2	53.1	32.58	11.507	4.24	
1-17-3	53.09	26.66	10.568	4.76	
1-17-4	53.07	27.27	10.186	4.48	
2-10-2	53.12	25.09	1.512	0.72	测试结果奇异,舍弃
2-10-3-1	52.99	25.65	4.472	2.09	
2-10-3-2	53	25.07	5.936	2.84	
2-11-2-1	53.14	23.44	6.366	3.25	
2-11-2-2	53.18	23.56	7.385	3.75	
2-11-2-4	53.29	23.19	6.557	3.38	
平均值	去除报废试件及测试结果奇异试件,可知粗砂岩的抗拉强度为3.33MPa。				

测试:经来旺、郝朋伟、薛学贵、刘效云。

制表:经来旺、郝朋伟、薛学贵。

表 1.4　泥岩、铝土岩抗拉强度测试结果(巴西盘劈裂测试)

编号	岩性	直径(mm)	厚度(mm)	最大荷载(kN)	抗拉强度(MPa)	备注
2-12-1-1	泥岩	51.56	24.66			微裂隙太多,报废
2-12-1-2	泥岩	51.73	27.43	0.796	1.12	受微裂隙影响,破坏方式不对,报废
2-2-5	铝土	51.10	24.98	1.512	2.37	受微裂隙影响,破坏方式不对,报废

续表 1.4

编号	岩性	直径 (mm)	厚度 (mm)	最大荷载 (kN)	抗拉强度 (MPa)	备注
2-2-6	铝土	54.03	27.13	2.355	3.21	受微裂隙影响,破坏方式不对,报废
2-2-7	铝土	53.24	24.89	2.149	3.24	受微裂隙影响,破坏方式不对,报废
平均值		泥岩的抗拉强度为1.12MPa;铝土岩的抗拉强度为2.94MPa.					

测试:经来旺、郝朋伟、薛学贵、刘效云。

制表:经来旺、郝朋伟、薛学贵。

表 1.5　泥岩、铝土岩抗拉强度测试结果(点载荷测试)

试件编号	岩性	间距(cm)	读数(MPa)	抗压强度(MPa)	抗拉强度(MPa)
泥-1	泥岩	4.9	1.3	9.03	0.38
泥-2	泥岩	2.9	1	19.83	0.74
铝-1	铝土	2.3	0.5	15.763	0.59

测试:经来旺、郝朋伟、薛学贵、刘效云。

制表:经来旺、郝朋伟、薛学贵。

(3)岩石抗压强度测试结果汇总表(表1.6~表1.7)

表 1.6　细砂岩抗压强度测试结果

试件编号	直径(mm)	高度(mm)	抗压强度(MPa)	弹性模量(Gpa)	变形模量(Gpa)	泊松比	备注
1-5-1	51	102	21.172	2.32	1.374	0.103	
1-5-2	52	107.8	47.588	10.92	6.286	0.132	
1-8-1	52.85	101.3	22.337	4.525	3.62	—	
1-8-2	52.62	96.14	9.657	4.168	3.338	—	试件尺寸不合格,报废
1-9-1	52.96	102.35	45.169	8.628	6.322	0.226	
1-9-2	52.89	103.54	43.695	9.518	6.161	—	
1-9-3	52.75	103.57	33.174	8.074	6.275	—	
1-18-1	52.82	108.92	27.04	5.538	4.116	—	
1-19-1	52.93	106.02	44.311	8.59	5.248	—	
1-19-2	48.89	104.59	24.637	3.04	2.448	—	
1-19-3	57.88	105.22	58.75	3.855	3.043	0.158	试件尺寸不合格,报废
1-20-1	51.5	105.48	40.205	7.588	5.145	0.173	
1-20-2	50.95	93.33	30.532	4.834	4.073	0.122	试件尺寸不合格,报废

续表 1.6

试件编号	直径(mm)	高度(mm)	抗压强度(MPa)	弹性模量(Gpa)	变形模量(Gpa)	泊松比	备注
1-21-1	51.13	103.75	34.336	7.876	4.83	—	
1-21-2	50.33	102.57	26.012	5.637	4.065	—	
1-22-1	50.4	76.06	21.553	4.209	2.51	0.175	试件尺寸不合格,报废
2-3-2	52.68	105.56	19.958	3.202	2.293	—	
2-6-1	52.54	103.27	16.028	3.442	2.739	0.120	受若面影响,抗压强度异常,舍弃
2-6-2	52.92	103.00	40.796	9.480	5.815	—	
2-7-2	52.87	104.60	40.547	6.767	5.364	—	
2-7-3	53.12	104.35	28.433	5.397	3.440	—	
2-7-4	51.38	105.18	23.271	7.721	4.751	—	
2-7-5	52.95	104.08	38.374	11.015	6.174	0.154	
2-8-1	53.12	105.42	47.717	9.101	5.481	—	
2-8-4	52.90	106.09	51.868	10.981	6.822	—	
2-9-1-1	53.16	102.22	36.156	9.748	6.102	—	
2-9-1-2	53.14	106.64	11.385	1.409	1.672	—	受若面影响,抗压强度异常,舍弃
2-9-2	52.94	106.57	48.269	11.901	7.602	0.234	
2-10-1	52.33	106.08	28.368	3.217	3.899	0.116	
平均值	—	—	35.37	7.43	4.94	0.19	

测试:经来旺、郝朋伟、薛学贵、刘效云。

制表:经来旺、郝朋伟、薛学贵。

表 1.7 粗砂岩抗压强度测试结果

试件编号	直径(mm)	高度(mm)	抗压强度(MPa)	弹性模量(Gpa)	变形模量(Gpa)	泊松比	备注
1-14-1	53.2	105.96	66.356	11.688	8.274	—	
1-14-2	52.53	110.34	65.637	16.586	7.182	—	
1-14-3	52.56	105.15	17.975	5.402	3.217	0.189	受若面影响,抗压强度异常,舍弃
1-15-1	53.03	105.14	127.452	18.874	12.217	—	操作过程失误,抗压强度异常,舍弃
1-15-2	53.01	109.29	81.671	13.236	8.08	0.257	
1-15-3	52.98	105.4	54.434	9.488	6.978		

试件编号	直径（mm）	高度（mm）	抗压强度（MPa）	弹性模量（Gpa）	变形模量（Gpa）	泊松比	备注
1-16-1	52.23	105.2	48.54	6.151	6.72	—	
1-16-2	53.02	104.32	54.804	9.016	6.742	—	
1-16-3	53.13	83.5	359.379	16.205	60.875	0.15	试件尺寸不合格,报废
1-17-1	52.95	104.67	89.35	15.608	9.864	—	
1-17-2	53.24	103.29	70.151	13.54	6.349	—	
1-17-3	53.02	105.09	80.395	12.263	9.042	—	
1-17-4	52.82	108.92	61.609	14.558	8.914	—	
2-10-2	53.22	109.29	36.742	8.586	5.560	0.242	
2-11-1	53.10	107.86	55.553	11.812	7.403	0.113	
2-11-2	53.08	106.51	61.358	12.976	7.221	0.136	
2-11-3	53.02	107.60	69.411	14.473	8.744	—	
2-13-1	53.12	94.51	47.275	13.896	7.678	—	试件尺寸不合格,报废
平均值	—	—	80.45	20.57	10.61	0.18	

测试:经来旺、郝朋伟、薛学贵、刘效云。

制表:经来旺、郝朋伟、薛学贵。

（4）测试结果汇总（表 1.8）

由于岩芯取样处巷道周边围岩破损严重,泥岩、铝土岩均未取出抗压强度测试岩芯,故两次取芯均未取出完整的抗压强度测试岩芯,对于两种岩石的抗压强度建议取抗拉强度（点载荷测试结果）的 10 倍。

表 1.8　测试结果汇总表

岩石名称	抗拉强度（MPa）	抗压强度（MPa）	弹性模量（GPa）	变形模量（GPa）	泊松比	备注
泥岩	0.56	5.6	—	—	—	
铝土岩	0.59	5.9	—	—	—	
细砂岩	1.51	35.37	7.43	4.94	0.19	
粗砂岩	3.33	80.45	20.57	10.61	0.18	

测试:经来旺、郝朋伟、薛学贵、刘效云。

制表:经来旺、郝朋伟、薛学贵。

（5）取芯钻孔柱状图（表 1.9）

表 1.9 测试钻孔柱状示意图（1:200）

柱状	岩层基本情况	照片
	泥岩，厚约 5m，岩性极差，又处于巷道松动圈范围内，破碎严重，两次打钻都未取出完整岩芯。	
	铝土岩，厚约 3m，岩性很脆，只取出 4 块抗拉强度测试试件	
	细砂岩，厚约 9m，岩性较致密，但节理、裂隙也很常见。	
	粗砂岩，厚约 4m，岩石颗粒较粗，脆性极强，硬度较高。	
	细砂岩，厚度超过 9m，与上层细砂岩岩性基本相同，但含有泥岩、粗砂岩夹层，变化起伏较为突出。	

测试：经来旺、郝朋伟、薛学贵、刘效云。

制表：经来旺、郝朋伟、薛学贵。

1.2 许疃煤矿－500m 水平 81 采区南翼轨道大巷松动圈测试报告

1.2.1 许疃围岩松动圈测试测站布置

为了观察许疃煤矿轨道巷的松动圈范围,为后续支护方案的设计提供必要的支持。本次采用徐州产 YDSG—10 岩层钻孔窥视仪进行观测,观测方案布置如图 1.6,每断面采用 7 个观测孔,孔深 3m。共布置两个断面,其中断面一布置在不受采动影响的区段,断面二布置在已经受采动影响的区段。

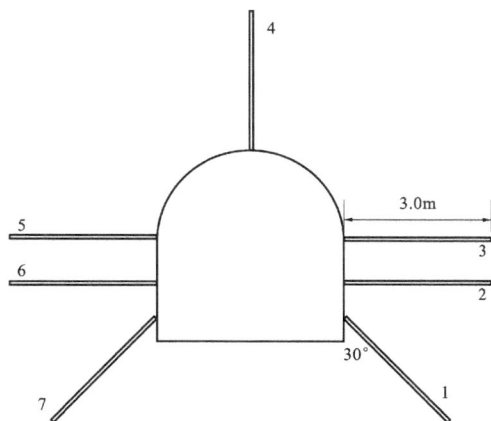

图 1.6 松动圈观测布点示

安徽理工大学与许疃煤矿生产技术部协同工作,共同完成了此次观测,各孔观测结果如下。

1.2.2 现场测试

(1)断面一测站报告

1 号孔:井下测试完成 3.0m,因文件在窥视仪中损坏,不能正常读取。

2 号孔:井下测试完成 1.2m,混凝土喷层内部即产生了较严重的破碎带,一直持续到 0.5m 左右,在 0.5～1.0m 之间岩体稍微完整,但存在小的裂隙(图 1.7～图 1.9)。由于撮孔,不能继续观测,此孔观测到 1.2m 结束。

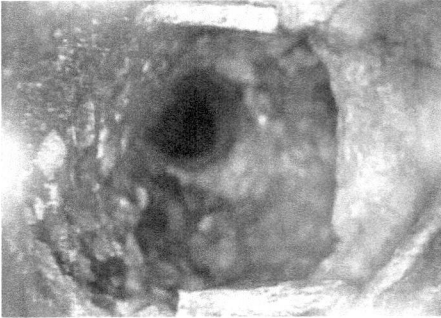

图 1.7　混凝土层内部的破碎岩体

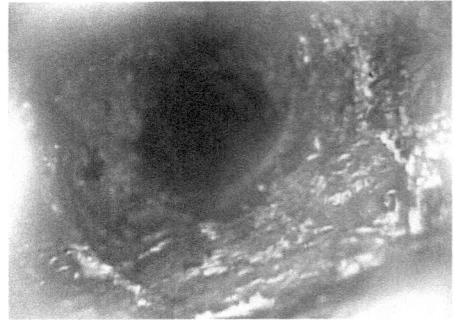

图 1.8　0.5m 的破碎岩体截图

　　3 号孔:井下测试完成 3.0m,3 号孔观测全段均为泥岩,通过图 1.10～图 1.15 可以看出,此类岩石的强度低,粘结性差,易破碎。而且所处位置在肩部,承受了较大的压力,所以破碎较位置偏下的 2 号孔严重,在 2.5m 见到明显的松动圈范围,3.0m 岩体同样松散。

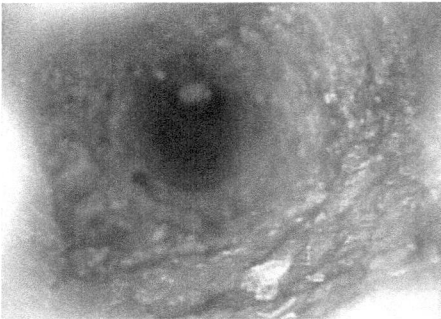

图 1.9　1.0m 破碎岩体截图

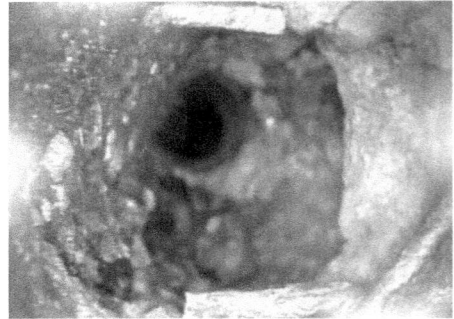

图 1.10　0.5m 的破碎带

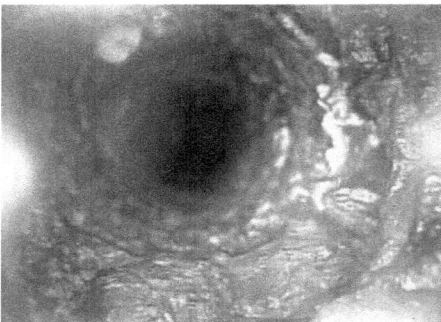

图 1.11　1.0m 的截图

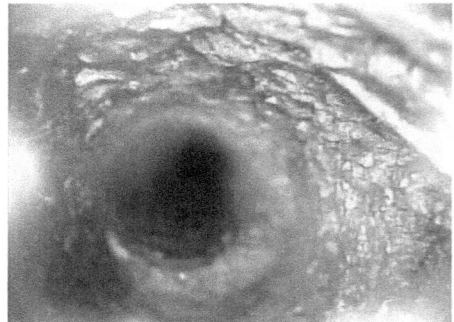

图 1.12　1.5m 的截图

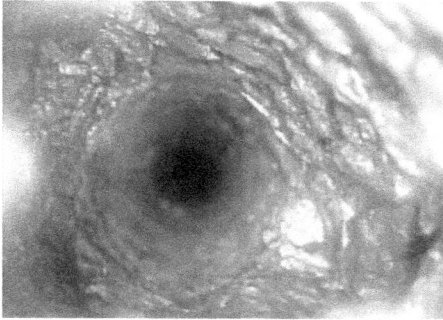

图 1.13   1.8m 的截图

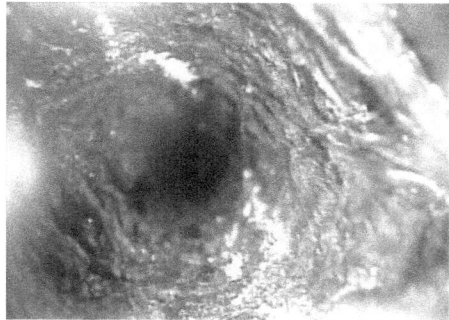

图 1.14   2.5m 的截图

4 号孔：井下测试完成 3.0m，通过观测顶板的钻孔，我们可以看出，顶板条件相对较好，即使有破碎带，也不像泥岩那样存在破碎脱落。在顶板垂直方向 1.5m 范围，发现明显的松动破碎岩体，2.3m 后围岩完整性较好（图 1.16～图 1.20）。

图 1.15   3.0m 的截图

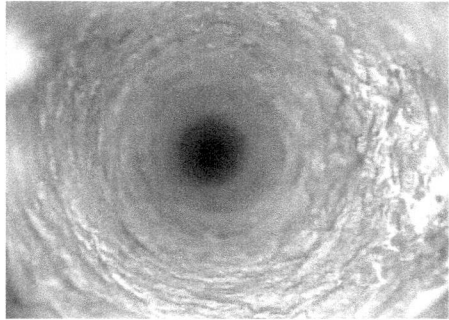

图 1.16   0.5m 时的破碎岩石截图

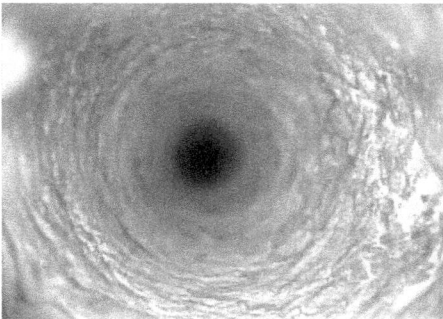

图 1.17   1.5m 时的破碎岩石截图

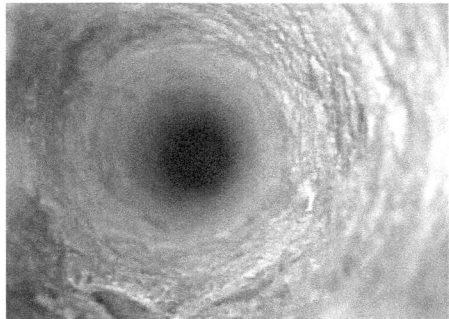

图 1.18   2.3m 时的破碎岩石截图

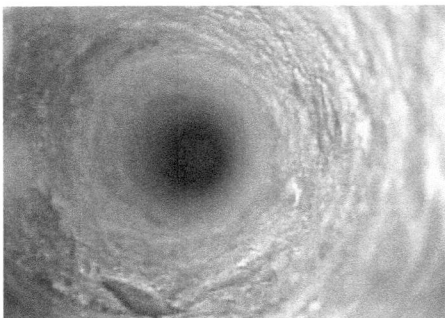

图 1.19　2.5m 时的破碎岩石截图

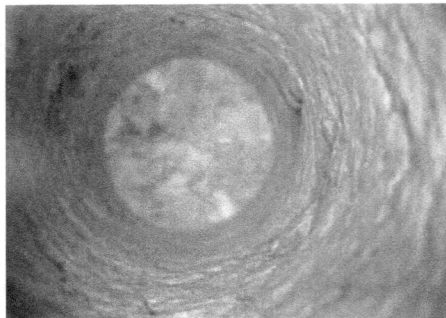

图 1.20　2.8m 时的破碎岩石截图

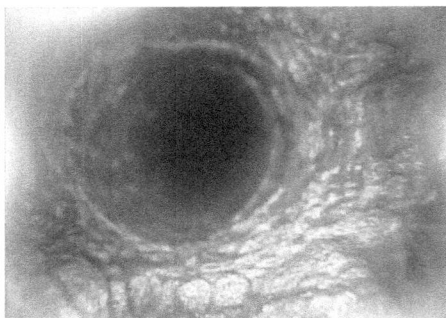

图 1.21　0.8m 时的破碎岩石截图

5 号孔:井下测试完成 3.0m。通过观测,5 号孔在 0.8m 左右存在较严重的破碎脱落区(图 1.21);在 1.7m 时,虽然岩体完整,但存在裂隙,岩体破碎成块状(图 1.22);2.6~2.8m 时,见到破碎区(图 1.23)。对比同位置的 3 号孔,可以发现 3 号孔破坏较为严重,脱落区大,破碎明显,自承能力差,岩性也有变化。

图 1.22　1.7m 时的破碎岩石截图

图 1.23　2.6-2.8m 时的破碎岩石截图

6 号孔:井下测试完成 3.0m。通过观测,我们可以看到,在 0.8m、1.0m、1.5m 区段均发现较严重的破碎脱落区,在 2.8m 也发现破碎区,中间部分区段完整但存在裂隙。因同位置 2 号孔观测不完整,故无法比较;比较 3 号孔,可以发现部分破碎区岩性相同。

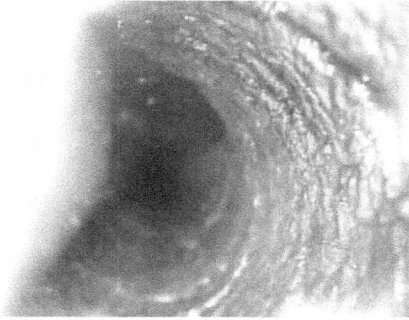

图 1.24　0.8m 时的破碎岩石截图

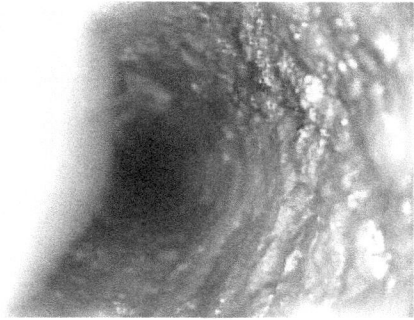

图 1.25　1.0m 时的破碎岩石截图

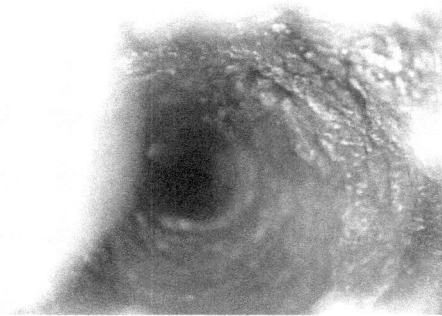

图 1.26　1.5m 时的破碎岩石截图

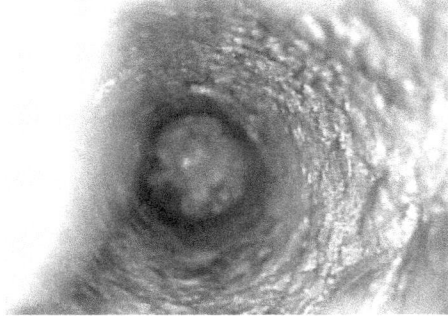

图 1.27　2.8m 时的破碎岩石截图

7 号孔:井下测试完成 3.0m。通过观测,在 0.5m、1.2m 产生了较大的破碎,在 1.8m 和 2.6m 处附近有破碎痕迹。

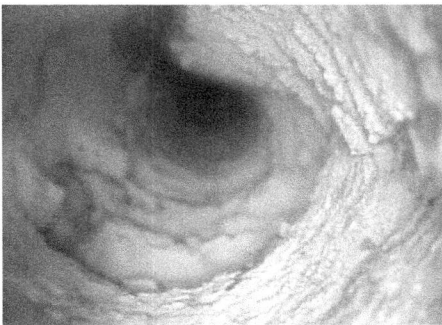

图 1.28　混凝土喷层破碎

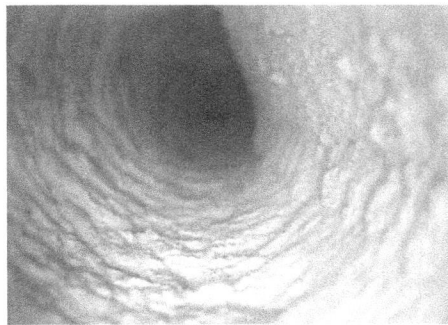

图 1.29　0.5m 时的破碎岩石截图

(2)断面二测站报告

测站二位置共打了 7 个孔,因撮孔原因,其中 1、2、3 号孔打了 2 次,具体如下。

1 号孔:井下完成 1.2m。观测在 0.3m 出现破碎区(图 1.33),在 0.5m 和 1.0m 处出现较大的破碎脱落区(图 1.34、图 1.35),破坏严重,1.5m 以后遇水,无法正常观测。

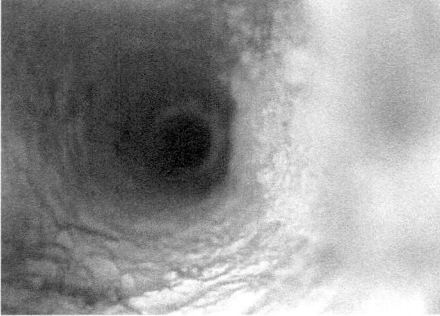
图 1.30　1.2m 时的破碎岩石截图

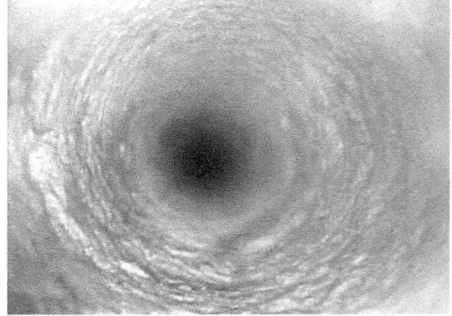
图 1.31　1.8m 时的破碎岩石截图

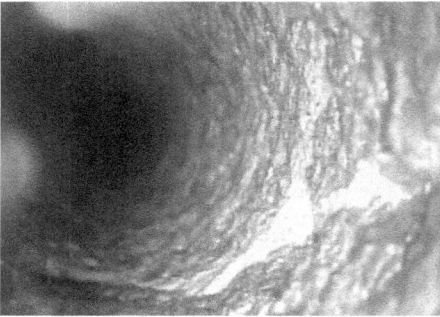
图 1.33　0.3m 时的破碎岩石截图

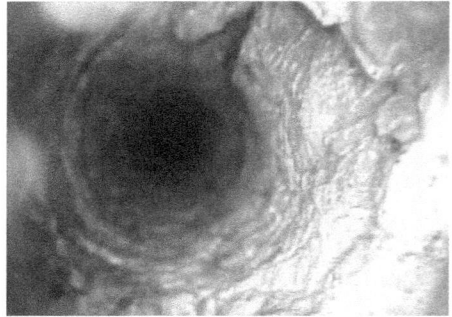
图 1.34　0.5m 时的破碎岩石截图

　　2号孔：井下完成 1.3m。2号钻孔和1号一样，破碎严重，1.3m 处存在较大破碎区，1.3m 后钻孔撮孔，无法正常观测（图 1.36、图 1.37）。对比没有受采动压力影响的区段，此处的破碎更严重。

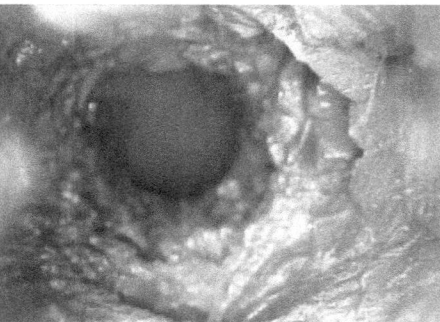
图 1.35　1.0m 时的破碎岩石截图

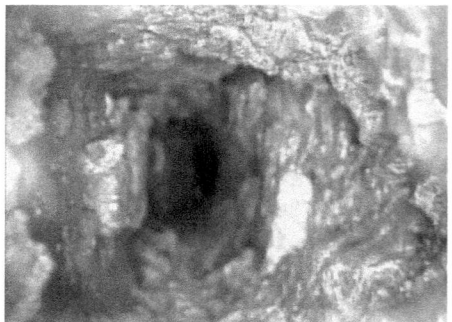
图 1.36　0.7m 时的破碎岩石截图

3 号孔:井下完成 1.3m。3 号钻孔的入口处、0.6m、1.0m 和 1.3m 位置发现破碎脱落区,中间部分岩体完整但破碎区较大(图 1.38~图 1.41)。1.3m 以后撮孔严重,无法观测,按照前期观测,预计砂岩段过后,还会有松动圈出现。

4 号孔:井下完成 3.0m。4 号孔入口处、0.6m 和 2.0m 处出现较大的破碎区,2.5m 处出现明显的松散区,

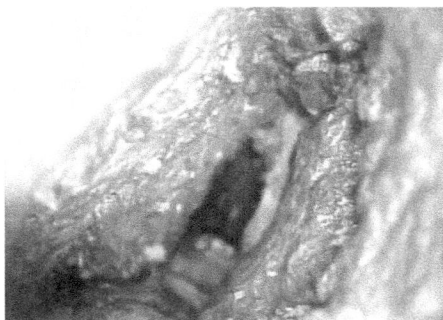

图 1.37　1.3m 时的破碎岩石截图

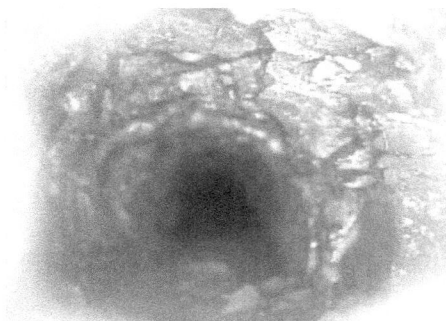

图 1.38　入口处的破碎岩体

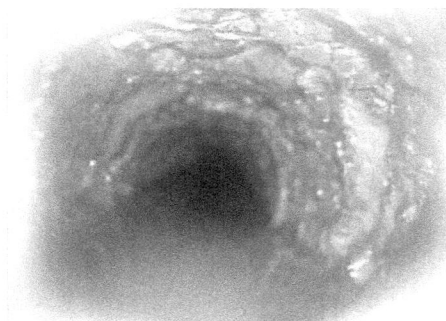

图 1.39　0.6m 时的破碎岩石截图

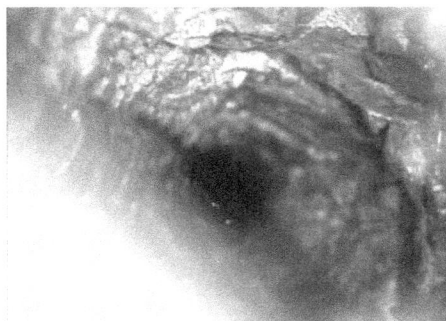

图 1.40　1.1m 时的破碎岩石截图

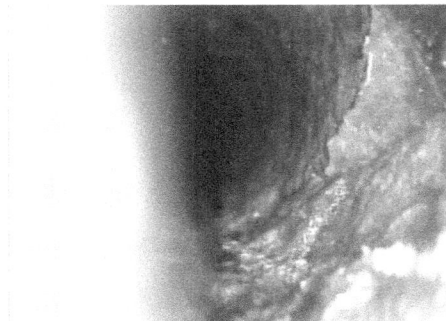

图 1.41　1.3m 时的破碎岩石截图

2.8m 以后基本完整,不排除 3m 以后出现松动的可能(图 1.42~图 1.46)。由于斜向打孔,所以通过折算以后,可以得出垂直方向松动范围为 2.2m。对比一号断面 4 号孔的测试情况,可以看出此断岩体顶板松动圈范围明显较大,而且岩体破碎程度更更严重,顶板的稳定性要比没有动压影响地段的巷道顶板差。顶板钻孔孔底岩性显示,顶板的岩性比两帮的岩性好。

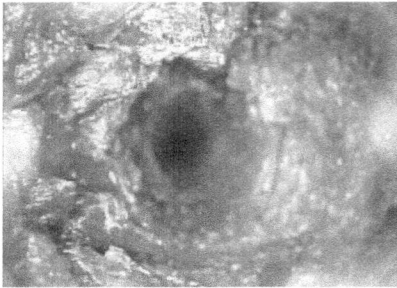

图 1.42　入口处

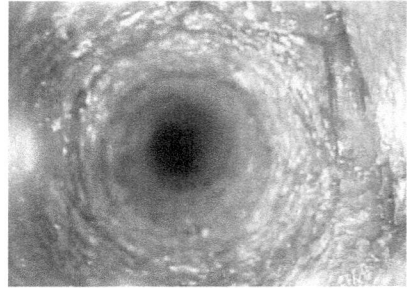

图 1.43　0.6m 时的破碎岩石截图

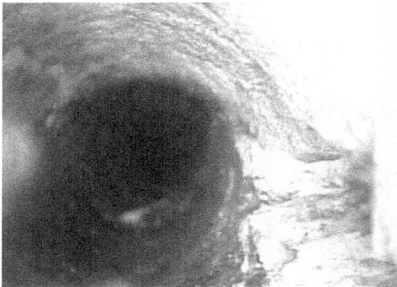

图 1.44　2.0m 时的破碎岩石截图

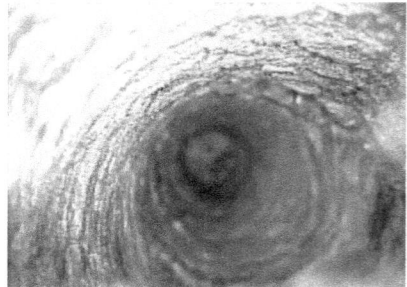

图 1.45　2.5m 时的破碎岩石截图

　　5 号孔：完成 2.8m。5 号孔位于肩部，0.7m、1.1m、1.8m 和 2.8m 处出现较大破碎脱落区，岩体严重的不完整，成块状脱落，2.8m 以后因撮孔不能正常观测，动压影响严重（图 1.47～图 1.50）。

　　6 号孔：完成 2.6m。6 号孔的 0.3m、1.1m、1.8m 和 2.3m 处及附近均显示了较大的破碎松散区，破碎程度较重，2.6m 以后因撮孔无法观测，动压影响显著。

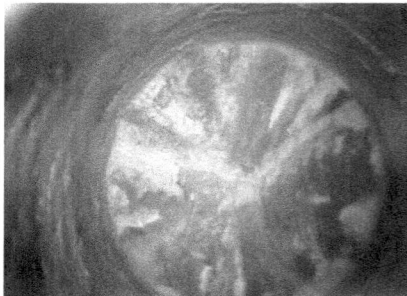

图 1.46　3.0m 底部较硬的岩石

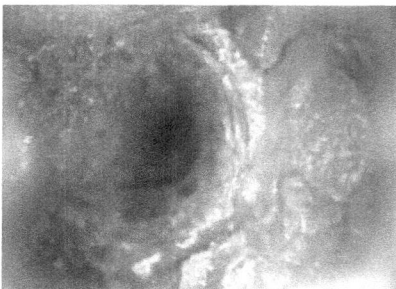

图 1.47　0.7m 时的破碎岩石截图

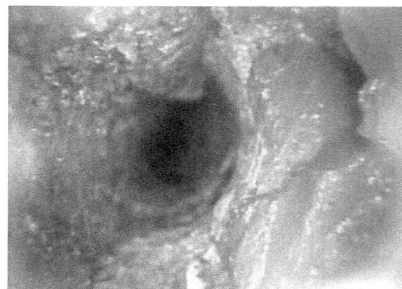

图 1.48　1.1m 时的破碎岩石截图

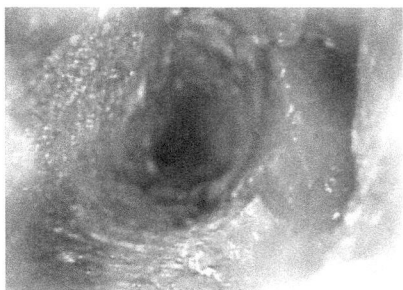

图 1.49 1.8m 时的破碎岩石截图

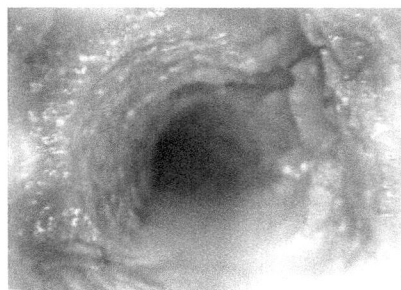

图 1.50 2.8m 时的破碎岩石截图

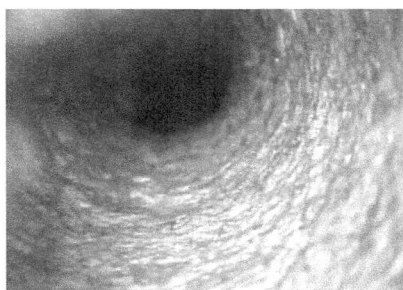

图 1.51 外表完整的混凝土钢筋网喷层

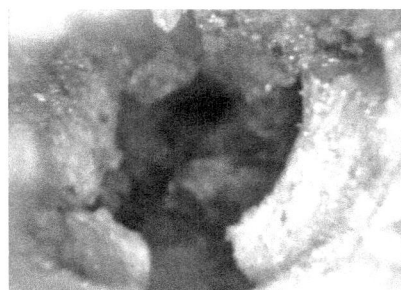

图 1.52 喷层外的空洞

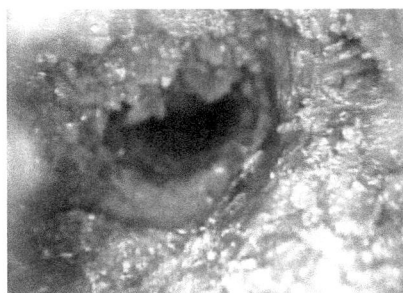

图 1.53 0.3m 时的破碎岩石截图

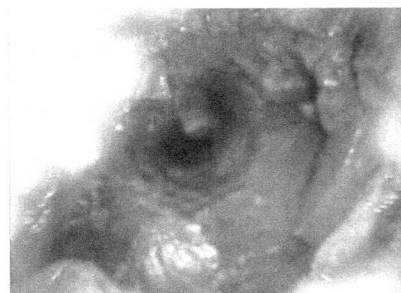

图 1.54 1.1m 时的破碎岩石截图

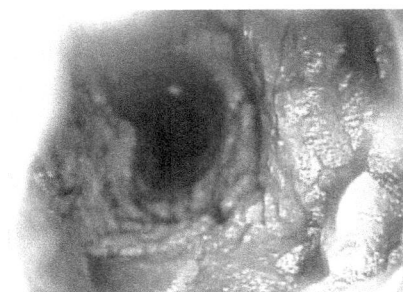

图 1.55 1.8m 时的破碎岩石截图

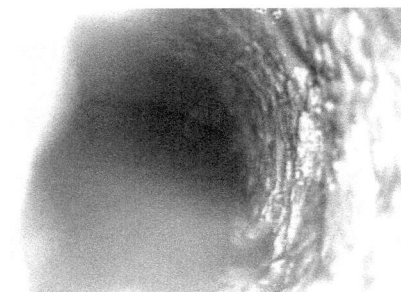

图 1.56 2.6m 时的破碎岩石截图

7 号孔：

采用风锤透过以后，再用水冲洗，实际观测时在此撮孔，无法观测。

1.2.3 结论

通过分析两个测站的测量结果，我们可以得出如下结论：

（1）巷道围岩松动圈的范围：顶部平均在 1.5～2.2m、帮部 2.6～3.0m，属于特大松动圈围岩巷道。无采动影响下顶板松动圈在 1.5m 左右，底角松动圈在 2.2m 左右，两帮松动圈在 2.8m 左右，采动影响下的松动圈范围进一步扩大。

（2）巷道左右两帮的松动圈，在未受采动影响的环境下相差不大，只是由于岩层倾斜导致松动圈大小分布错位；受采动影响的区段，从成孔的难易程度（3 号孔夹钎）和岩体的破碎程度分析，煤层开采一侧的围岩松动圈比另一侧围岩松动圈要大一些，但是这种差别直观看不是太明显，需要通过观测巷道变形进一步证实。

（3）对比断面一测站和断面二测站，我们可以很明显地看到采动对巷道围岩松动圈的影响。受采动影响的区段，围岩松动圈加大，以前破碎的岩体进一步破碎，失去粘结作用而松散，同时还会造成新的裂隙扩展，使得松动圈向深部扩展。而未受采动影响的区段，松动圈相对稳定，破碎程度减小，围岩的完整性和承载能力较强。

（4）通过观测发现，在间隔 50cm～70cm 的距离后，在第一个破碎集中圈后会出现第二个破碎集中圈，在很多单孔观测时都有此现象，并且对于采动和没有采动的区段也都存在这样的情况，只是采动影响的区段中破碎带的范围和破碎程度加大。分析其原因可能是由于多次的加固与修复使得围岩存在间隔地松动和压紧，同时上方三层煤的依次开采形成的间隔性动压影响也可能是一个重要因素，但更深层的原因还需要进一步研究。

（5）巷道围岩大部分处于泥岩之中，岩性差、强度低，粘结性差、易破碎，局部砂岩部分围岩完整性较好，顶板岩体的完整性好于两帮和底板，可能与后期修复时对顶板的重点加固有关。

（6）通过观测比较，分析总结，我们认为许疃煤矿轨道大巷的破坏原因是多方面的。首先巷道布置在泥岩中，造成基本围岩条件差；其次，初期支护强度不足造成了围岩破坏严重，使得围岩中松动圈较大；第三，上方三层煤层依次开采产生的动压影响。

1.3　许疃南翼−500m水平81采区轨道大巷地应力测试

1.3.1　测试仪器、测试方法和测试地点

（1）测试仪器

本次测试所用的仪器为JHDC—1型地应力测试系统，由安徽理工大学经来旺教授和郝朋伟博士研发。如图1.57所示，该测试系统由四部分组成：动力系统、流量控制系统、数据转化及记录系统、工作端。

图1.57　JHDC—1型地应力测试系统

动力系统主要有隔爆高压油泵及大容量油箱构成。它是整个系统的动力来源。如图1.58所示，高压油从动力系统出发后，将"兵分三路"分别流向高压液体流量控制系统、数据转化及记录系统、工作端。流量控制系统吸收绝大部分的高压油，并以此将整个测试速度有效得降低，使得测试效果更加明显。工作端负责将高压油的压力通过橡胶套筒作用在钻孔孔壁上，实现钻孔的致裂。顾名思义，数据转化及记录系统负责将测试过程中油压的变化实时地记录下来，并形成相应的曲线。测试终端在致裂过程中，套筒表面会形成印模记录下钻孔致裂的方位（图1.59）。

（2）测试方法

采用两平一竖三孔套筒致裂法，即一个竖直孔，两个水平孔。

图 1.58　高压油走向图

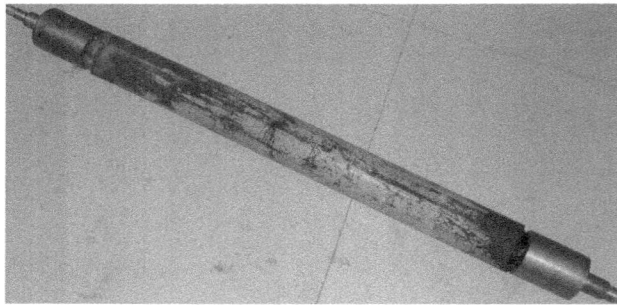

图 1.59　测试终端

（3）测试地点

如图 1.60 和图 1.61 所示，测试地点位于－500m 水平次生应力升高区域测站断面。

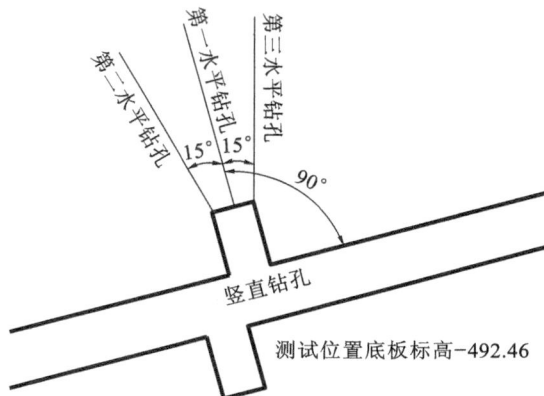

图 1.60　－500m 水平次生应力升高区域测站断面测试孔布置示意图

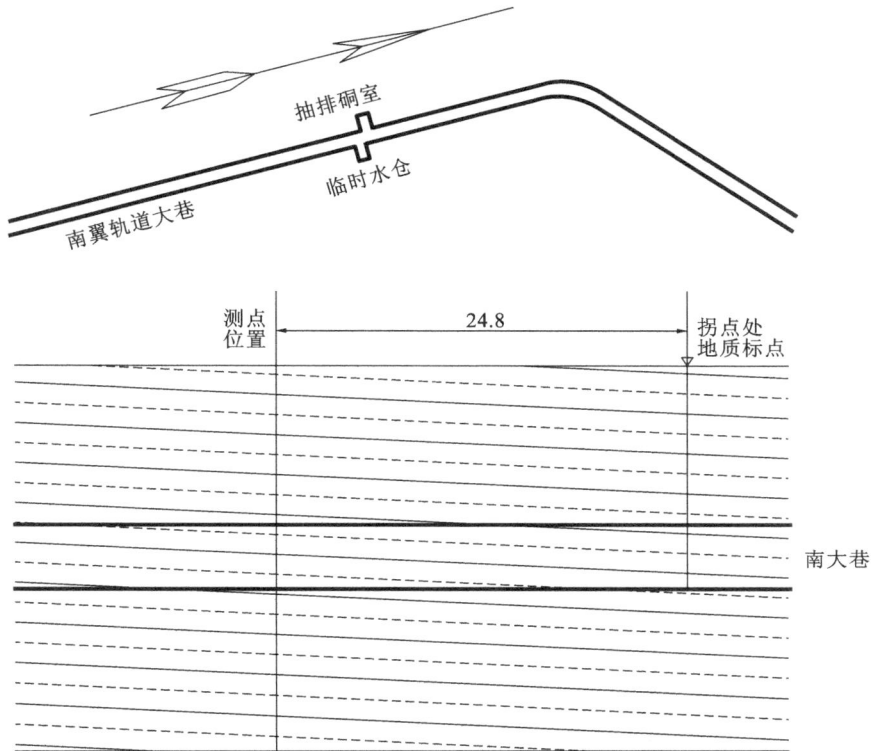

图 1.61 —500m 水平次生应力升高区域测点位置示意图（平剖面图）

（4）测试目的

—500m 水平 81 采区（北部）轨道大巷上方的 7114、7218 等工作面已经开采完毕，在南大巷区域内形成非常严重的应力集中现象。高度的应力集中是区域内南大巷严重变形的重要原因，此次测试的主要目的就在于准确掌握应力集中的程度，为南大巷后期的维护提供依据。

1.3.2 测试结果

（1）竖直钻孔测试结果

抽排硐室内的竖直钻孔深度为 17.0m，测试位置埋藏深度 507m。钻孔致裂裂纹方位 270°。从 2009 年 4 月 1 日 14 时 36 分 41 秒 000 微秒开始，到 2009 年 4 月 1 日 14 时 37 分 45 秒 460 微秒结束，共得到压力数据 3225 个，竖直钻孔的致裂曲线如图 1.62 所示。

在套筒内油压增值致裂压力 $T_{x,y} = 18.68\text{MPa}$ 后，套筒壁因径向作用压力，壁厚将大幅度减小，令因油压的作用壁厚的减小量为 Δt_2，则 Δt_2 等于

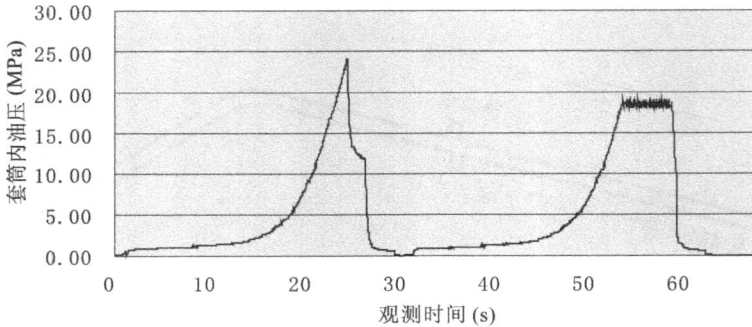

图 1.62　−500m 水平次生高应力竖直钻孔致裂曲线

$$\Delta t_2 = \frac{T_{x,y}}{E}(\frac{D-d}{2}-\Delta t_1) = \frac{18.68}{90} \times (\frac{65-40}{2}-0.6875) = 2.4518\text{mm}$$

由此可以得到致裂时套筒壁厚总的减小量 Δt 等于

$$\Delta t = \Delta t_1 + \Delta t_2 = 0.6875 + 2.4518 = 3.1393\text{mm}$$

于是钻孔致裂时套筒的内外径分别为

$$D' = 69\text{mm}, d' = 69 - (25 - 2 \times 3.1393) = 50.2786\text{mm}$$

忽略掉因套筒直径改变而消耗掉的油压,则套筒与钻孔之间的压力,即致裂压力

$$P_{x,y} = \frac{d'}{D'} \times T_{x,y} = \frac{50.2786}{69} \times 18.68 = 13.6117\text{MPa} 。$$

由此,可以得到竖直钻孔的致裂方程为

$$\sigma_x - 3\sigma_y + 13.61 = 0 \tag{1-1}$$

(2)第一水平钻孔测试结果

第一水平钻孔在抽排硐室内垂直巷道轴线,沿 270°方位角钻取,钻孔深度为 17.0m,钻孔致裂裂纹面为竖直平面。从 2009 年 4 月 2 日 17 时 2 分 54 秒 000 微秒开始,到 2009 年 4 月 2 日 17 时 4 分 17 秒 580 微秒结束,共得到压力数据 4181 个,第一水平钻孔的致裂曲线如图 1.63 所示。

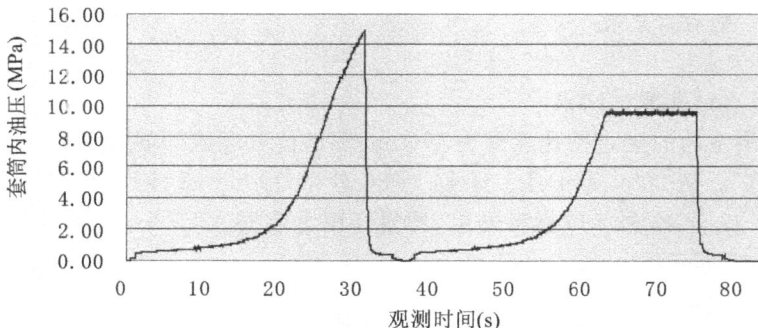

图 1.63　−500m 水平次生高应力第一水平钻孔致裂曲线

致裂套筒内油压 $T_{y,z} = 9.46\text{MPa}$

$$\Delta t_2 = \frac{T_{y,z}}{E}\left(\frac{D-d}{2} - \Delta t_1\right) = \frac{9.46}{90} \times \left(\frac{65-40}{2} - 0.6875\right) = 1.2416\text{mm}$$

由此可以得到致裂时套筒壁厚总的减小量 Δt 等于

$$\Delta t = \Delta t_1 + \Delta t_2 = 0.6875 + 1.2416 = 1.9291\text{mm}$$

于是钻孔致裂时套筒的内外径分别为

$$D' = 69\text{mm}, d' = 69 - (25 - 2 \times 1.9291) = 47.8582\text{mm}$$

忽略掉因套筒直径改变而消耗掉的油压,则套筒与钻孔之间的压力,即致裂压力

$$P_{y,z} = \frac{d'}{D'} \times T_{y,z} = \frac{47.8582}{69} \times 9.46 = 6.5614\text{MPa}$$

由此,可以得到如下方程

$$\sigma_x - 3\sigma_y + 6.56 = 0 \qquad\qquad (1\text{-}2)$$

(3)15°钻孔致裂测试结果

在抽排硐室内以 255°方位角钻取 15°的水平钻孔,钻孔深度为 19.0m,致裂裂纹面与水平轴之间夹角为 87°。从 2009 年 4 月 3 日 17 时 12 分 34 秒 000 微秒开始,到 2009 年 4 月 3 日 17 时 13 分 37 秒 380 微秒结束,共得到压力数据 3171 个,左偏 15°水平钻孔的致裂曲线如图 1.64 所示。

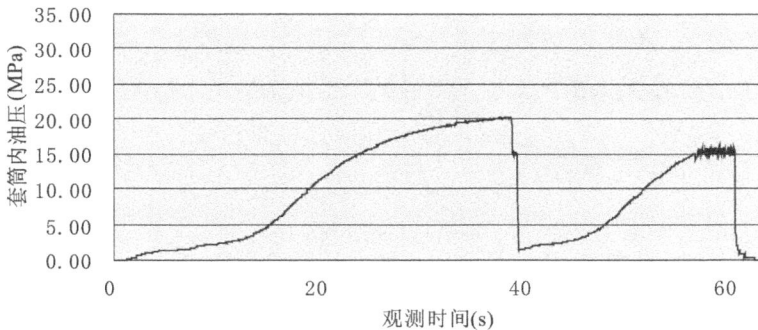

图 1.64　-500m 水平次生高应力 15°水平钻孔致裂曲线

致裂时,套筒内油压 $T_{z,y'} = 15.09\text{MPa}$,在套筒内油压增值致裂压力 $T_{z,y'} = 15.09\text{MPa}$ 后,套筒壁因径向作用压力,壁厚将大幅度减小,令因油压的作用壁厚的减小量为 Δt_2,则 Δt_2 等于

$$\Delta t_2 = \frac{T_{z,y'}}{E}\left(\frac{D-d}{2} - \Delta t_1\right) = \frac{15.09}{90} \times \left(\frac{65-40}{2} - 0.6875\right) = 1.9806\text{mm}$$

由此可以得到致裂时套筒壁厚总的减小量 Δt 等于

$$\Delta t = \Delta t_1 + \Delta t_2 = 0.6875 + 1.9806 = 2.6681\text{mm}$$

于是钻孔致裂时套筒的内外径分别为

$D' = 69\text{mm}, d' = 69 - (25 - 2 \times 2.6681) = 49.3362\text{mm}$

忽略掉因套筒直径改变而消耗掉的油压,则套筒与钻孔之间的压力,即致裂压力

$$P_{z,y'} = \frac{d'}{D'} \times T_{z,y'} = \frac{49.3362}{69} \times 15.09 = 10.79\text{MPa} \text{。}$$

由此,可以得到如下方程:

$$(-1 + 2\cos2\beta + 2\tan2\beta\sin2\beta)\sigma_{y'} + (-1 - 2\cos2\beta - 2\tan2\beta\sin2\beta)\sigma_z + p_{zy'} = 0$$

由于 $\sigma_{y'} = \frac{\sigma_x + \sigma_y}{2} + \frac{\sigma_x - \sigma_y}{2}\cos2\alpha$

$$(-1 + 2\cos2\beta + 2\tan2\beta\sin2\beta)(\frac{\sigma_x + \sigma_y}{2} + \frac{\sigma_x - \sigma_y}{2}\cos2\alpha) + (-1 - 2\cos2\beta -$$
$$2\tan2\beta\sin2\beta)\sigma_z + p_{y'z} = 0 \tag{1-3}$$

将式(1-1)、(1-2)、(1-3)三式联立,可得

$$\begin{cases} \sigma_x = \dfrac{-2(-1 - 2\cos2\beta - 2\tan2\beta\sin2\beta)(p_{x,y} - p_{z,y}) - 2p_{y'z} - [(-1 + 2\cos2\beta + 2\tan2\beta\sin2\beta)(1 - \cos2\alpha)(\frac{p_{x,y}}{3})]}{[(-1 + 2\cos2\beta + 2\tan2\beta\sin2\beta)(1 + \cos2\alpha) + \frac{1}{3}(-1 + 2\cos2\beta + 2\tan2\beta\sin2\beta)(1 - \cos2\alpha) + 2(-1 - 2\cos2\beta - 2\tan2\beta\sin2\beta)]} \\ \sigma_y = \dfrac{\sigma_x + p_{x,y}}{3} \\ \sigma_z = \sigma_x + p_{x,y} - p_{z,y} \\ \tau_{y'z} = \dfrac{1}{2}(\sigma_{y'} - \sigma_z)\tan2\beta \\ \tau_{xz} = \tau_{y'z}/\sin\alpha \end{cases}$$

1.3.3 测试结果分析

(1)综合地应力计算、分析

将 $p_{x,y} = 17.10\text{MPa}$、$p_{z,y} = 10.06\text{MPa}$、$p_{z,y'} = 10.89\text{MPa}$、$\alpha = 87°$ 代入上式可得

$$\begin{cases} \sigma_x = 9.1141\text{MPa} \\ \sigma_y = 7.5747\text{MPa} \\ \sigma_z = 16.1641\text{MPa} \\ \tau_{xz} = 1.4524\text{MPa} \end{cases} \tag{1-4}$$

(2)构造应力分析

上述为测试点处原始地应力的测试结果,下面分析测试点处构造应力、自重应

力及测试点处岩石的泊松比和上覆岩层的容重。

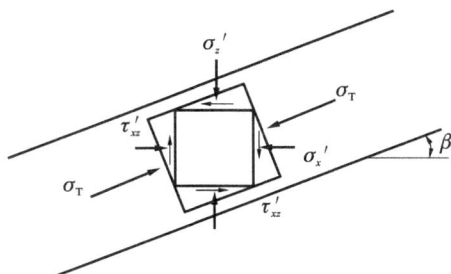

图 1.65 构造应力分析示意图

依据图 1.65,可得倾向构造应力 σ_T 等于

$$\sigma_T = \frac{2\tau'_{xz}}{\sin 2(-\theta)} = \frac{2\tau_{xz}}{\sin(2\theta)} = 5.8123\text{MPa} \tag{1-5}$$

依据求得的 σ_T ,利用平面应力状态的基本理论可得

$$\begin{cases} \sigma'_x = \dfrac{\sigma_T}{2} + \dfrac{\sigma_T}{2}\cos 2(-\theta) = [1 + \cos(2\theta)]\dfrac{\sigma_T}{2} = 5.4233\text{MPa} \\[3mm] \sigma'_z = \dfrac{\sigma_T}{2} + \dfrac{\sigma_T}{2}\cos 2(90^0 - \theta) = [1 - \cos(2\theta)]\dfrac{\sigma_T}{2} = 0.3890\text{MPa} \end{cases} \tag{1-6}$$

利用式(1-6)求得的结果,结合式(1-4)的相应数值,可求得 z 方向和 x 方向的相当自重应力如下:

$$\begin{cases} \sigma_{gx} = 3.6907\text{MPa} \\ \sigma_{gz} = 15.7751\text{MPa} \end{cases} \tag{1-7}$$

因上覆岩层的平均容重又等于

$$\sigma_{gz} = \gamma \cdot g \cdot h \tag{1-8}$$

故可求得上覆岩层的相当平均容重为:

$$\gamma = \frac{\sigma_{gz}}{g \cdot h} = \frac{15.7751}{10 \times 526} = 0.003(\text{kg/m}^3) \tag{1-9}$$

又由于竖向自重应力与水平自重应力之间存在下述关系:

$$\sigma_{gx} = \lambda\sigma_{gz} = \frac{u}{1-u}\sigma_{gz} \tag{1-10}$$

联立(1-10)和(1-11)两式,即可求得测点位置岩石的泊松比如下:

$$u = \frac{\sigma_{gx}}{(\sigma_{gz} + \sigma_{gx})} = \frac{3.6907}{15.7751 + 3.6907} = 0.1896 \tag{1-11}$$

于是可求得 y 向自重应力为:

$$\sigma_{gy} = \lambda\sigma_{gz} = \frac{u}{1-u}\sigma_{gz} = \frac{0.1896}{1 - 0.1896} \times 15.7751 = 3.6907\text{MPa} \tag{1-12}$$

将(1-4)中的 σ_y 减去(1-12)中的 σ_{gy} ,求得 y 向构造应力如下:

$$\sigma_y' = \sigma_y - \sigma_{gy} = 7.5747 - 3.6907 = 3.8840\,\text{MPa} \tag{1-13}$$

汇总的测试点处三方向的构造应力如下所示。

$$\begin{cases} \sigma_x' = 5.4233\,\text{MPa} \\ \sigma_y' = 3.8840\,\text{MPa} \\ \sigma_z' = 0.3890\,\text{MPa} \end{cases} \tag{1-14}$$

（3）主应力计算与分析

依据式（1-4）求得的测试点处的切应力情况可知，y 向是一主方向，另两个主应力与主方向可由下式确定，

$$\begin{cases} \sigma_1 = \dfrac{\sigma_x + \sigma_z}{2} + \sqrt{(\dfrac{\sigma_x - \sigma_z}{2})^2 + \tau_{xz}^2} \\[3mm] \sigma_3 = \dfrac{\sigma_x + \sigma_z}{2} - \sqrt{(\dfrac{\sigma_x - \sigma_z}{2})^2 + \tau_{xz}^2} \\[3mm] \tan 2\alpha_0 = \dfrac{2\tau_{xz}}{\sigma_x - \sigma_z} \end{cases} \tag{1-15}$$

$$\begin{cases} \sigma_1 = 16.4030\,\text{MPa}（与竖直方向夹角 9.35°，与岩层夹角 65.65°） \\ \sigma_2 = 7.5747\,\text{MPa}（与岩层走向一致） \\ \sigma_3 = 7.3357\,\text{MPa}（与 \sigma_1、\sigma_2 方向均垂直） \end{cases} \tag{1-16}$$

上式中的 65.65° 表示最大主应力方向逆时针转过该角度至岩层层面方位。

1.4　岩石成分分析报告（安徽理工大学灰化学研究室）

（1）样品

本实验样品 1 个粉末状样品。岩块取自许疃煤矿－500m81 采区南翼轨道大巷底板，并在实验室内研磨成粉状样品。

（2）实验仪器及条件

北京普析通用有限公司生产的 XD—3 型多晶 X 射线粉末衍射仪，衍射条件：Cu 靶，管电压 36kV，管电流 40mA。

（3）检测结果（泥岩试样）

许疃泥岩试样中主要含有的矿物组成有：石英、菱铁矿、高岭土以及白云母。

（4）实验结果分析

分析结果表明：许疃泥岩含有微量高岭土、云母等遇水膨胀成分。为此，巷道围岩遇水后不会明显地膨胀，但其强度将会大幅降低，这与现场情况比较吻合。

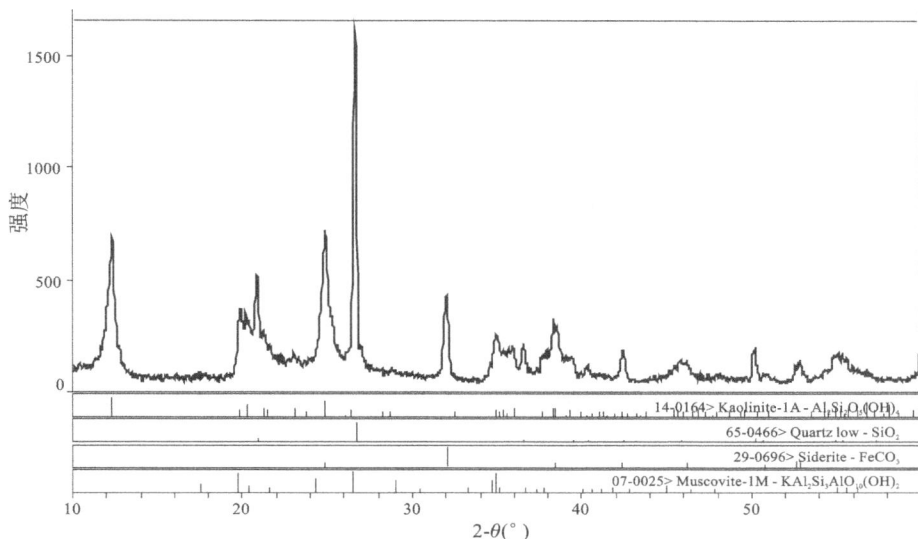

图 1.66　许疃泥岩岩石成分检测结果

1.5　许疃泥岩流变力学性能试验及分析

岩巷掘进开挖后围岩的应力状态发生较大改变,围岩的流变特性得以显现。为了了解围岩的流变性质以便于采取有效地控制手段,特采取岩样制作试件,进行围岩的流变性能试验研究。

(1)试验设备和方案

采用长春朝阳试验机厂的多功能试验机如图 1.67,是目前国内测量精度和自动化程度最高的试验设备。蠕变试验加载平稳,长时间稳定性好,在轴向试验力、剪切试验力和围压量程范围内,100 小时力值波动小于 1%;试验持续时间大于 120 天。

图 1.67　岩石流变试验设备

本项目主要测定许疃泥岩的蠕变试验曲线,即荷载—时间—应变曲线,研究长期荷载作用下岩石的流变特性与抗压强度。

(2)试验方案

选择岩样进行流变试验,直接分级加载,获取单轴荷载下的变形-时间曲线。

试验的环境温度控制在 20℃左右,湿度控制在 40%。加载速率以 0.05MPa/s 加载到单轴抗压强度的 60% 后保持不变,并记录下应力-应变过程,再按 65%、

70％、80％分级施加竖向荷载,加载速率为 0.01MPa/s;每级荷载下位移量小于0.01mm/h时,施加下一级荷载。

(3)试验数据采集

试验系统自动采集数据,加载过程中为 100 次/min,加载后 2 小时内 1 次/min,之后 1 次/5min。

(4)泥岩的流变特性试验结果分析

泥岩试件尺寸为直径 φ50.2mm,高 106.5mm,按照单轴强度预设加载方案:第一级荷载 59kN,第二级荷载 69 kN,第三级荷载 79 kN,第四级荷载 89 kN,第五级荷载99 kN。加载速率为20N/s,加载期间采样间隔 0.01min,恒载阶段采样间隔 1min。

实际检测的泥岩流变试验应力-应变-时间曲线如图 1.68,由图中曲线可以看出,许疃泥岩的应变不仅随分级荷载变化增大,而且在每级荷载下变形都随时间明显增大,与瞬时加载试验的结果相比,最终失稳的极限变形值变化不大,但在相同荷载下变形随时间的平均增大幅度达到 4％,说明井下泥岩有较强的流变性。

根据每级荷载下泥岩应变随时间的增长关系,可认为许疃泥岩的流变性符合粘弹性开尔文模型,即:

$$状态方程为:d\varepsilon/dt + E_1\varepsilon/\eta_1 = \sigma/\eta_1$$

$$蠕变方程为:\varepsilon_c(t) = \sigma_0[1 - exp(-E_1/\eta_1)]/E_1$$

根据试验得到的应力-应变关系曲线,可求出泥岩的 E_1 为 5018MPa,再根据荷载-应变-时间曲线,求出 η_1 为 3.60×10^4 MPa·h,由此可预测许疃泥岩在荷载和时间作用下的应变值,可为巷道支护的围岩变形控制提供设计依据。

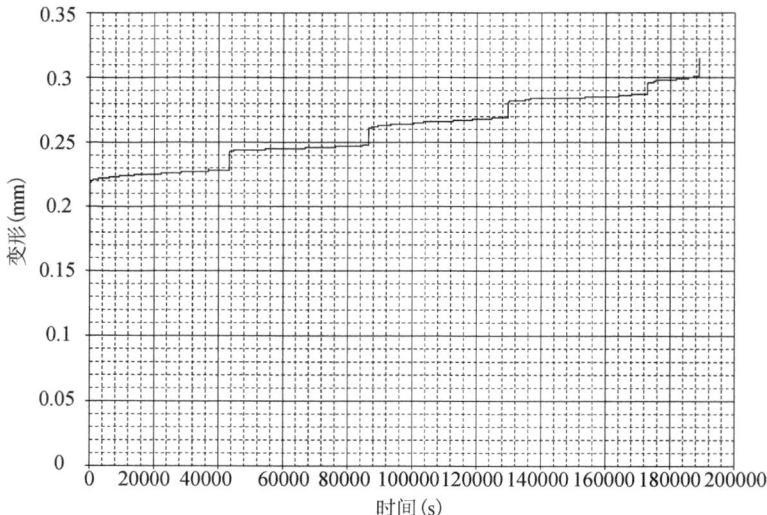

图 1.68　许疃泥岩流变试验曲线参数

（5）流变性能测试综合结论

通过以上试验可以得出如下结论：

①许疃泥岩流变性明显，在泥岩中开挖巷道，围岩的地应力与开挖次生应力显现变形效应需要考虑流变的影响。

②许疃泥岩的流变模型可用开文尔粘弹性模型，粘性参数 E_1 为 $5018\mathrm{MPa}$，η_1 为 $3.60 \times 10^4\,\mathrm{MPa \cdot h}$。

③试验条件下许疃泥岩最终失稳的极限变形值与瞬时加载试验的结果相比，都变化不大，但在各荷载级下的变形随时间的平均增大幅度达到 4%。因此，控制泥岩巷道段的围岩变形，需要考虑流变的次生应力作用。

2　涡北煤矿基础试验研究成果

2.1　涡北煤矿松散煤的侧压系数试验

2.1.1　取样地点

试验用的煤样取自涡北煤矿 8203 机巷,为随机选取的破碎煤体,极度松散,并保持原有含水率。

2.1.2 测试内容

(1) 各点的轴向应变和环向应变;
(2) 松散煤体的侧压系数;
(3) 施加在煤体上的载荷。

2.1.3　试件设备加工与测试系统

2.1.3.1　试验用加载设备制作

采用壁厚为 11.5mm,内径为 136.3mm,高 202mm 的低碳钢制作成加载圆筒,上下垫片高度为 37.5mm,41.8mm,直径为 136mm,见图 2.1。

试验前采用正规贴片工艺对金属圆筒进行贴片处理,并确保贴片的可靠与稳定。

(1)首先用卡尺定位,对称的在圆筒中间部位选择 6 个测点,在每个测点画十字定位线,然后采用砂纸在 45°方向打磨。

(2)在打磨处再次划十字线,作为贴应变片的定位线,并用丙酮清除锈蚀面,保持贴片面的洁净。

图 2.1　试验用金属圆筒和垫片

（3）在每一个定位点上沿轴向和环向分别贴上应变片和连接垫片，共计 6 对轴向和环向应变片。

（4）对贴片完成后的圆筒放置 24 小时后待用，使得粘结处牢固可靠。

2.1.3.2　主要试验设备仪器

该试验采用安徽理工大学 600kN 液压万能试验机和 YJ-4501 静态数字电阻应变仪，见图 2.2 和图 2.3。液压万能试验机在试验中主要是用于加载，静态数字电阻应变仪在试验中用于采集圆筒的轴向和环向应变。

图 2.2　600kN 液压万能试验机

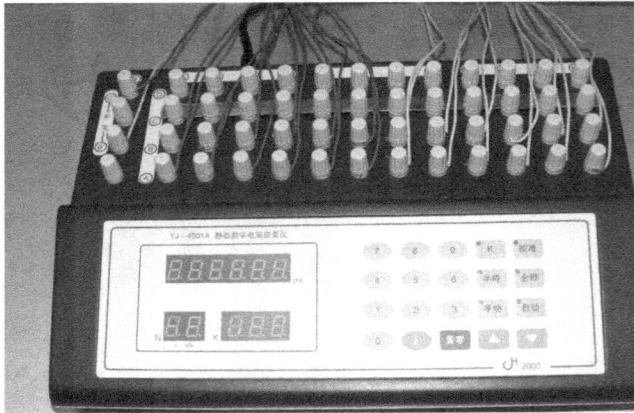

图 2.3　YJ—4501 静态数字电阻应变仪

2.1.4　具体试验过程

（1）首先在地面将煤小心装入试验用圆筒，并均匀的震动，使得煤密实，见图 2.4。然后将垫片放入，根据情况调整里面装入的煤量，防止过少引起压力机直接对圆筒施压。

图 2.4　装入煤的圆筒

（2）将圆筒周边应变片引线连接好，并通过万用表测量每个应变片的电阻值，确保连接线的导通。

（3）将试验机调整到合适位置，将装入煤的圆筒放在试验机加载架上，并调整圆筒的位置，尽量避免偏心。装配完成后的整体试验装置如图 2.5 所示。局部放大见图 2.6。

图 2.5　整体试验装置

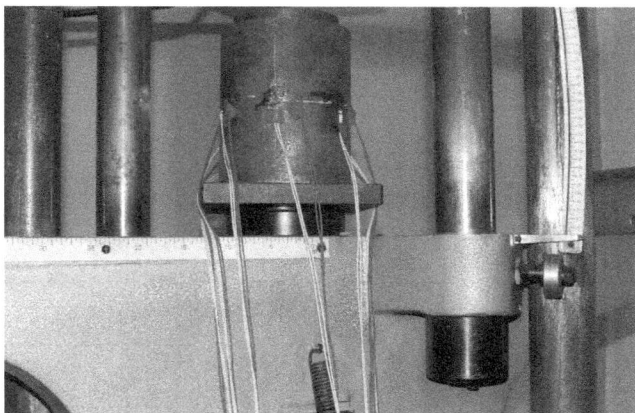

图 2.6　加载架上的金属圆筒局部放大图

(4)采用半桥方式连接各导线与应变仪,并采用共有温度补偿片,连接图见图 2.3。

(5)按每 10s 加载 10kN 的加载速率进行加载,并记录对应载荷作用下各点的轴向应变和环向应变。

2.1.5　具体试验测量结果

试验共做了 2 次,第一次是初步测试,目的是使煤体压密,接近于真实煤体情况。第二次具体测试,测量主动轴向压力下所得到的轴向应变和环向应变值。由于计算侧压系数仅需要环向应变,因此表 2.1、表 2.2 中仅给出环向应变。

表 2.1　第一次测量结果

载荷(kN)	环向应变 1	环向应变 2	环向应变 3	环向应变 4	环向应变 5	环向应变 6
10	12	15	18	15	12	19
20	18	18	31	22	13	21
30	25	18	44	27	17	21
40	29	20	60	35	24	25
50	38	22	75	42	29	28
70	51	24	101	57	44	35
90	65	33	127	74	60	44
110	78	44	157	88	80	55
130	94	54	185	100	97	63
150	109	64	213	118	117	76
160	116	69	221	120	121	78
170	123	78	238	132	133	86
180	134	83	252	138	147	95
190	141	90	266	149	155	102
200	153	97	283	156	169	109
220	172	111	311	175	192	123

表 2-2　第二次测量结果

载荷(kN)	环向应变 1	环向应变 2	环向应变 3	环向应变 4	环向应变 5	环向应变 6
20	18	15	40	21	24	17
40	37	25	71	37	42	24
60	53	37	97	51	64	32
80	65	45	116	62	75	37
100	81	50	138	72	90	48
120	94	60	156	85	104	58
140	110	67	179	96	115	69
150	117	72	187	103	121	73
160	127	77	202	110	131	79
180	142	92	224	122	147	94
200	161	105	250	136	163	109
220	186	114	271	149	178	122

2.1.6 数据处理及结果分析

2.1.6.1 数据处理依据

表中的测量数据是圆筒外表面的环向应变,需要再经过计算方能求解出对应于内壁的压力,从而计算出侧压系数。

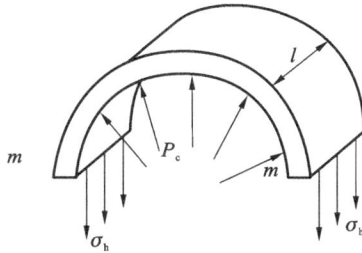

图 2.7 计算简图

金属圆筒可以近似认为是薄壁圆筒,根据材料力学薄壁圆筒理论,可以得出其环向应力为:

$$\sigma_h = \frac{p_c D}{2\delta} \tag{2-1}$$

由胡克定律,可以算出环向应变为:

$$\varepsilon_h = \frac{1}{E}\sigma_h = \frac{p_c D}{2E\delta} \tag{2-2}$$

联立求解式(2-1)和(2-2)可以获得作用在圆筒内壁上的径向压力为:

$$p_c = \frac{2\delta \cdot E\varepsilon_h}{D} \tag{2-3}$$

设作用在煤体上的轴向压力为 p_z,则 p_z 可用下列公式计算得到:

$$p_z = \frac{4F}{\pi D_n^2} \tag{2-4}$$

联立求解公式(2-3)、(2-4)即可得到煤体的侧压系数为:

$$\lambda = \frac{p_c}{p_z} = \frac{\pi D_n^2 \delta \cdot E\varepsilon_h}{2DF} \tag{2-5}$$

根据测量结果,在实际计算时,上式中参数取值如下: $D = 147.8\text{mm}$, $D_n = 136\text{mm}$, $\delta = 11.5\text{mm}$, $E = 210\text{GPa}$。

2.1.6.2 数据处理结果

第一次测量目的是压实煤体,因此压缩过程中应变值变化较大,数据不能作为侧压系数计算的依据;第二次测量数据较稳定,符合实际情况,故下面仅对第二组数据进行处理(图 2.8~图 2.12)。

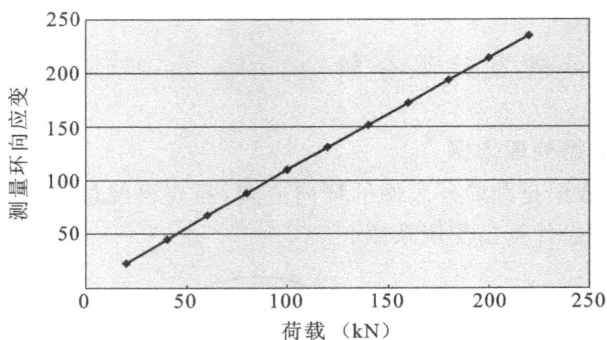

图 2.8　测点 1 载荷-环向应变关系图

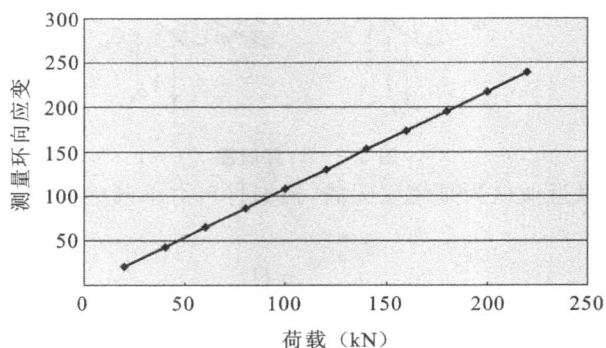

图 2.9　测点 2 载荷-环向应变关系图

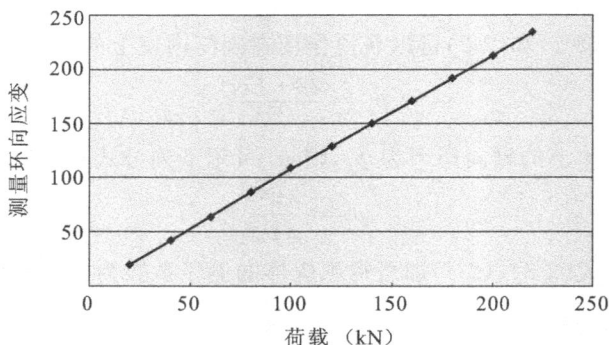

图 2.10　测点 3 载荷-环向应变关系图

　　从数据关系图 2.13 上可以看出,各关系曲线基本呈直线状态,由于不可避免地存在一些误差,因此各数据又存在一定的差异,由于各测点对称分布,所以把各测点数据平均后可消除偏心压缩的影响,取得较为精确的试验结果。

　　通过图 2.14,我们可以看出,载荷和平均应变之间也呈直线关系,平直度较单个点曲线要好。

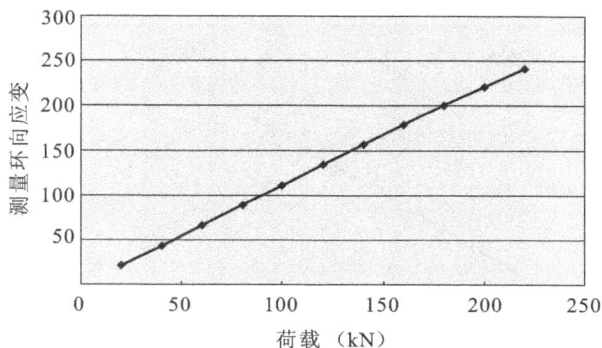

图 2.11 测点 4 载荷-环向应变关系图

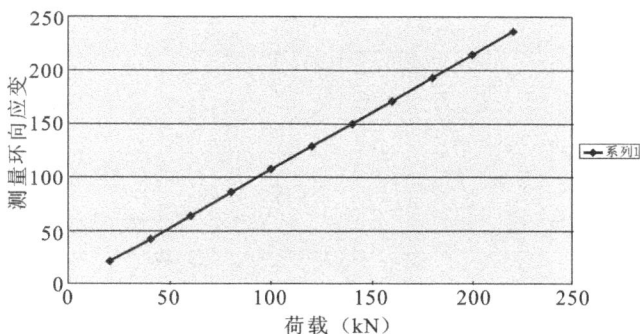

图 2.12 测点 5 载荷-环向应变关系图

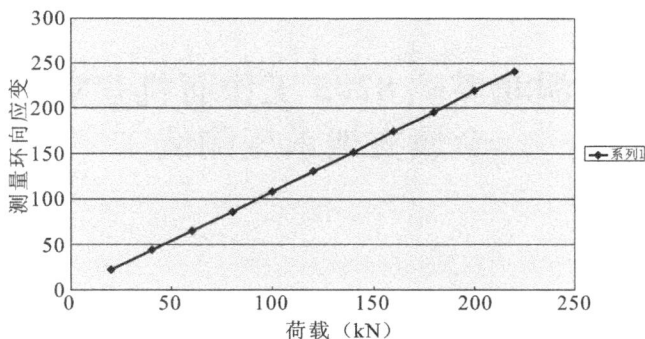

图 2.13 测点 6 载荷-环向应变关系图

2.1.7 总 结

通过图 2.15 所示的关系曲线,我们可以看出,在压力增长的过程中,由于煤体存在有不够密实情况,故数据出现跳跃,但总体偏差也不大;当压力足够大时,这时侧压系数曲线近似平直,取后几个点的平均值作为松散破碎煤的侧压系数($\lambda=0.5138$)。

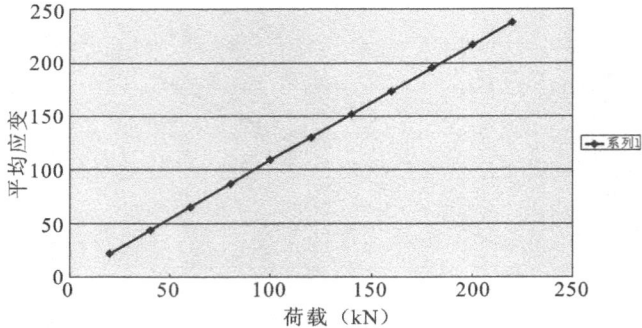

图 2.14　载荷-平均轴向应变关系图

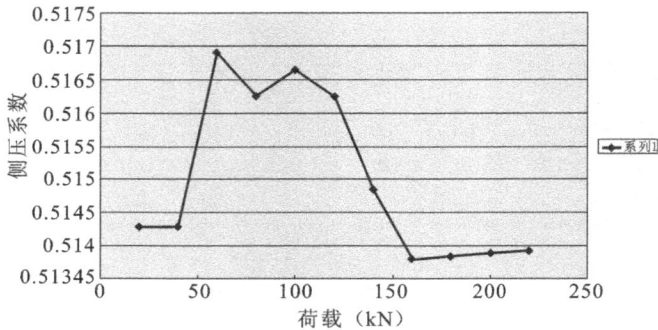

图 2.15　载荷-侧压系数关系曲线

2.2　涡北煤矿 8203 工作面机巷实验段金属支架承压测试

2.2.1　观测目的及内容

目的:了解煤壁与金属支架之间的相互作用力,为金属支架的设计及补强支护提供依据。

内容:在金属支架与煤壁之间设置 YZ—2 型方形液压枕,直接测试出金属支架承受的来自于围煤对金属支架的作用力。

2.2.2　煤壁对 U 形棚的作用力观测

2.2.2.1　YZ—2 型方形液压枕基本参数及测试方案

煤壁对 U 形棚的作用力观测主要通过 YZ—2 型方形液压枕来实现。该液压枕的安装结构图和外观结构图如图 2.16、图 2.17 所示,它的基本性能参数见表 2.3。

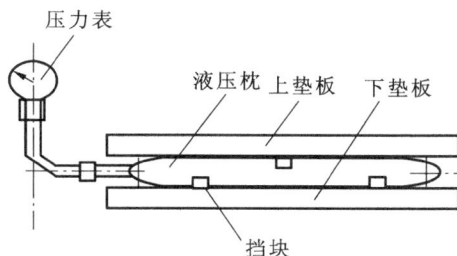

图 2.16　液压枕的安装结构图

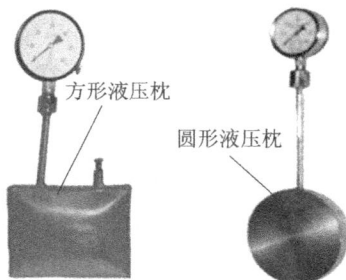

图 2.17　液压枕外观结构图

表 2.3　液压枕技术参数表

	量程	0～150kN/200kN/300kN
尺寸	液压枕组件	厚度:24mm;活塞直径:100m
	压力表组件	外直径:60mm;厚度:30mm;压力:60MPa
	总长度	$L \approx 410mm$
	测量精度	2.5 级

由图 2.16 可知液压枕使用时需两块钢板辅助,鉴于 8203 机巷使用 36 号 U 形棚,初步设计正方形钢板的厚度为 10mm,边长为 250mm。

液压枕需在挂网之前以 1100mm 的间距安设在 U 形棚的正后方,钢筋网和煤之间,如图 2.18 所示。直腿梁和曲腿梁的试验段内需各选一 U 形棚单侧安装 7 块液压枕(图 2.19～图 2.25)。

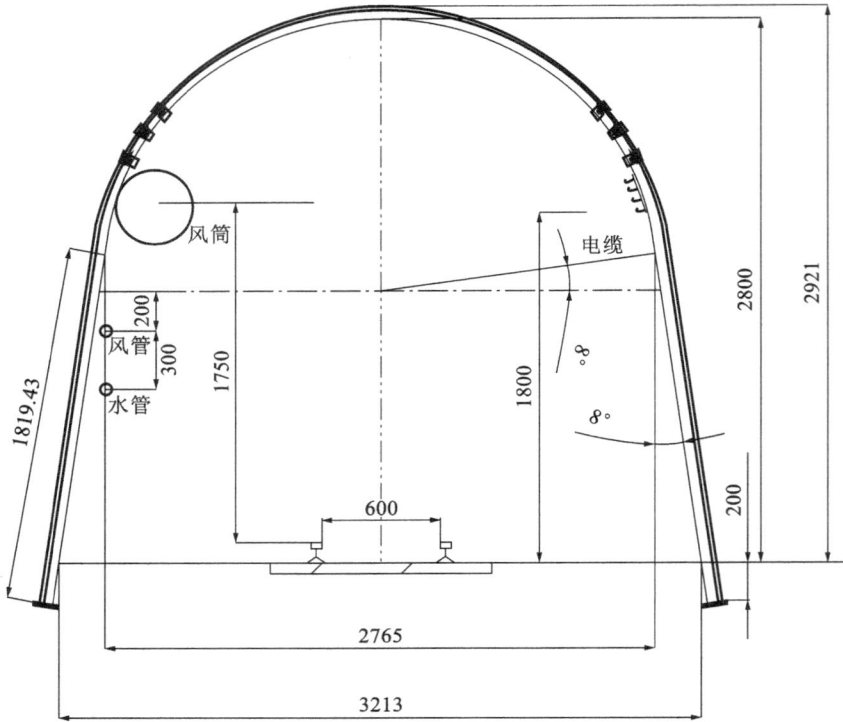

图 2.18　液压枕布置示意图

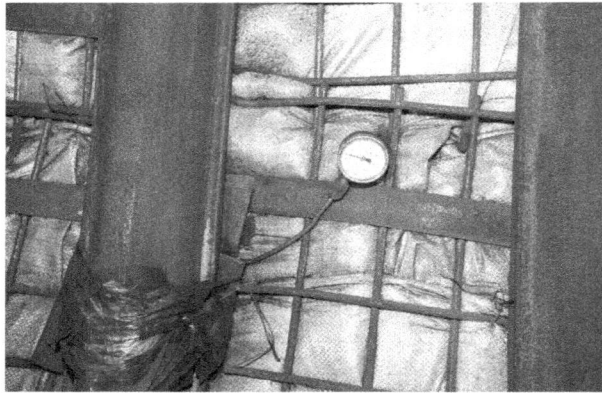

图 2.19　液压枕现场布置照片(1)

图 2.20 液压枕现场布置照片(2)

图 2.21 液压枕现场布置照片(3)

图 2.22 液压枕现场布置照片(4)

图 2.23　液压枕现场布置照片(5)

图 2.24　液压枕现场布置照片(6)

图 2.25　液压枕现场布置照片(7)

2.2.2.2 测试报告

测试活动从 2009 年 4 月 2 日开始,每周测试一次,共测试 8 次,结果如下:

测试时间:4 月 2 日 10 时 10 分 测试人:经来旺、郝朋伟		备注
测站编号	压力值(t)	
1	3.2	
2	3.3	
3	3.8	
4	1.9	
5	1.9	
6	1.9	
7	38.7	

测试时间:4 月 9 日 9 时 30 分 测试人:郝朋伟、薛学贵		备注
测站编号	压力值(t)	
1	4.1	
2	4.2	
3	4.7	
4	2.1	
5	2.1	
6	2.1	
7	49.6	

测试时间:4 月 16 日 10 时 10 分 测试人:郝朋伟、薛学贵		备注
测站编号	压力值(t)	
1	4.9	
2	5.0	
3	5.4	
4	2.3	
5	2.3	
6	2.3	
7	59.2	

测试时间：4 月 23 日 9 时 40 分 测试人：郝朋伟、薛学贵		备注
测站编号	压力值（t）	
1	5.0	
2	5.1	
3	5.6	
4	2.4	
5	2.4	
6	2.4	
7	60.5	

测试时间：5 月 30 日 9 时 30 分 测试人：郝朋伟、薛学贵		备注
测站编号	压力值（t）	
1	5.0	
2	5.1	
3	5.6	
4	2.4	
5	2.4	
6	2.4	
7	60.5	

测试时间：6 月 7 日 9 时 20 分 测试人：郝朋伟、江向阳		备注
测站编号	压力值（t）	
1	5.0	
2	5.1	
3	5.6	
4	2.4	
5	2.4	
6	2.4	
7	60.5	

测试时间：6 月 15 日 9 时 40 分 测试人：郝朋伟、薛学贵		备注
测站编号	压力值（t）	
1	5.0	
2	5.1	
3	5.6	
4	2.4	
5	2.4	
6	2.4	
7	60.5	

测试时间：6 月 7 日 9 时 20 分 测试人：经来旺、郝朋伟		备注
测站编号	压力值（t）	
1	5.0	
2	5.1	
3	5.6	
4	2.4	
5	2.4	
6	2.4	
7	60.5	

2.2.3　测试报告分析

从 2009 年 4 月 2 日起至 6 月 7 日之间共测试 8 次，前 3 次压力数值逐渐递增，从第 4 次 4 月 23 日开始，数值即开始稳定不变，后面的连续 5 次测试，压力值均稳定在一固定数值，说明巷道金属支架与围煤之间的作用力已经稳定。根据测试的数据，基本可以判断出作用在金属支架上的竖向压力值约为 5.0t，水平地应力值约为 2.5t；这与测验测得的围煤的侧压系数 0.5138 是基本吻合的。该压力值构成了金属支架及其补强支护设计的重要依据。

2.3　8203 锚杆拉拔力测试

2.3.1　测试机理及测试方案

8203 机巷采用 U 形棚与锚杆（帮部、底部）联合作用的支护方式（锚架组合支护结构），帮部及底部的锚杆如图 2.26 所示：

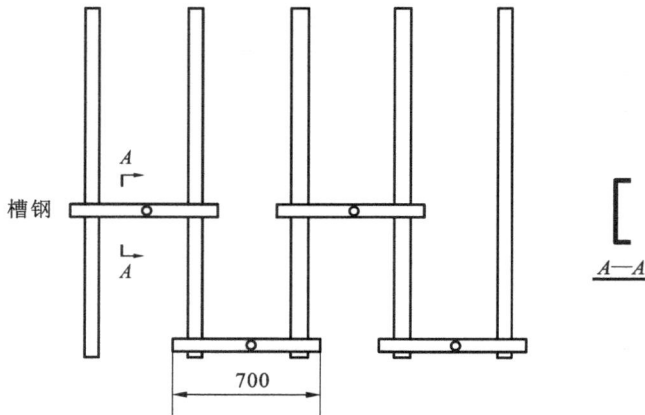

图 2.26　8203 机巷帮部及底部锚杆布置示意图

图 2.26 所示的锚杆具有锁帮护腿、提高 U 形棚抗弯能力的作用，同时有较强地抑制棚腿下移的作用，这些作用均间接地提高了锚杆的拉拔力。然而 8203 机巷是一条煤巷，且所在煤层极其松散。有很多学者对极松散煤层中锚杆的作用效果提出了质疑，认为极松散煤层中锚杆与煤层的固结存在很大障碍，锚杆所能产生的拉拔力很小，因而作用效果很小。上述疑虑的存在不无道理，为了消除疑虑，课题组实施了现场锚杆拉拔力测试，具体如下。

2.3.2　测试仪器

本次测试所用的仪器为 ML—20T 型液压锚杆拉力计（图 2.27）。它是测定锚杆锚固力的一种检测工具，它对锚喷支护理论的研究以及工程质量的检验具有重大作用。ML—20T 型液压锚杆拉力计由手压泵和拉力缸两部分组成。拉力缸所能产生的最大拉力为 20t，额定压力 55MPa，活塞行程 20mm（加回程弹簧），活塞面积 35cm²，重量为 5.25kg,柱塞直径 11mm,每次排油量约 2.5mL,重量 3kg。

2.3.3　测试过程及结果分析

图 2.27　ML—20T 型液压锚杆拉力计

　　锚杆拉拔力测试为破坏性试验,为此决定在巷道帮部距底板 0.7m 处设置实验锚杆。共设置实验锚杆 3 根,间距 5m 一根,设置在两架 U 形棚中间。

　　2009 年 8 月 4 日 21 时,安徽理工大学经来旺教授、郝朋伟老师与涡北煤矿生产技术部部长王跃忠同志共同对 8203 机巷极松散煤层中的锚杆进行了拉拔力测试。测试过程中发现:当 ML—20T 型液压锚杆拉力计的压力表显示值为 20MPa 左右时,整个锚杆好像进入了"屈服阶段",也就是说锚杆及槽钢的变形不断增加而压力值却无显著变化,只在 20MPa 左右抖动;继续按动手柄注油加压 2~3 次后,压力表的显示值一路攀升,直到达压力表的最大量程 60MPa 时,锚杆也未被拔出,锚杆与槽钢最终相对位移量约 15~20mm。

　　压力表的显示值为 P,拉力计拉力缸活塞面积为 A,$1MPa=0.1kN/m^2$,$1kN=1/9.8t$(本书采用工程中的表示方法,此处省略了重力加速度 g 的单位),故拉拔力 $F=P\times A=P\times 35\times 0.1/9.8=0.36P(t)$。由此可知,压力表的显示值与锚杆拉拔力之间存在 0.36 的换算关系,例如,若压力表的显示值为 20MPa,则实际的拉拔力为 7.2t。

2.3.4　现场测试

图 2.28　锚杆拉拔力现场测试照片

表 2.4　锚杆拉拔力测试结果汇总

测试锚杆编号	屈服压力（MPa）	屈服拉力（t）	最大压力（MPa）	最大拉力（t）
1	20	7.2	60	21.6
2	24	8.6	60	21.6
3	22	7.9	60	21.6
平均值	22	7.9	60	21.6

测试者在 8203 机巷还观察到一个现象：与 410♯、413♯、414♯、417♯电缆挂钩相邻的 4 架 U 形棚变形较为严重，右侧（皮带机侧，底板为岩层）锚杆的变形也很大，锚杆端部的槽钢已被彻底拉弯，但锚杆并未被拔出，说明锚杆产生了很大的拉力。以煤层为底板的巷道左侧，U 形棚棚腿插底量很大，有少量锚杆被切断，大部分锚杆在端部都有弯曲现象。纵观 8203 机巷整条巷道，没有一根锚杆被拔断或拔出。

上述结果表明，极松散介质中的锚杆也能产生很大的拉拔力，对控制巷道的变形十分有利。8203 机巷中的两排锚杆与 U 形棚相辅相成、共同作用，取得了很好的支护效果，相关技术值得大力推广。

2.3.5　总结

本实验揭示了一个极为重要的情况，即在极松散煤层中锚杆仍然具有非常大的拉拔力。这一重要试验结果为极松散煤层中锚网支护的应用提供了极为重要的基础性依据。

2.4　煤顶底板物理力学性质测试报告

2.4.1　取样地点

涡北煤矿 8102 综放工作面上顺槽，共取岩样 7 组。

2.4.2　测试内容

（1）力学性质：岩石的单轴抗压强度、三轴抗压强度、抗拉强度、弹性模量、变形模量、泊松比、凝聚力、摩擦角。

（2）物理性质：颗粒密度（比重）、块体密度（容重）、孔隙率。

2.4.3　试件加工与测试

试件加工与测定遵照中华人民共和国煤炭行业标准《煤和岩石物理力学性质测定方法》MT44—87、MT45—87、MT47—87、MT173—87 的规定执行。

（1）试块加工

取自涡北煤矿的岩样，通过实验室加工制成《煤和岩石物理力学性质测定方法》中所要求的标准试件。

（2）试件数量

试件尺寸及数量根据试验项目按《煤和岩石物理力学性质测定方法》的规定执行或根据实际取样情况决定。

2.4.4　测试系统及部分测试前后的试件（图 2.29～图 2.35）

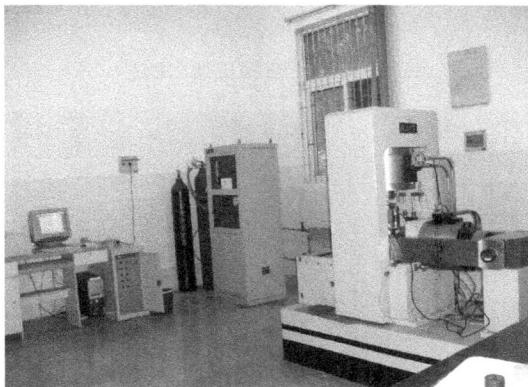

图 2.29　RMT 岩石力学测试系统

图 2.30　试验前的部分试件

图 2.31　单轴压缩试验

图 2.32　三轴压缩试验

图 2.33　间接拉伸试验

图 2.34　单轴压缩试验后的部分试件

图 2.35 三轴压缩试验后的部分试件

2.4.5 测试报告

(1)岩石容重测试结果(表 2.5)

表 2.5 岩石容重测试结果

岩样编号	岩石名称	试样编号	试样尺寸(mm)		试样体积（mm³）	燥干质量（g）	岩石容重（kg/m³）	平均容重（kg/m³）
			直径	高度				
1	砂岩	1	68	60.8	220806	579	2622	643
		2	68	134.2	487372	1298	2663	
		3	49.7	101	195940	518	2644	
2	砂岩	1	68	55.7	202285	541	2674	676
		2	68	134.6	488824	1315	2690	
		3	68	131.5	477566	1272	2664	
3	砂岩	1	68	130.4	473571	1257	2654	631
		2	68	60.1	218264	571	2616	
		3	68	137.5	499356	1309	2621	
4	粉砂岩	1	68	128.4	466308	1219	2614	621
		2	68	128.2	465582	1216	2612	
		3	68	58.7	213180	562	2636	
5	泥岩（含砂质）	1	68	61	221533	583	2632	623
		2	68	60	217901	570	2616	
		3	68	58.7	213180	559	2622	
底 I	泥岩	1	68	141.5	513883	1335	2598	2565

测试:刘效云、韩磊

（2）岩石比重、孔隙率测试记录表（表2.6）

表 2.6　岩石比重、孔隙率测试结果　　　　测试时间 2007.9

岩样编号	岩石名称	试样编号	岩石质量（g）	瓶、水合重（g）	瓶、水、岩粉合重(g)	比重（kg/m³）	平均比重（kg/m³）	平均容重（kg/m³）	孔隙率（%）
1	砂岩	1	16.343	74.682	84.952	2691	2696	2643	1.95
		2	18.180	76.384	87.831	2700			
2	砂岩	1	14.994	75.658	85.125	2713	2704	2676	1.03
		2	18.094	77.843	89.223	2695			
3	砂岩	1	9.905	73.920	80.196	2729	2717	2631	3.16
		2	15.563	74.863	84.671	2704			
4	粉砂岩	1	11.390	75.966	83.090	2670	2676	2621	2.07
		2	10.597	75.564	82.211	2683			
5	泥岩（含砂质）	1	11.239	132.823	139.873	2683	2674	2623	1.89
		2	13.091	131.193	139.370	2664			
底Ⅰ	泥岩	1	11.137	132.679	139.596	2639	2637	2565	2.73
		2	10.668	132.393	139.012	2635			
底Ⅱ	泥岩（含砂质）	1	15.253	133.332	142.805	2639	2641	2590	1.95
		2	13.133	132.496	140.662	2644			

测试：刘效云、韩磊

（3）岩石单轴压缩变形测试记录表（表2.7）

（4）岩石三轴压缩变形测试记录表（表2.8）

（5）岩石抗拉强度测试记录表（劈裂法）（表2.9）

（6）岩石物理力学性质测试汇总表（表2.10）

表2.7　岩石单轴压缩变形测试成果

测试时间 2007.9

岩样编号	岩石名称	岩件编号	含水状态	试块尺寸(mm)		破坏载荷(kN)	单轴抗压强度(MPa)		弹性模量(GPa)		变形模量(GPa)		泊松比	
				直径	高度		单值	平均值	单值	平均值	单值	平均值	单值	平均值
1	砂岩	1	天然	68.0	126.4	228.8	62.4		9.653		7.42		0.29	
		2	天然	68.0	134.2	399.3	109.8	99.1	17.765	15.5	11.061	10.6		0.268
		3	天然	68.0	134	454.8	125.0		19.108		13.221		0.246	
2	砂岩	1	天然	68.0	134.7	514.5	141.5		21.463		12.141		0.154	
		2	天然	68.0	134.6	307.5	84.6	120.2	16.266	19.3	10.075	11.8	0.19	0.154
		3	天然	68.0	131.5	490.3	134.4		20.187		13.283		0.117	
3	砂岩	1	天然	68.0	130.4	315.0	86.3		14.434		8.679		0.939	
		2	天然	68.0	137.5	477.0	131.5	110.0	20.096	17.4	12.905	9.1	0.081	0.366
		3	天然	68.0	134	408.3	112.2		17.793		5.728		0.077	
4	粉砂岩	1	天然	68.0	128.4	356.0	97.3		17.558		9.233		0.111	
		2	天然	68.0	128.2	428.3	117.0	107.2	19.499	18.5	11.665	10.4	0.189	0.150
		3	天然											
5	泥岩(含砂质)	1	天然											
		2	天然											
		3	天然											
底I	泥岩	1	天然	68.0	141.5	266.0	73.6		15.404		9.272		0.189	
		2	天然	68.0	131.1	117.8	32.3	58.5	11.254	13.7	6.228	8.6	0.135	0.175
		3	天然	68.0	130.8	254.0	69.6		14.587		10.414		0.202	
底II	泥岩(含砂质)	1	天然	68.0	124	66.8	18.2	18.0	3.097	3.4	1.633	2.0	0.866	0.764

测试：刘焱云、韩磊

表 2.8　岩石三轴压缩变形测试记录表

测试时间 2007.9

岩样编号	岩石名称	岩件编号	含水状态	试块尺寸(mm)		破坏载荷(kN)	围压=10MPa			围压=15MPa			围压=20MPa			剪切参数	
				直径	高度		抗压强度(MPa)	弹性模量(GPa)	变形模量(GPa)	抗压强度(MPa)	弹性模量(GPa)	变形模量(GPa)	抗压强度(MPa)	弹性模量(GPa)	变形模量(GPa)	摩擦角(度)	凝聚力(MPa)
1	砂岩	1	天然	49.4	101.6	379.8	198.2	19.94	18.97								
		2	天然	49.5	101.0	426.0				221.4	21.13	20.03				48.7	19.624
		3	天然	49.3	101.0	429.5							225.0	20.32	19.40		
2	砂岩	1	天然	49.5	101.0	368.0	191.2	20.75	17.60								
		2	天然	49.5	100.6	437.8				227.5	21.34	20.45				48.6	22.869
		3	天然	49.7	100.8	499.5							257.5	22.86	22.23		
3	砂岩	1	天然	50.2	100.0	379.3	191.6	20.30	18.31							51.6	19.192
		2	天然														
		3	天然														
4	粉砂岩	1	天然	50.6	101.4	358.8	178.4	20.97	19.52								
		2	天然	50.5	101.3	398.8				199.1	20.47	17.64				46.7	21.631
		3	天然														
5	泥岩(含砂质)	1	天然														
		2	天然														
底 I	泥岩	1	天然														
		2	天然														
底 II	泥岩(含砂质)	1	天然	49.5	100.7	201.3	104.6	16.14	15.62							43.3	5.555

表 2.9 岩石抗拉强度测试结果

测试时间 2007.9

岩样编号	岩石名称	含水状态	试件编号	试块尺寸（mm）		破坏载荷（kN）	抗拉强度（MPa）	
				直径	高度		单值	平均值
1	砂岩	天然	1	68	60.8	28.871	6.983	5.932
		天然	2	67.7	58.2	17.953	4.556	
		天然	3	67.8	57.9	24.558	6.256	
2	砂岩	天然	1	68	62.4	20.467	4.823	5.359
		天然	2	68	61.8	23.523	5.598	
		天然	3	68	55.7	21.426	5.657	
3	砂岩	天然	1	68	59	19.608	4.887	6.688
		天然	2	68	60.1	29.81	7.294	
		天然	3	68	58.7	31.465	7.883	
4	粉砂岩	天然	1	68	59.2	18.828	4.677	5.258
		天然	2	68	56.3	15.374	4.016	
		天然	3	68	58.7	28.266	7.081	
5	泥岩（含砂质）	天然	1	68	61	8.626	2.080	1.596
		天然	2	68	60	5.586	1.369	
		天然	3	68	58.7	5.348	1.340	
底 I	泥岩	天然	1	68	54.3	5.682	1.539	2.037
		天然	2	68	57	9.581	2.472	
		天然	3	68	59.6	8.515	2.101	
底 II	泥岩（含砂质）	天然	1	68	66	12.732	2.837	2.743
		天然	2	68	63.5	12.557	2.908	
		天然	3	68	57	9.629	2.484	

测试：刘效云、韩磊

表 2.10　岩石物理力学性质测试汇总表

测试时间 2007.9

岩样编号	岩石名称	取样地点	容重 (kg/m³)	比重 (kg/m³)	孔隙率	抗拉强度 (MPa)	单轴压缩 $\sigma_2=\sigma_3=0MPa$				三轴压缩 $\sigma_2=\sigma_3=10MPa$			三轴压缩 $\sigma_2=\sigma_3=15MPa$			三轴压缩 $\sigma_2=\sigma_3=20MPa$			剪切参数	
							抗压强度 (MPa)	弹性模量 (GPa)	变形模量 (GPa)	泊松比	抗压强度 (MPa)	弹性模量 (GPa)	变形模量 (GPa)	抗压强度 (MPa)	弹性模量 (GPa)	变形模量 (GPa)	抗压强度 (MPa)	弹性模量 (GPa)	变形模量 (GPa)	摩擦角 (°)	凝聚力 (MPa)
1	砂岩	煤层顶板 (0~6.5m)	2643	2696	1.95	5.932	99.1	15.5	10.6	0.268	198.2	19.94	18.97	221.4	21.13	20.03	225.0	20.32	19.40	48.7	19.62
2	砂岩	煤层顶板 (6.5~14.0m)	2676	2704	1.03	5.359	120.2	19.3	11.8	0.154	191.2	20.75	17.60	227.5	21.34	20.45	257.5	22.86	22.23	48.6	22.87
3	砂岩	煤层顶板 (14.0~21.5m)	2631	2717	3.16	6.688	110.0	17.4	9.1	0.366	191.6	20.30	18.31							51.6	19.19
4	粉砂岩	煤层顶板 (21.5~27.6m)	2621	2676	2.07	5.258	107.2	18.5	10.4	0.150	178.4	20.97	19.52	199.1	20.47	17.64				46.7	21.63
5	泥岩 (含砂质)	煤层顶板 (27.6~31.0m)	2623	2674	1.89	1.596															
底 I	泥岩	煤层底板 (0~9.8m)	2565	2637	2.73	2.037	58.5	13.7	8.6	0.175											
底 II	泥岩 (含砂质)	煤层底板 (9.8~11.0m)	2590	2641	1.95	2.743	18.0	3.4	2.0	0.764	104.6	16.14	15.62	112.7	16.69	16.66	113.7	12.63	13.99	43.3	5.555

测试:刘泉声、韩磊

3　袁庄煤矿基础试验研究成果

3.1　围岩强度测试

（1）试块采集与加工

袁庄煤矿Ⅳ2专用回风道及附近巷道围岩岩性极差,通过普通的取芯方法很难得到完整的岩芯,不得不从底臌部位搬取少量块体较大的岩石,并运回实验室加工,制成《煤和岩石物理力学性质测定方法》中所要求的标准试件。实验室加工主要包括岩样的切割与端面打磨。

（2）试件数量及部分测试试件展示

由于围岩岩性差,搬运岩块数量有限,首次测试只得泥岩抗压性能测试试件6个(图3.1),抗拉性能测试试件4个,符合《煤和岩石物理力学性质测定方法》的规定。第二次测试针对泥质砂岩进行,由于巷道基本处于封闭状态,岩块选取及搬运均很困难,只得抗拉性能测试试件3个(图3.2),抗拉性能测试试件3个(图3.3)。

图 3.1　岩石强度测试试件汇总

图 3.2   抗拉性能测试过程示意图

图 3.3   抗压性能测试过程示意图

（3）测试结果汇总（表3.1～表3.4）

表 3.1　泥岩抗压强度测试

编号	直径 （mm）	高度 （mm）	最大荷载 （kN）	抗压强度 （MPa）	弹性模量 （Gpa）	泊松比	备注
泥 01	48.81	74.00	40.79	21.8			测试结果奇异， 舍弃
泥 02	48.81	71.73	45.84	24.5			
泥 03	48.79	90.43	50.85	27.2	25.432	0.223	
泥 04	48.82	98.50	49.61	26.5	26.478	0.214	
泥 05	48.81	88.97	45.84	24.5	29.664	0.243	
泥 06	48.79	81.19	41.69	22.3	27.435	0.212	
平均值				25.13	27.252	0.223	

表 3.2　泥岩抗拉强度测试结果（巴西盘劈裂测试）

编号	直径（mm）	厚度（mm）	最大荷载（kN）	抗拉强度（MPa）	备注
泥 07	48.80	28.04	2.902	1.35	
泥 08	48.81	26.39			试件破坏方式不对，试件报废
泥 09	48.81	27.56	1.249	0.59	测试结果奇异，舍弃
泥 10	48.83	27.19	2.127	1.02	
平均值	去除报废试件及测试结果奇异试件，可知泥岩的抗拉强度为1.19MPa。				

表 3.3　泥质砂岩抗压强度测试

编号	直径（mm）	高度（mm）	最大荷载（kN）	抗压强度（MPa）	弹性模量（Gpa）	泊松比
砂 01	48.91	100.01	59.75	31.8	34.664	0.267
砂 02	48.92	100.10	64.85	34.5	44.744	0.292
砂 03	48.79	99.33	69.55	37.2	37.235	0.216
平均				34.5	38.881	0.258

表 3.4　泥质砂岩抗拉强度

编号	直径（mm）	厚度（mm）	最大荷载（kN）	抗拉强度（MPa）	备注
砂泥 01	48.72	27.00	2.902	1.56	
砂泥 02	46.88	25.43			试件报废
砂泥 03	48.83	29.21	2.127	1.33	
平均值	去除报废试件及测试结果奇异试件，可知泥质砂岩的抗拉强度为1.45MPa。				

3.2　围岩与金属支架之间作用力及测试

（1）测试目的

了解围岩与金属支架之间的相互作用力，为金属支架的设计及补强支护提供依据。

（2）测试内容

在金属支架与煤壁之间设置普通锚杆/锚索测力计，并稍加改装，使之能直接测试出金属支架承受的来自于围岩对金属支架的作用力。

（3）测试工具

锚杆测力计是测定锚杆受力变化的仪器，它对工程中常见的各类锚杆均可使用。通过对锚杆工况的监测，以便对锚杆支护质量进行监控，因而也对巷道、硐室、围岩应力（应力显现）进行监控，是研究巷道硐室之稳定性不可缺少的检测仪器，使用测力计可以实现压力的连续观测，它适用于煤炭、冶金、矿山、国防、隧道等领域的坑道作业。锚杆测力计基本外观如图 3.5 所示。

图 3.5　锚杆/锚索测力计

本测试所选测力计工作压力 0～60MPa；压力腔外径 95mm，内径 80mm；中心孔 22mm；配套压力表分辨率 0.1MPa；测力计总重量 1.8Kg。压力计受力截面积 40000 mm^2，力与表压 MPa 对照计算公式：力（吨）＝0.53（系数）×表压（MPa）。

（4）安装前的准备

安装前先给每个锚杆测力计配备两块规格为 200×200mm 的钢板，其中一块钢板要在中心打一直径为 22mm 的孔，另一块的中心要焊接一规格为 40×20mm 的圆柱形钢铁，另外每块钢板的四个顶点也要个打一个直径为 5mm 的孔，以及配备符合这四个小孔规格的四颗螺丝和螺母以便对锚杆测力计进行后续的固定工作（图 3.6）。

（5）测力计现场安装

①先将顶梁的三块压力表用胶带与钢板固定。将压力表放置在一块钢板的正中央由胶带将其与钢板固定，而后将另一块钢板盖于正上方用胶带裹紧固定，其它两块类似。

图 3.6   锚杆测力计用于 U 形棚受力测试前的准备工作

② 安装位置：如图 3.7 所示，顶梁顶点安装一块压力表，两侧 45°处各放置一块压力表。U 形棚帮起拱线处放置一块压力表。

③ 安装完成后记录数据（包括表的受力截面积、力与表的对照计算系数、表的安装位置和 U 形棚的序号）。

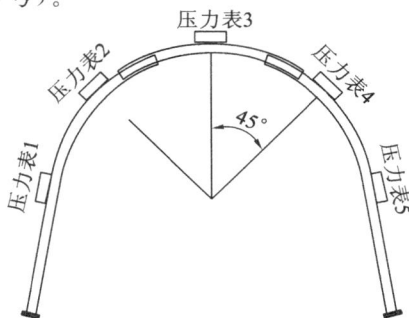

图 3.7   测力计安装位置示意图

（6）数据采集

测力计安装完毕后由安徽理工大学课题组派人按照 10～15 天/次的频率进行现场检测。检测过程如图 3.8 所示。

（7）测试结果分析

从 2011 年 7 月 18 日至 2012 年 2 月 10 日，安徽理工大学课题组共对液压枕进行了 10 次观测。观测结果表明：2011 年 10 月 21 日前，Ⅳ2 专用回风道在重新架棚后未对巷道进行其它形式的加固，U 形棚与围岩贴合很不紧密，压力表数据都很小，但巷道变形速度却很快；用 3 排平锚索对 U 形棚棚腿进行加固后，压力表的数据迅速上升，说明 U 形棚与平锚索形成的承载结构在迅速地发挥作

图 3.8   锚杆测力计现场观测示意图

用，承载了来自围岩的巨大压力，巷道变形速度因而大幅降低；巷道帮底注浆后，压力表的数值又有了少许上升，但上升幅度不大，而且趋于稳定，说明承载结构受到

的压力趋于稳定,巷道变形也向微量趋近。

时间:7月18日10时	测试人:郝朋伟、薛学贵	备注:液压枕安装当天
液压枕编号	压力显示值(MPa)	U形棚实际受力值(t)
1	0	0
2	0	0
3	0	0
4	0	0
5	0	0

时间:7月26日10时	测试人:郝朋伟、薛学贵	备注:液压枕安装8天
液压枕编号	压力显示值(MPa)	U形棚实际受力值(t)
1	0	0
2	0	0
3	0	0
4	0	0
5	0	0

时间:8月10日10时	测试人:郝朋伟、樊春天	备注:液压枕安装22天
液压枕编号	压力显示值(MPa)	U形棚实际受力值(t)
1	0	0
2	1	0.53
3	2	1.06
4	1	0.53
5	0	0

时间:8月30日10时	测试人:经来旺、郝朋伟	备注:液压枕安装42天
液压枕编号	压力显示值(MPa)	U形棚实际受力值(t)
1	0	0
2	1	0.53
3	3	1.59
4	1	0.53
5	0	0

时间:8 月 30 日 10 时　　测试人:郝朋伟、薛学贵		备注:液压枕安装 42 天
液压枕编号	压力显示值(MPa)	U 形棚实际受力值(t)
1	1	0.53
2	2	1.06
3	4	2.12
4	3	1.59
5	1	0.53

时间:9 月 20 日 10 时　　测试人:郝朋伟、薛学贵		备注:液压枕安装 62 天
液压枕编号	压力显示值(MPa)	U 形棚实际受力值(t)
1	4	2.12
2	5	2.65
3	7	3.71
4	6	3.18
5	4	2.12

时间:10 月 12 日 10 时　　测试人:郝朋伟、董海龙		备注:液压枕安装 84 天 U 形棚棚腿补强完毕
液压枕编号	压力显示值(MPa)	U 形棚实际受力值(t)
1	6	3.18
2	6	3.18
3	8	3.24
4	6	3.18
5	6	3.18

时间:10 月 24 日 10 时　　测试人:薛学贵、董海龙		备注:液压枕安装 96 天
液压枕编号	压力显示值(MPa)	U 形棚实际受力值(t)
1	7	3.71
2	8	4.24
3	9	4.77
4	7	3.71
5	7	3.71

时间:1月10日10时　测试人:薛学贵、董海龙		备注:液压枕安装132天帮顶注浆已经完成10天
液压枕编号	压力显示值(MPa)	U形棚实际受力值(t)
1	9	4.77
2	10	5.30
3	12	6.36
4	损坏	
5	9	4.77

时间:2月10日10时　测试人:薛学贵、董海龙		备注:液压枕安装172天帮顶注浆已经完成40天
液压枕编号	压力显示值(MPa)	U形棚实际受力值(t)
1	9	4.77
2	10	5.30
3	12	6.36
4	损坏	
5	9	4.77

时间:2月24日10时　测试人:薛学贵、董海龙		备注:液压枕安装184天
液压枕编号	压力显示值(MPa)	U形棚实际受力值(t)
1	9	4.77
2	10	5.30
3	12	6.36
4	损坏	
5	9	4.77

4 巷道变形特征分析

依据国内外软岩(煤巷)巷道变形、破坏方面的文献报道,以及两淮、兖州、山西、大屯等国内煤炭产地的实地考察,本章给出了软岩巷道(煤巷)的变形破坏表现出的共同特征。

4.1 软岩巷道变形破坏特征

(1)巷道最先显现的破坏点在拱顶及拱腰部位,表现为混凝土喷层的炸皮、开裂;

(2)伴随着拱部混凝土喷层炸皮、开裂,底板发生向上位移,即底臌。如图4.1所示,底臌一般表现为巷道中部较大,两边逐渐减小。在很多巷道中,沿巷道轴线底臌程度会有变化。对于处于厚泥岩层中的巷道,伴随着"卧底"的反复进行,底臌速度及两帮收敛速度出现加快的现象。

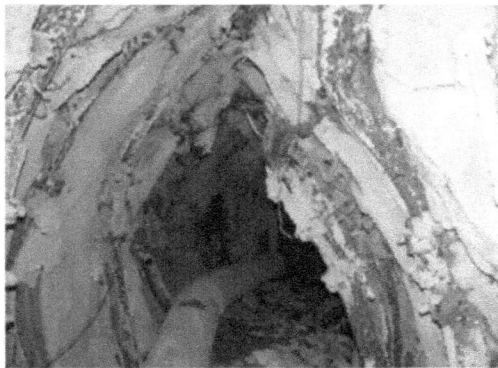

图4.1 底臌现象(引发支架内移、拱顶弯折)

(3)伴随底臌,巷道两帮开始向内位移,发生倾斜,U形棚支腿向内收缩,很多情况下,金属支架拱腰部位发生塑性弯曲,U形凹槽变成扁平状,严重时发生撕裂(图4.2)。

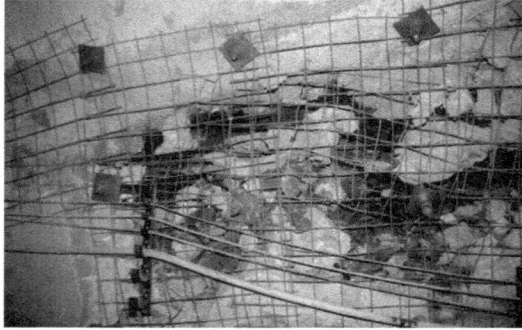

图 4.2　巷道冒顶现象

（4）很多情况下，巷道底板上方 600mm～800mm 处，出现金属支架柱腿弯折，即"跪腿"现象，有时还会出现柱腿扭曲现象。

（5）对于锚喷巷道，在发生较大底臌、顶部炸皮和开裂的同时，还会发生严重的片帮现象（图 4.3）。

图 4.3　底臌、片帮现象（顶部炸皮、冒落）

（6）在实施锚杆、索支护的巷道，会出现一定数量的锚杆、索拉断情况，同时还会出现一定数量的脱锚情况。

（7）很多软岩巷道变形绵绵不休、连续不断，某些巷道刷帮过程中，围岩中看不到明显的裂缝。

（8）某些泥岩巷道围岩遇水成泥、遇风成砂。

（9）巷道周边松动圈范围大小不一：顶部最小、底板最大、两帮居中。受动压反复影响下的巷道松动圈较大，帮部松动圈通常在 2000mm 以上，有些地方甚至超过 3000mm。

（10）巷道底角部位破碎最为严重。

4.2　松散厚煤层巷道变形破坏特征
（圆拱斜腿 U 形钢支架支护方式）

（1）柱腿下插速度较快、深度较大，导致顶板下移、离层。

（2）底臌严重，很多情况下，每天底臌量高达 100～300mm。

（3）柱腿扭曲、"跪腿"情况较普遍（图 4.4）。

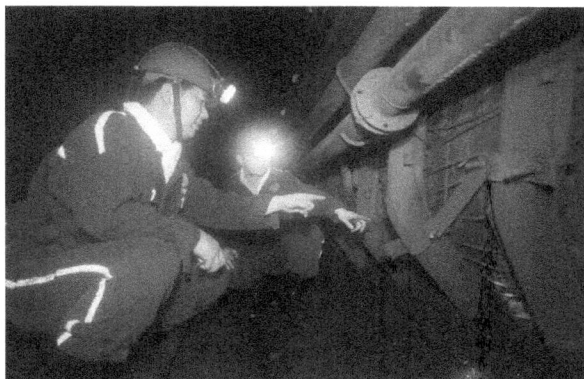

图 4.4　跪脚现象

（4）拱腰部位塑性弯曲程度较大，严重时，该部位发生会折断现象（图 4.5）。

图 4.5　U 形支架拱部变形弯折

（5）断面大幅度减小，很多巷道断面减小程度高达 70％以上（图 4.6）。

图 4.6　巷道反复修复后断面图

（6）金属网被挤压外凸，甚至发生破断，碎煤挤压欲出，拱部 U 钢弯折成扁平状（图 4.7）。

图 4.7　碎煤外流

（7）冒顶时有发生。

（8）处于倾斜底板上的巷道，支架往往发生不对称变形（图 4.8、图 4.9）。

图 4.8　支架变形图之一（柱腿下插，拱顶下移，巷高大幅降低）

图 4.9　支架变形图之二(反复支护,用尽手段)

5 巷道变形因素分析

导致巷道变形的因素很多,如围岩性质、地压、巷道断面、支护强度等等,下面逐一介绍导致巷道变形的主要因素。

5.1 围岩的力学性质

5.1.1 岩石的强度

岩石的强度主要指岩石的峰值抗压强度,决定了松动圈的形成及范围大小,与岩石长期强度的数值密切相关,而岩石长期强度的数值与岩石质点的应力状态则决定了巷道围岩是否会发生不稳定蠕变。

5.1.2 岩石的基本流变特性

(1)蠕变、松弛与弹性后效

岩石的变形不仅表现出弹性和塑性,而且还表现出流变性质。所谓流变性质就是指材料的应力—应变关系与时间因素有关的性质。材料变形过程中具有时间效应的现象称为流变现象。岩石的流变包括蠕变、松弛和弹性后效。

①蠕变——应力保持不变的情况下,变形随着时间而增长的现象。

②松弛——应变保持不变的情况下,应力随时间增长而减小的现象。

③弹性后效——加载或卸载时,弹性应变滞后于应力的现象。

岩石的上述三种流变性质对许疃煤矿、涡北煤矿和袁庄煤矿巷道围岩的变形具有很大影响。

(2)长期强度及其与瞬时强度之间的关系

岩石的蠕变曲线如图 5.1 所示,图中三条蠕变曲线是不同应力下得到的,其中

$\sigma_A > \sigma_B > \sigma_C$。不同的应力条件下岩石的蠕变曲线是不相同的,当作用在岩石上的恒定载荷较小时,岩石蠕变变形的速率随时间增长会逐渐减小并将趋于某一稳定的极限值,这种蠕变称为稳定蠕变。当载荷较大时,如图 5.1 中的 $abcd$ 曲线所示,蠕变不能稳定于某一极限值,而是无限增长直至破坏,称为不稳定蠕变。一种岩石既可以发生稳定蠕变,也可发生不稳定蠕变,这取决于岩石应力的大小。这里存在一个临界应力值,当岩石超过这一临界应力时,蠕变按不稳定蠕变发展;小于此临界应力时,蠕变按稳定蠕变发展,这一临界应力称为岩石的长期强度。

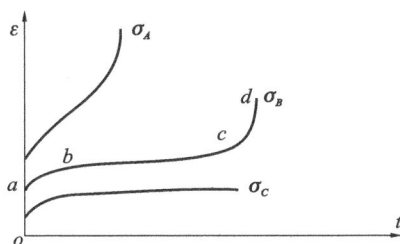

图 5.1　岩石蠕变曲线

岩石的长期强度是一个极具价值的时间效应指标,在恒定载荷长期作用下,岩石会在比瞬时强度小得多的情况下发生破坏,长期强度与瞬时强度之比通常为 0.4～0.8,其中,软岩为 0.4～0.5,中等坚固岩石为 0.5～0.6,坚固岩石为 0.7～0.8。

(3)岩石受力状态与变形特征之间关系

岩石是一种力学性质十分复杂的介质,它可能表现出弹性、塑性特征,也可能表现出流变特征。这些特征并非某一种岩石固有特征,它与岩石受力状态及其赋存条件密切相关。同样一种岩石受力状态改变时,它可能表现出弹性、塑性、粘弹性、粘弹塑性等不同的特征。围岩变形、底臌发生及变形控制所依据的正是上述岩石的一系列基本特性。

5.1.3　巷道围岩的流变性质

许疃煤矿－500m81 采区南翼轨道巷,巷道底板向下近 14.5m 的范围全为泥岩,对此种泥岩进行流变实验,按照单轴强度预设加载方案:5 级荷载分别为59kN、69kN、79kN、89kN、99kN,结果表明该岩石具有显著的流变特征(图 5.2)。

依据前述分析,蠕变分为稳定蠕变和不稳定蠕变,对于软岩,临界应力为岩石破坏强度的 45% 左右(单轴瞬时强度),尽管这一界限是单轴试验得出的结果,但由于许疃煤矿－500m81 采区南翼轨道巷底板岩体中(松动圈交界部位)质点的环向应力与径向应力的差值很大,且远超过单轴强度的 45%;此外底板浸水严重,进一步导致了底板岩石的软化,长期强度变得更低,这就是许疃煤矿 81 采区南翼轨道巷底臌严重且长期不止的原因。

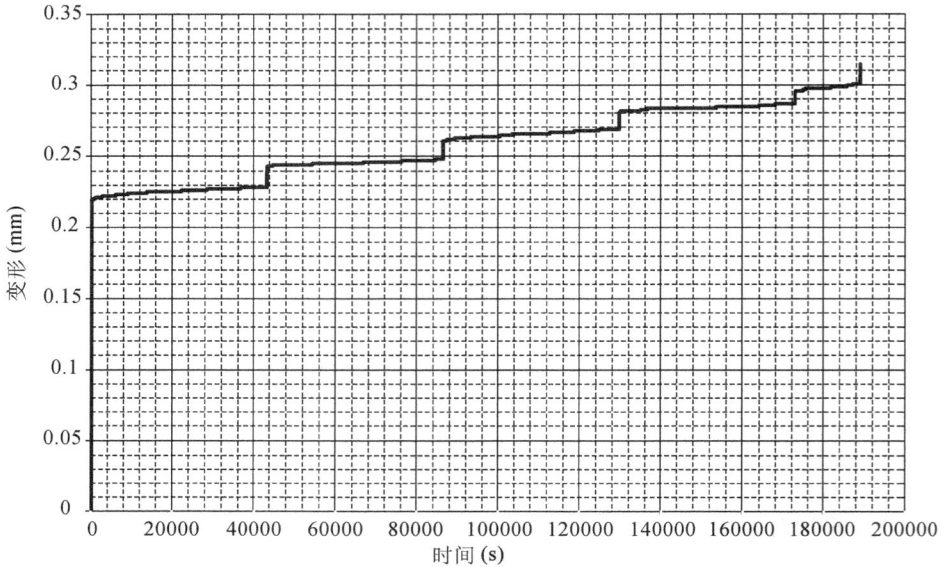

图 5.2　泥岩流变试验时间应变曲线

5.2　应力状态改变引发围岩质点位移

巷道开挖导致围岩应力状态改变(图 5.3),应力状态改变的第一后果是质点的形状弹性改变和体积弹性改变,第二后果是质点的长期蠕变,具体计算公式如下:

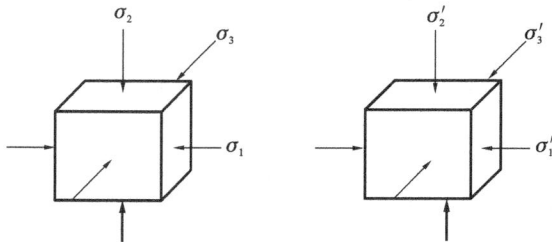

图 5.3　围岩质点应力状态改变示意图

（1）形状弹性改变

$$\begin{cases} \varepsilon_1 = \dfrac{1}{E}\{(\sigma'_1 - \sigma_1) - u[(\sigma'_2 - \sigma_2) + (\sigma'_3 - \sigma_3)]\} \\[3mm] \varepsilon_2 = \dfrac{1}{E}\{(\sigma'_2 - \sigma_2) - u[(\sigma'_3 - \sigma_3) + (\sigma'_1 - \sigma_1)]\} \\[3mm] \varepsilon_3 = \dfrac{1}{E}\{(\sigma'_3 - \sigma_3) - u[(\sigma'_1 - \sigma_1) + (\sigma'_2 - \sigma_2)]\} \end{cases} \qquad (5\text{-}1)$$

（2）体积弹性改变

$$\theta = \frac{1 - 2u}{E}[(\sigma'_1 - \sigma_1) + (\sigma'_2 - \sigma_2) + (\sigma'_3 - \sigma_3)] \qquad (5\text{-}2)$$

（3）形状长期蠕变

关于单轴压缩情况下的岩石蠕变，目前研究的成果很多，但有关三轴情况下的岩石蠕变，研究的成果却很少，这主要与实验设备有关。但煤矿岩石巷道围岩中的质点蠕变大多是三轴情况下的蠕变，由于理论与试验研究方面的缺乏，此处不给出具体的量化计算公式。

总之，应力状态的改变导致了巷道围岩一定范围内质点的体积与形状发生变化，每一质点体积与形状的变化均会导致相邻质点的位移，于是就形成了围岩质点的流动。由于巷道底板难以支护的原因，巷道底板一定范围内岩体的应力状态改变的程度远较其它部位大得多，因此该部位质点位移的程度也远较其它部位严重得多，流动的现象也就显著得多。

5.3 岩石的软化性

岩石的软化性是指岩石遇水强度强度降低的特性，通常用软化系数 η 来表征。软化系数是指岩石饱和状态下的单轴抗压强度 R_{cw} 与干燥状态下的单轴抗压强度 R_{cd} 的比值，即

$$\eta = \frac{R_{cw}}{R_{cd}} \qquad (5\text{-}3)$$

软化系数是一个小于 1 的系数，该值越小，则表示岩石受水的影响越大。岩石的软化系数大小差别很大，主要取决于岩石的矿物成分和风化程度。主要岩石的软化系数见表 5.1。

表 5.1 主要岩石的软化系数

岩石名称	抗压强度（MPa）		
	干抗压强度 R_{cd}（MPa）	抗压强度 R_{cw}（MPa）	软化系数
花岗岩	40.0～220.0	25.0～205.0	0.75～0.97
闪长岩	97.7～232.0	68.6～159.7	0.60～0.74
辉绿岩	118.1～272.5	58.0～245.8	0.44～0.90
玄武岩	102.7～290.5	102.0～192.4	0.71～0.92
石灰岩	13.4～206.7	7.8～189.2	0.58～0.94
砂岩	17.5～250.8	5.7～245.5	0.44～0.97
页岩	57.0～136.0	13.7～75.1	0.24～0.55
黏土岩	20.7～59.0	2.4～31.8	0.08～0.87
凝灰岩	61.7～178.5	32.5～153.7	0.52～0.86
石英岩	145.1～200.0	50.0～176.8	0.96
片岩	59.6～218.9	29.5～174.1	0.49～0.80
千枚岩	30.1～49.4	28.1～33.3	0.69～0.96
板岩	123.9～199.5	72.0～149.6	0.52～0.82

从表中发现,处于同样地质条件下的煤矿岩石平巷和斜巷往往变形差异很大,斜巷底臌比平巷轻微的多,主要原因在于斜巷底板中通常无水,而平巷底板中含有大量的游离水。之所以有这种情况,原因在于底板中有一个较大的松动圈,平巷松动圈中的水主要有三个来源:巷道施工用水、岩体中静态储水、水沟水,上述三种水经渗流进入平巷松动圈并最终聚积起来。对于斜巷,虽然底板中也有一个同样的松动圈,但却储不住水,进入其中的水会顺流而下流入下方与其相连巷道的底板松动圈中。由于斜巷底板中无游离水的长期存在,故底板岩石就不会发生严重的软化,由于底板岩石保持较高的强度,所以破坏、流变的程度较平巷底板要小得多,因此底板含水也是底臌发生的一个重要因素。

5.4 蠕变动力难以自制

巷道开挖后各种因素造成了围岩应力状态的巨大改变,具有蠕变特性的岩石又会因为应力状态的改变而发生缓慢的形状改变,最终导致围岩质点的移动。由于这种"质点移动"只能向着巷道方向发生,故在支护反力小于蠕变动力的情况下,巷道变形在所难免。

对比图5.4和图5.5,图5.4所示的巷道软弱围岩的层厚较薄,围岩因应力状态变化所导致的质点位移主要表现为巷道两侧的围岩向巷道方向的移动,上下两层坚硬岩层虽然也会因应力状态的改变发生体积和形状的改变,但这种改变主要是弹性改变(或微小稳定蠕变),且数值很小,往往在巷道开挖后较短时间内就完成了,不会发生向巷道方向的较大位移,随着时间的变化以蠕动方式向巷道方向的位移更是微乎其微,不会给巷道变形带来较大的外在动力。相反,巷道两边的围岩在沿着水平方向向巷道位移的过程中,会受到上、下方强度较高的坚硬岩层反方向的摩阻力作用,其本质如同管道内流体的滞流效应。上下两层坚硬岩层间的距离 h 越小,这种滞流效应就越强烈,软岩蠕变动力衰减的速度就越快,巷道就越容易稳定下来。很多软岩巷道在开挖后2~3个月能够自行稳定的原因就在于此,这也是很多煤矿软岩巷道实施"让压"和"二次支护"能够得以成功的原因。

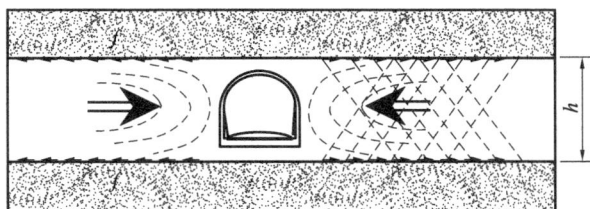

图 5.4　巷道围岩蠕变动力演化示意图(软岩层较薄情况)

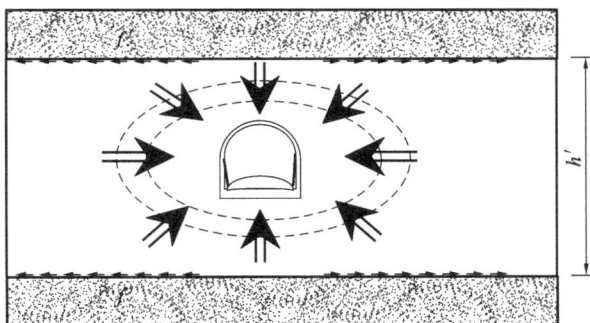

图 5.5　巷道围岩蠕变动力演化示意图(软岩层较厚情况)

与图5.4所示的情况相比,图5.5所示的情况则有很大的不同,软岩层厚度很厚。由于上下左右均是软弱围岩,因应力状态改变所导致的质点位移来自于巷道的四面八方,而不仅仅来自于巷道的两侧。围岩质点移动过程中几乎不会受到图5.4所示的摩阻力的作用,即管道内流体流动过程中产生的滞流效应几乎不存在。由于围岩的蠕变位移过程受不到相关约束力的作用,很长时期内巷道围岩蠕变的动力不仅不会衰减,反而会随着围岩松动圈的扩大而加快速度,松动圈对支护材料的压力也会随着松动圈的扩大而增加。在两淮矿区,关于这方面的典型事例很多,较为突出的有淮南矿业(集团)有限责任公司潘一矿东井矸石胶带机联巷绵绵不休的巷道变形(底臌、两帮收敛),皖北煤电卧龙湖煤矿首采区 10 煤层南翼轨道大巷、运输大巷和回风大巷的长期不止的变形,淮南矿业(集团)有限责任公司顾桥南区胶带机大巷长期不止的变形,内蒙古榆树井矿井一水平所有岩石巷道变形破坏、多次返修等等。

5.5　巷 道 断 面

巷道断面的大小决定了围岩应力集中程度,巷道断面越大,围岩中应力集中程度就越高,围岩质点的切向应力值就越大,相应的切向应力与径向应力的差值也就越大,这一方面会导致围岩的强度破坏,同时也导致了许多岩石质点不稳定蠕变的发生。

这里的巷道断面实际上包含两种含义:巷道的净断面和巷道的有效承载断面。有效承载断面是指松动圈与外围稳定岩体之间界面形成的断面,围岩应力集中主要发生在有效断面的外围一定的范围之内,有效断面越大,应力集中程度越大,围岩蠕变的动力就越强,即松动圈范围越大,围岩变形动力就越强。反复受动压影响的巷道的松动圈会较大,围岩变形动力也就越大,因此,控制松动圈的发展也是降低巷道变形动力的有效措施之一。

5.6　支 护 强 度

支护结构在围岩发生位移的过程中会给围岩较大的反作用力,这一反作用力会使得围岩质点的应力状态得到较大的改观,即通过增大围岩质点的径向应力阻止围岩的强度破坏。在强度足够大的情况下,还会较大程度地降低切向应力与径向应力之间的差值,有效降低蠕变动力,避免不稳定蠕变的发生。

5.7 地　　压

　　地压的大小与巷道开挖后围岩中集中应力的大小密切相关。地压越大,围岩质点的切向应力值越大,在质点径向应力不能同步增大的情况下,围岩质点将沿径向方向发生很大的应变,形成围岩的径向位移或径向变形并给支护结构较大的作用力,如图5.6所示。若支护结构的承载力不能满足要求,在围岩质点径向应变尚未停止时就会发生破坏,导致围岩质点径向应力的进一步减小、径向应变的进一步增大、松动圈的继续扩展,巷道破坏的进一步加剧。

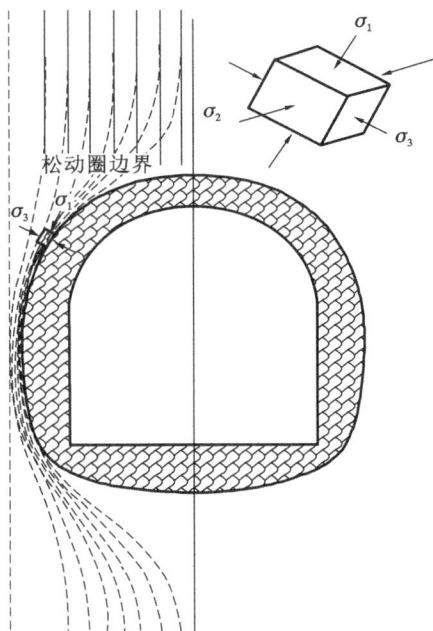

图5.6　应力集中与围岩质点应力状态之间关系示意图

6 围岩变形机理

　　巷道支护设计涉及因素众多,过去常常论及的围岩性质和地应力等因素仅仅是支护设计的基础因素。方案设计时,仅仅知道这些基础因素是远远不够的,还有很多其他方面的因素需要研究,如工作面未开挖岩体对已开挖巷道的支撑效应、松动圈碎胀力对松动圈扩展的抑制作用、支护结构强度与松动圈碎胀力之间内在关系及对巷道稳定的重要作用、断面尺寸和形状与松动圈范围之间的关系及对支护结构强度的要求、初期支护强度对松动圈范围的影响、初期支护失败对后期补强的影响、关键加固点的确定及加固效应等。所有这一切都涉及两个重要的研究内容——松动圈发生、发展与控制和应力状态改变导致的岩石质点的变形。

　　长期以来,国内外对围岩变形发生机理和变形控制机理的研究成果繁多,观点各异,各有其某一方面的道理,如锚杆的悬吊理论、压力拱理论、组合梁理论、最大水平应力理论等,这些理论在处理某些具体巷道的支护问题时的确有其一定的作用,但并没有达到完全说明问题的程度。

　　近年来,关于支护的研究又有了较深程度的进展,出现了松动圈理论及相应的维稳技术。由于松动圈在巷道围岩中确实存在,因此很快为人们所接受,但是由于各种原因,关于松动圈的发展与控制机理和技术方面的研究尚存在着很多需要继续研究的内容,这也是为什么目前许多软岩巷道变形难以控制的主要原因,尤其是巷道底臌无治理良策的症结所在。下面通过"松动圈发生、发展与控制机理"的研究和"围岩质点蠕变机理"的研究进一步完善软岩巷道支护理论。

6.1 围岩松动圈的发生、发展机理

6.1.1 围岩松动圈的发生机理(强度问题)

　　关于松动圈的发生和形成,中国矿业大学的董方庭教授已经进行了大量的研

究,此处仅做介绍性论述。

巷道周边各点在巷道未开挖之前,其所处的应力状态为三向压应力状态,由于三个主方向的应力值 σ_1、σ_2、σ_3 数值相差不大,根据岩石破坏的强度准则(库仑—纳维尔准则,式 6-1)可知,岩体不会发生破坏。

$$\sigma_1\left[(f^2+1)^{1/2}-f\right]-\sigma_3\left[(f^2+1)^{1/2}+f\right]=2C \tag{6-1}$$

当巷道开挖后,一方面因巷道周边地应力重新分布发生应力集中,σ_1 数值剧增,另一方面 σ_3 数值降低为 0,距周边较近的位置 σ_3 也同样会降低至很小的数值,根据公式(6-1),在巷道围岩强度较弱的情况下,公式左边的数值就会超过公式右边的数值,从而导致围岩破裂,形成围岩松动圈。

6.1.2 围岩松动圈的发展机理

围岩松动圈形成之后,处于松动圈范围内的破碎岩体传递地应力的方式发生很大变化,原先由该部分岩体传递的地应力,绝大部分改道松动圈外围的稳定岩体进行传递,该部分岩体在力学作用方面的表现也相应地转化为对外围稳定岩体的支撑作用。此时松动圈外围的稳定岩体因松动圈范围内的岩体退出了绝大部分原始地应力的直接传递而担负起本应由松动圈范围内的岩体和开挖前巷道内的岩体传递的地应力,即稳定岩体的内缘发生应力集中,如图 5.6 所示。应力集中的结果是图 5.6 中的 σ_1 数值大幅增加,当图中的 σ_3 数值不能保证足够大增加时,稳定围岩内缘的岩体将继续发生破坏,导致松动圈范围的继续增大,而松动圈范围的扩大又将导致稳定围岩内缘应力集中程度的进一步提高,从而导致更为严重的情况发生。

6.2 围岩质点蠕变机理(流变问题)

6.2.1 岩石变形性质分类

对于岩石,其变形过程具有三个明显的应力极限,分别为 σ_a(蠕变下阈值),σ_j(稳定蠕变上阈值,即长期强度),σ_c(瞬时强度),相应于岩石的三个应力极限,岩石的变形也存在三种情况:

(1)当 $\sigma \leqslant \sigma_a$ 时,岩石不发生蠕变,仅发生弹性变形;

(2)当 $\sigma_a < \sigma \leqslant \sigma_j$ 时,岩石仅发生弹性变形和稳定蠕变;

（3）当 $\sigma > \sigma_j$ 时,岩石将发生弹性变形、稳定蠕变和不稳定蠕变;

对于三向压应力状态的岩石质点,则存在着同样的三个应力极限,此时用于比较的则是相当应力 σ_{xd} 或偏应力。

6.2.2　巷道围岩变形区域划分

如图所示,依据上述岩石变形性质分类,巷道围岩的变形区域可以划分为如图6.1所示的 5 大区域。

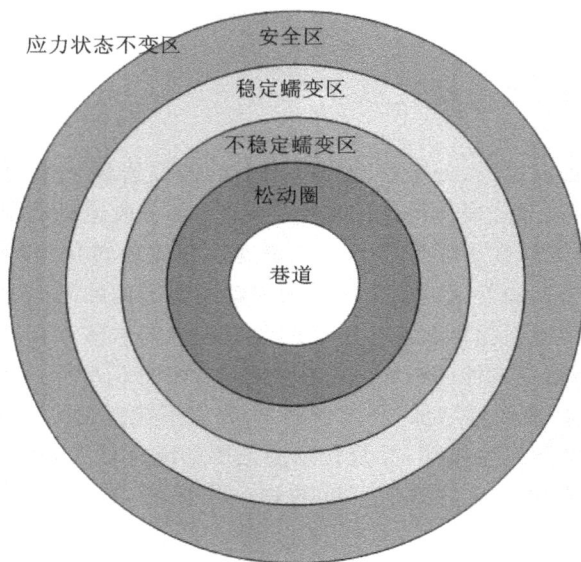

图 6.1　巷道围岩变形区域划分示意图

①松动圈——岩石因强度原因发生破碎。

②不稳定蠕变区——岩石质点的相当应力已达到和超过岩石长期强度,蠕变速度较快。

③稳定蠕变区——岩石质点的相当应力小于岩石长期强度,蠕变缓慢且趋于稳定值。

④安全区——岩石质点的相当应力低于蠕变下阈值,质点在发生完弹性变形之后,保持稳定,不再变形。

⑤应力状态不变区——岩石质点既不发生蠕变,也不发生弹性变形。

6.2.3   围岩质点蠕变机理

松动圈理论主要从岩石强度的角度来研究、分析巷道围岩的变形与破坏。实际上巷道围岩的变形并不全部来自于松动圈部分的碎胀与变形,包括松动圈在内的巷道周围一个较大范围的围岩均会发生一定程度的形状和体积的弹性变形和慢性长期的蠕变,这都构成了软岩巷道变形的重要组成部分。因此,巷道变形的机理研究应该包含两个方面:松动圈的形成与发展(强度方面)和围岩质点应力状态改变引发的质点变形。下面针对质点应力状态引发的巷道围岩变形的机理展开研究。

观察图 6.1 描述的围岩变形区域划分示意图,即可对巷道围岩质点的蠕变机理一目了然。这是一个十分单纯地、静态的蠕变机理的认识。下面从引发蠕变因素的角度分析巷道围岩质点的蠕变机理。

导致围岩质点发生蠕变的主要因素有三个,相应的蠕变机理自然就包含有三个部分。第一个影响因素是应力状态改变,第二个影响因素是巷道支护强度不够,第三个影响因素是围岩性质恶化。但就一个巷道而言,研究其蠕变需要结合巷道所在软岩岩层的厚度做综合研究。依据前述巷道变形因素的分析,当巷道所在的软岩层较薄时,围岩蠕变有一个由快至慢,最后停止的过程,即蠕变动力会因上下硬岩层面对其的摩擦力作用而自行减弱并慢慢停止。但在巷道所在软岩层厚较大的情况下,岩石蠕变动力是不会自行减弱并缓慢停止的,下面的分析主要针对后者而言。

(1)巷道围岩应力集中引发蠕变

如图 5.6 所示,巷道开挖后,巷道围岩一定范围内地应力重新分布,发生巷道切向应力集中,周围相当大范围内岩石质点的应力状态都发生了改变。依据应力状态理论,一点的应力状态发生改变势必导致两种情况的发生:第一,该岩石质点首先发生弹性形状改变与弹性体积改变,这一变化对于不同位置的岩石质点也不是同时完成的,靠近巷道部分会首先瞬间完成,靠近围岩深处的岩石质点的这一变形受制于内侧围岩质点的变形与位移(包含弹性变形与蠕变);第二,岩石质点在发生完弹性变形之后,接着会进入一个缓慢的蠕变过程,这一过程对于巷道围岩不同位置处的质点而言也是不一样的,因为各部位岩石质点的应力状态始终随着巷道的变形、破坏和松动圈范围的扩展而发生着变化,而深部围岩质点应力状态的改变受限于浅部围岩质点应力状态的变化。

(2)支护强度不足会导致围岩质点的径向应力难以提高。

在切向应力与径向应力差值较大的情况下,一方面松动圈范围会不断扩大,另一方面外围岩石质点的蠕变也将持续发生。

(3)围岩性质恶化导致不稳定蠕变

围岩蠕变性质(稳定蠕变与不稳定蠕变)与岩石的长期强度密切相关,而岩石

的长期强度又与岩石的瞬时强度密切相关。长期强度与瞬时强度之比通常为 0.4
～0.8,其中,软岩为 0.4～0.5,中等坚固岩石为 0.5～0.6,坚固岩石为 0.7～0.8。

　　当岩石遇水后,无论瞬时强度、长期强度,还是蠕变下阈值等均会发生较大幅
度的降低。对于泥岩,岩石的软化程度最大可达 9％左右,由此可见,煤矿巷道泥
岩只要泡水,必然发生不稳定蠕变。

　　由于巷道底板中存在一个巨大的松动圈,该松动圈中聚积着大量的游离水,水
位通常在巷道底板 600～1000mm 以下,该水的来源主要是施工用水的聚积、岩石中
静态水的聚积、其它巷道通过松动圈流经该巷道的水和水沟水渗透的水,见图 6.2。

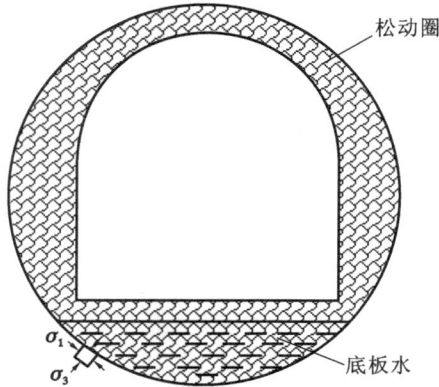

图 6.2　巷道底板水示意图

　　底板水的存在一方面导致底板岩石软化,发生快速不稳定蠕变,引发底臌;另
一方面,底板岩石软化导致其对外围稳定岩石的位移约束力大幅下降,从而造成图
6.2 中的 σ_3 大幅降低,$\sigma_1-\sigma_3$ 数值增大。如此一来,一方面因强度原因造成底板松
动圈的继续扩大,另一方面因质点应力状态变化导致外围质点的弹性变形(形状和
体积变化)和之后蠕变的加剧,使得巷道底臌持续不断的发生。

6.3　底臌对整体围岩结构的破坏机理(流变问题)

6.3.1　底臌发生机理分析

　　如图 6.3 所示,竖向地应力为 q_1,水平地应力为 q_2。为了不失一般性,此处取
拱形巷道来研究。

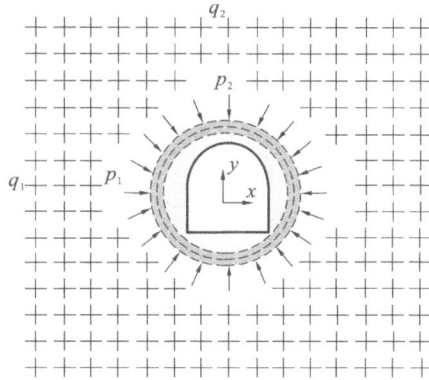

图 6.3 水平岩层中地应力分布规律示意图 2

从图 6.3 中可清楚看出,巷道周边产生了明显的环向应力集中,外围竖向和横向应力的作用促使巷道周围产生了很大的环向应力。此处需特别说明,环向应力流形成的范围并不一定是一个绝对的圆形,通常是一近似椭圆环,具体见图 6.3。环向应力环的形状决定于多种因素,包括围岩性质、断面形状与尺寸、竖向地应力与水平地应力的数值。关于环向应力环的形状从图 6.4 和图 6.5 中也可以判断出。

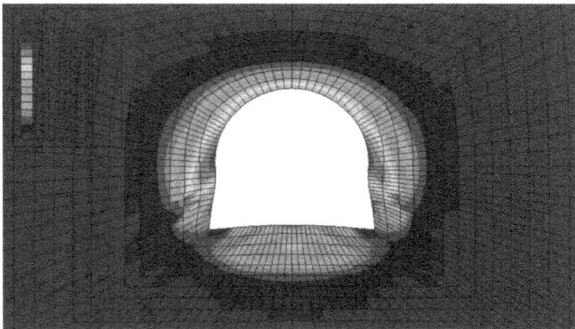

图 6.4 围岩塑性圈模拟示意图

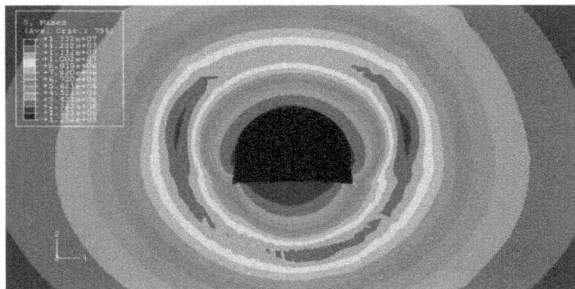

图 6.5 环向应力模拟示意图

　　此外,依据现代力学理论也可以对环向应力圈的形状做定性的揭示。此处可以将环向应力分布较为集中的围岩部分分离出来进行单独的受力分析,这一部分内部的环向应力值很大,全部来源于外围围岩中巨大的径向压力的作用,作为一个独立的受力体,要想经受住外围巨大的径向压力作用,其结构本身的形状极为重要。此处单独来考察巷道的一边,如图6.6所示,每一边在巷道开挖后由于应力集中的影响均会出现破碎、松动、塑性变形,形成破碎圈、松动圈和塑性圈,松动圈、塑性圈的外围在地压的作用下自动形成压力拱,上、下、左、右四部分的压力拱之间因为要传递环向应力,必然要光滑衔接,形成封闭的环向应力环。

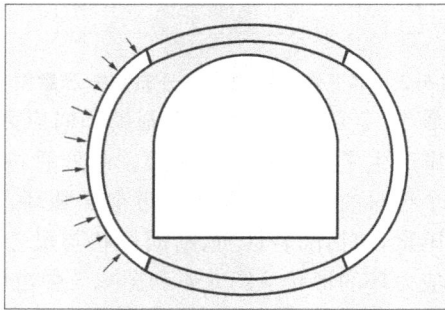

图6.6　环向应力分布图

　　图6.6表明,水平地应力较大时,环向应力圈的上下部分中的环向应力值较大,此时基于岩石的蠕变效应,该部位岩体将发生径向方向的较大应变,进而引起质点的移动,下方发生底臌,上方发生冒顶。当竖向应力较大时,环向应力圈的左右两部分中的环向应力值较大,一方面使得该部分发生较大的径向位移造成对支护的压力,另一方面也因为环向应力圈部分的环向应变值较大而与内侧松动圈部分发生相互错动,导致内外剥离,引发片帮。

　　上述围岩变形机理的描述,是针对裸巷而言的,由于帮顶均可采用一定的手段进行支护,其外围的应力状态均可得到一定程度的改善,故帮顶的稳定性是较易控制的。长期以来,由于底板缺乏成孔设备,锚索无法应用;反底拱等措施又难以推广,且成本高昂,故一般煤矿巷道的底板是不加支护的。正是由于底板没有支护,底板中相当大范围内的岩石质点的应力状态无法改善,导致软岩巷道的破坏很多情况下从底臌开始。底板部位的岩石质点在集中应力的作用下,不断地发生径向蠕变,底臌也就持续不断地发生。

6.3.2　底臌对整体围岩结构的破坏机理

　　底臌发生过程中,底板两侧的质点会向巷道轴线方向移动,从下向上,因质点应力状态变化的程度不同,故下方质点移动的程度高于其上质点的移动程度,如此一来,上部质点将受到下部质点移动过程中作用在其上的剪切力的作用,如图 6.7 的 A 点所示。在剪切力作用下,质点的主应力状态将发生改变,A 点的主应力状态将变成 A' 点所示的主应力状态,σ_1 增大,σ_3 减小,见图中的 σ_1' 和 σ_3' 所示,致使质点 A 发生沿 σ_3' 方向的伸长应变,同时发生沿 σ_1' 方向的缩短应变,引发质点产生倾斜向下的质点流动,导致帮底内收。

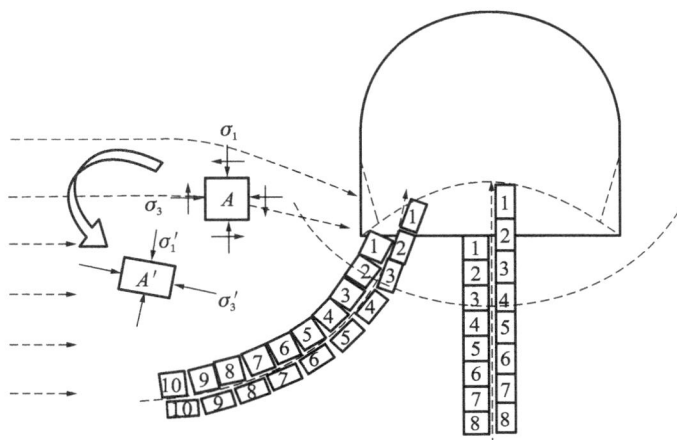

图 6.7 底臌发生力学机理、底臌导致帮底内收力学机理示意图

6.4 试验巷道变形机理概述

6.4.1 许疃—500m 水平 81 采区南翼轨道大巷

如图 6.8 所示,—500m 水平 81 采区南翼轨道大巷修复段完全处于泥岩之中,虽然巷道上方有一层 2.88m 厚的细砂岩,但底板下方是一层厚度高达 14～15m 的泥岩层,且底板松动圈中含有大量游离水。过厚的泥岩使得围岩蠕变难以自止,丰富的底板水造成底板岩石高程度软化,较大的巷道断面引发围岩应力高度集中,支护强度不足使得围岩质点的应力状态难以改善。此外,巷道上方有三层煤,其中 71 煤距巷道 55m 左右,72 煤距巷道 40m 左右,82 煤距巷道 20～40m。至今为止,巷道上方的左右两侧已经开采的工作面有 7118、7114、7123、7214、7218、7223、8212、8214 等,这些工作面推进方向均与—500m 水平 81 采区南翼轨道大巷平行,

编号	柱状	岩层名称	埋藏深度（m）	岩层厚度（m）	弹模（Gpa）	泊松比
01		细砂岩	455.60	12.90	15	0.2
02		泥岩	456.80	1.20	5	0.23
03		细砂岩	462.40	5.60	15	0.2
04		粉砂岩	463.70	1.30	12	0.2
05		砂岩	464.80	1.10	14	0.21
06		泥岩	467.91	3.11	5	0.23
07		7-1煤	470.24	2.33	1.2	0.25
08		碳质泥岩	470.35	0.11	1.2	0.25
09		7-1煤	470.55	0.20	1.2	0.25
10		泥岩	473.36	2.81	5	0.23
11		7-2煤	473.74	0.38	1.2	0.25
12		碳质泥岩	474.12	0.38	1.2	0.25
13		7-2煤	476.02	1.90	1.2	0.25
14		粉砂岩	477.02	1.00	12	0.2
15		煤	477.37	0.35	1.2	0.25
16		粉砂岩	480.13	2.76	12	0.2
17		煤	480.54	0.41	1.2	0.25
18		泥岩	480.90	0.36	5	0.23
19		碳质泥岩	481.20	0.30	1.2	0.25
20		粉砂岩	481.60	0.40	12	0.2
21		细砂岩	495.00	13.40	15	0.2
22		粉砂岩	496.42	1.42	12	0.2
23		8-2煤	498.05	1.63	1.2	0.25
24		碳质泥岩	498.12	0.07	1.2	0.25
25		8-2煤	498.27	0.15	1.2	0.25
26		碳质泥岩	498.37	0.10	1.2	0.25
27		8-2煤	499.12	0.75	1.2	0.25
28		泥岩	501.09	1.97	5	0.23
29		8-3煤	502.27	1.18	1.2	0.25
30		泥岩	506.62	4.35	5	0.23
31		细砂岩	509.50	2.88	15	0.2
32		泥岩	511.50	2.00	5	0.23
33		砂质泥岩(泥)	512.80	1.30	5	0.23
34		砂泥岩互层	513.65	0.85	5	0.23
35		炭质泥岩	513.93	0.28	5	0.23
36		泥岩	514.90	0.97	5	0.23
37		铝质泥岩	516.60	1.70	5	0.23
38		泥岩	520.40	3.80	5	0.23
39		铝质泥岩	521.80	1.40	5	0.23
40		泥岩	525.60	3.80	5	0.23
41		炭质泥岩	528.00	2.40	5	0.23
42		泥岩	530.00	2.00	5	0.23
43		粉砂岩	532.50	2.50	12	0.2
44		泥岩	537.30	4.80	5	0.23

图 6.8　许疃－500m 水平 81 采区南翼轨道大巷试验段地质柱状图

其中与巷道之间水平距离最近的工作面相距只有 25m 左右,距离最远的也只有 130m;垂直距离最近的只有 20m。由于每一工作面的推进都给该巷道一次动压影响,故巷道围岩中松动圈很大。另外,巷道上方左右两侧煤层开采之后,原先作用在煤层之上的竖向地应力会重新分布,重新分布的结果使得巷道所处的位置发生应力集中,而且这种应力集中随着每一工作面的推进又在不断地发生变化,这种不时变化的集中应力使—500m 水平 81 采区南翼轨道大巷处于一种动态的高地压作用之下。

　　基于上述分析,—500m 水平 81 采区南翼轨道大巷的破坏有松动圈方面的问题,也有围岩质点蠕变导致的问题,而底臌方面的因素更为突出,其变形破坏机理是上述三种机理的综合。

6.4.2　涡北煤矿 8203 机风巷

　　8203 放顶煤工作面为涡北煤矿二采区首个回采准备工作面,除正在施工的回风石门外,周边无其它采掘活动。8203 工作面主采 8_1 及 8_2 煤,煤层总厚 8.78m,倾角 19°～31°,平均倾角 26°(见图 6.9)。其中 8_1 煤厚 4.28～6.84m,平均厚度 5.55mm,8_2 煤厚 2.46～3.84m,平均 3.23m。两层煤结构松散,之间夹矸多为泥岩,性脆,厚为 0.78～5.49m,平均 2.30m。,8_1 煤为灰黑、黑色,粉末、碎块状。8_2 煤为黑色粉末、碎块状,局部鳞片状。该煤层的直接底板是一层厚约 1.44m 的含植物根茎化石的泥岩,在下部是一层 5～6m 的灰至深灰色泥岩(见本书第 11

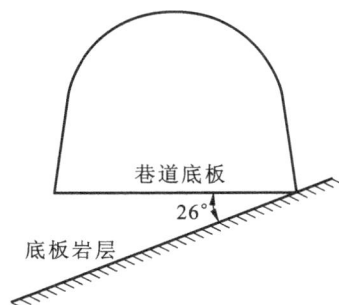

图 6.9　巷道底板与底板岩层关系示意图

章图 11.1)。8203 巷道为跟底板走巷道,巷道底板主要是煤。8203 工作面影响该面的主要水源有 8 煤组顶、底板砂岩裂隙水。本区段 8 煤组老顶为粉、细砂岩,厚度 21.12～25.72m,裂隙较发育,富水性相对较强。施工过程中可能出现顶板淋水及短时间的出水现象。底板松动圈中游离水十分丰富。

　　8203 放顶煤工作面标高—557.0～—655m,依据周边岩石巷道的稳定性判断,构造应力不大,主要为自重应力,但煤体强度太低,手握即碎,见图 6.10。

　　依据上述介绍,8203 机风两巷处于极松散的煤体之中,下方底板也非常软弱,强度很低,因此,巷道围岩一方面会因强度问题产生较大的松动圈,另一方面巷道开挖导致围岩质点较大的应力状态变化会使得围岩(包括底板)蠕变动力很强,在支护强度不够的情况下,蠕变动力无法自止。由于底板水十分丰富,底板煤与岩石软化极为严重,为底臌创造了极好的条件。虽然地压不是很大,但相对于 8203 煤

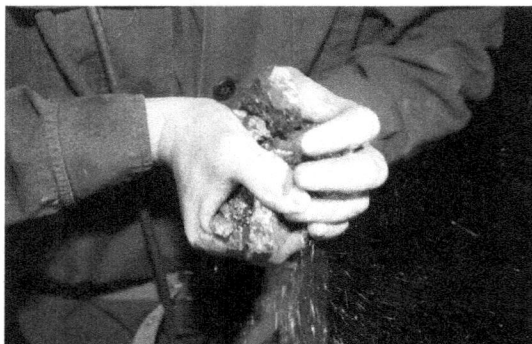

图 6.10　煤强度很低，手握即碎

的强度而言，这个深度的自重应力已是非常巨大了。综上所述，8203 的破坏机理也是上述三种机理的综合。

6.4.3　袁庄煤矿Ⅳ2 专用回风道

　　袁庄煤矿Ⅳ2 专用回风道周边有四条平行的下山及多个采煤工作面，巷道正上方存在一"孤岛"（见本书第 16 章图 16.1、图 16.2），应力集中显现十分突出，围岩多为软弱和破碎的泥岩及泥岩砂岩交互的情况，且层厚很厚（见图 6.11）。底板水流长年不断，其底板松动圈构成了上下方平巷的水利通道，底板岩石常年泡在水中。

　　依据上述分析，巷道变形的基本因素与许疃—500m 水平 81 采区南翼轨道大巷十分相近，故其变形机理也是前述三种变形机理的有机综合。

组	倾角	累计 (m)	层厚 (m)	综合柱状 (1:200)	
		1.2	1.2	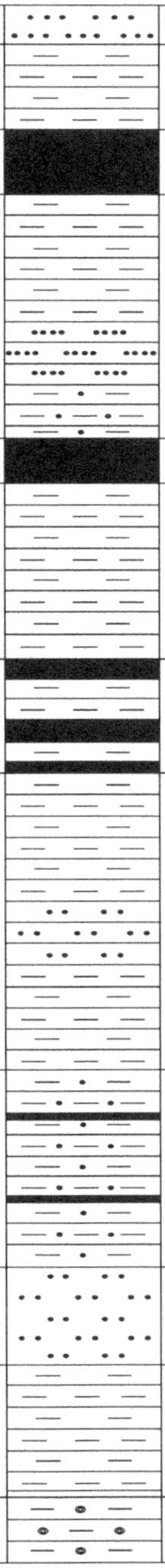	
		3.8	$\frac{1.9 \sim 3.4}{2.6}$		
		5.9	2.1		
		13.4	7.5		
下石盒子组	23°	14.8	1.4		
		20.2	5.4		
		23.8	3.5		
		32.8	9.0		
		38.8	6.0		
		41.8	3.0		
		45.8	4.0		
		47.8	2.0		

图 6.11 IV2 专用回风道岩石柱状图

7 围岩变形控制机理

7.1 围岩变形控制的基本思想

依据前述变性因素与变形机理的分析,本项目涉及的三个试验矿井,其试验巷道变形破坏的因素、机理是基本一致的,均符合"围岩松动圈发生、发展机理"、"围岩质点蠕变机理(流变问题)"、"底臌对整体围岩结构的破坏机理(流变问题)",按照围岩控制的基本原则,本项目遵循的围岩变形控制机理应与围岩变形机理相对应,即应该从控制松动圈、削弱围岩蠕变动力和抑制底臌三方面入手。

7.2 控制机理

7.2.1 围岩松动圈控制机理

在支护有效的情况下,伴随着松动圈的发生与发展,松动圈内岩体的碎胀力会急剧上升,此时图 5.6 中的 σ_3 数值将大幅增加,且增长比率会远大于 σ_1 数值的增长比率,这样一来,松动圈外围边界的岩体很快就会满足公式(7-1)的要求,于是松动圈就不会再继续扩展下去,巷道的变形也就会停滞下来。由于松动圈范围得到了控制,外围稳定岩体中应力集中的程度就得到了有效控制,此时松动圈与稳定岩体交界面边缘的切向应力和松动圈内的碎胀力也就稳定了下来,支护结构所承受的压力也就不再继续增加。由于支护强度越强,松动圈范围越小,最终支护结构上承受的压力也就越小,这就是所谓的"支强压弱"原理。反之,支护强度越弱,松动圈范围就会越大,随着松动圈尺寸的增大,σ_1 将进一步增大,此时要想控制松动圈的进一步发展,就需要松动圈内具有更大的碎胀力作用在稳定岩体的界面上,这样就要求支护体具有更高的强度来承受来自于松动圈的压力,这就是所谓的"支弱压强"原理。

$$\sigma_1 [(f^2 + 1)^{1/2} - f] - \sigma_3 [(f^2 + 1)^{1/2} + f] \leqslant 2C \qquad (7\text{-}1)$$

"支强压弱、支弱压强"原理也可通过图 7.1 的受力分析图进行剖析。

如图 7.1(b)所示,作用在松动圈外围上的压力 $q_2 = \sigma_3$,与支护结构和围岩之间的压力 q_1 呈线性关系,其随着 q_1 的增大而增大,根据库伦-纳维尔准则"$\sigma_1 [(f^2 + 1)^{1/2} - f] - (_3 [(f^2 + 1)^{1/2} + f] = 2C$"又知:$\sigma_3$ 越大、越接近 σ_1,外围岩体就越稳定,否则松动圈将继续扩大,而松动圈的扩大会导致 σ_1 的增大,此时要想抑制松动圈的继续扩大,依据库伦-纳维尔准则,必须提高 $q_2 = \sigma_3$ 的数值,结合图(b)中的关系式可知,在保持 N 不变的情况下,此时只有继续增大 q_1,才会保持松动圈的平衡状态。

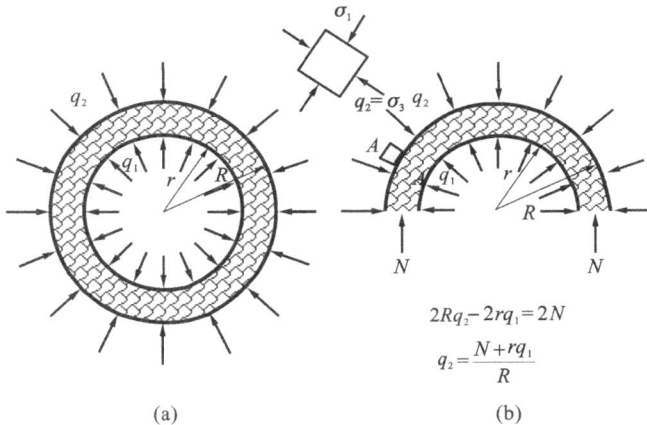

(a)　　　　　　　　　　　(b)

依据上述的分析,围岩初期的支护必须具备较高的强度,这一方面可以保证松动圈内岩体的碎张力迅速达到所需的数值并迅速抑制松动圈的发展,另一方面还可以减小锚杆的长度,节省材料成本,达到既安全又经济的目的。

本项目三个试验巷道的支护设计均遵循了这一基本控制机理,取得了非常理想的效果。

7.2.2　围岩质点蠕变控制机理

依据前述巷道围岩蠕变机理的分析,可以知道引发围岩蠕变的主要因素有三个:分别是围岩性质、支护强度、应力集中。下面针对这三个方面研究、分析对应的围岩质点蠕变控制机理。

7.2.2.1　改善围岩性质，降低蠕变程度

依据前述围岩蠕变机理分析，岩石质点的变形性质与三个极限应力有关，这三个极限应力分别为 σ_a（稳定蠕变下阈值）、σ_i（稳定蠕变上阈值，即长期强度）、σ_c（瞬时强度或峰值强度），而这三个极限应力之间也存在着紧密的内在关系，瞬时强度越高，长期强度和稳定蠕变下阈值也越高。目前，提高巷道围岩瞬时强度的措施很多，其中最简单的就是注浆。下面就注浆改变围岩质点蠕变的机理进行简要介绍。

（1）通过注浆，可以将松动圈内破碎的岩块重新胶结在一起，大幅提高围岩的瞬时强度值。试验表明，对于某些强度较低的岩石，注浆后岩石的强度将超过岩石破碎前的原岩强度值。

（2）通过注浆，可以有效驱除底板松动圈内积水，将已经软化的岩石重新恢复其强度值。

7.2.2.2　提高支护强度，降低蠕变程度

如图 7.1(b)所示，松动圈承载拱受力平衡中存在如下力学平衡公式：

$$q_2 = \frac{N + rq_1}{R} \qquad (7\text{-}2)$$

式中，q_1 为支护强度，q_2 为松动圈外围稳定岩体和松动圈之间的相互径向作用力，由于其中 q_1 为被动作用力，故两者之间的关系是一种固定关系。

上式清楚地表明，支护强度越高，松动圈与外围不稳定蠕变区域的相互径向作用力就越大，这就会有效降低外围岩石质点的相当应力，从而将有效地控制各种情况下外围岩石的蠕变动力，降低岩石的蠕变程度。

注浆是提高支护强度的一种有效措施，它可以有效地提高松动圈的承载能力，即通过注浆，公式(7-2)中的 N 值大幅增高，于是 q_2 将会逐渐增大，如此一来，外围岩体的蠕变动力会大幅减弱，蠕变程度也会随之降低。

7.2.2.3　降低应力集中程度，有效抑制蠕变程度

巷道开挖导致围岩产生应力集中，应力集中又会导致围岩切向应力值大增，围岩质点的相当应力值大幅提高，岩石蠕变动力增强。注浆通过提高松动圈的承载能力可以使得外围稳定岩体内界面上受到的径向压力大幅增大，该径向应力的有效增大会较大程度地降低外围稳定岩体中的环向应力，从而使得围岩应力集中程度得以削弱。

7.2.3　底臌控制机理

虽然底臌属于巷道变形的一部分，但由于其非常独有的特征，故在论及它的时候通常都把它同一般的巷道变形独立开来，专门讨论，此处也是一样。

7.2.3.1　底臌发生的客观因素

巷道发生底臌的客观因素主要有五个：高地压、围岩具有流变性、巷道开挖导致围岩应力状态变化、岩石遇水软化、蠕变动力难以自制，因此控制底臌的对策应该针对该五个客观因素研究制定。

7.2.3.2　底臌控制机理

依据前述底臌发生机理与上述底臌发生客观因素，底臌控制机理应包含下述三方面具体内容。

（1）降低围岩应力集中程度

由于底臌与围岩中各质点处的最大主应力的数值相关，围岩中各质点处的最大主应力的数值与围岩应力集中程度有关，围岩应力集中程度又与地压大小有关，而原始地压是一个无法改变的物理量，因此，控制底臌的第一个基本思想是降低围岩应力集中的程度。

（2）增大围岩中各质点处的最小主应力

底臌除与围岩中各质点处的最大主应力的数值相关外，还与围岩中各质点处的最小主应力数值相关，因此控制底臌的第二个基本思路是增大围岩中各质点处的最小主应力，从而缩小最大主应力与最小主应力之间的差值，将质点的相当应力值降低到理想的程度，若低于稳定蠕变的下阈值，则底臌停止；若降低至长期强度值以下，则底臌速度减缓并最终趋于稳定。

（3）去除底板水

依据岩石变形性质分类可知，岩石的变形性质与岩石的强度紧密相关，瞬时强度越高，长期强度与稳定蠕变的下阈值越高。反之，瞬时强度越低，长期强度与稳定蠕变的下阈值越低。由于底板松动圈中聚积着大量的游离水，泥岩底板的瞬时强度基本上降至原强度值的 8% 左右，强度基本丧失，在同样应力作用下，岩石的流变性增加，稳定蠕变也会转化成不稳定蠕变。同时，底板岩石软化导致其对外围岩石的径向作用力减小，使得外围岩石质点的蠕变动力增大，致使更大范围的不稳定蠕变的发生，因此排除底板水，使底板岩石强度回归对控制底臌具有重要作用。

7.3　围岩变形控制措施

针对上述控制机理，本项目采取的相关具体措施如下：

7.3.1 底板驱水、围岩注浆

(1)底板驱水

依据前述分析,底板松动圈内聚积的大量游离水是巷道变形、破坏的一大因素。将水排净,去除岩石软化的根本因素,提高底板的承载能力,使松动圈形成一个封闭的压力拱,对增大松动圈与外围稳定岩体之间的径向作用力、减轻支护结构压力具有重要作用。

底板驱水的方法很多,可以先在巷道两端实施底板注浆,封闭该段巷道与外界的水利联系,然后在该段巷道中钻孔抽水。也可通过底板注浆达到底板排水与底板加固一体化处理。

(2)围岩注浆

注浆是目前煤矿加固围岩松动圈最实用的方法,其加固围岩的作用十分突出,具体表现在如下几个方面:①改变岩性,提高松动圈承载拱的自身承载力;

②通过提高松动圈承载拱的自身承载力,进一步实现增大松动圈与外围稳定岩体之间的径向应力、减轻外围岩体的应力集中程度,达到稳定外围稳定岩体的目的;

③松动圈承载拱的自身承载力的提高可以大幅减轻支护结构承受的压力。

④松动圈内注浆可以通过充填岩块之间的裂隙,大幅提高岩块之间的咬合力,使锚固在其中的锚杆具有较高的锚固力。

该措施由于在改善松动圈岩性、提高松动圈承载力的同时,有效抑制了松动圈的继续扩展,同时较大程度地减轻了支护结构的压力,从而很好地体现了"支强压弱、支弱压强"的支护原理。

7.3.2 金属支架承载力补强

7.3.2.1 金属支架承载力补强的基本原理

图 7.2、7.3 所示是一金属支架承载力补强方式,与以往支护原理的差异在于此处锚杆的托盘不是通常的碟形钢板,而是槽钢和金属支架的联合体,即锚杆对岩壁的作用是通过槽钢作用在金属支架上,然后再通过金属支架和被金属支架约束的钢筋网作用在岩壁上,槽钢(U 形钢)本身与岩壁无接触。由于此处特殊托盘对岩壁的约束范围远较一般托盘大得多,所以锚杆的承载力能够得到充分的发挥(一般锚杆支护,锚杆受力较小),其对岩壁变形的控制效果也较一般托盘好得多。锚杆(索)+槽钢的补强作用除了体现在"特殊托盘"的效果上,其另外还有一些其他特殊作用,详情如下分析。

(1)通过锚杆(索)的约束,增加了 U 形棚作为一个曲梁的静不定次数,从而大幅提高了 U 形棚的承载能力和变形刚度。U 形棚实际上就是一个两端铰支的曲梁，梁的承载能力与梁的支撑点的数量关系很大，同样载荷作用下，梁的支撑点越多，承载力就越高。利用锚杆（索）在曲梁的相关部位施加以向外的作用力就犹如在该部位增加了一个铰支座，这样一来原先的一个长梁就变成了一个多垮静不定梁，或者说一个长梁变成了几个短梁的组合体，从而使得承载能力大幅提升。

（2）通过支护强度的大幅提升，有效降低支护体变形量，使得松动圈碎胀力迅速升高，从而快速抑制松动圈的扩展。

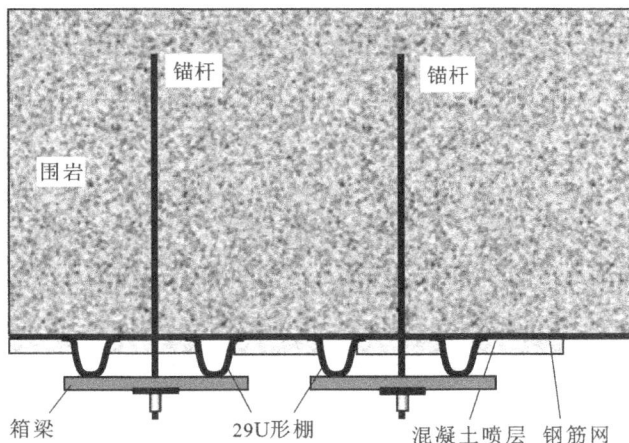

图 7.2　U 形棚、短梁、锚杆、混凝土喷层结构示意图

（3）削弱地板水平应力。支护体具有较高的支护强度，会在巷道底板中产生一个有效的被动作用区域，在这个区域内，支护体会给巷道底板两侧的岩体一个斜向外的被动作用力，这一被动作用力通过改变作用区域岩石质点的应力状态，控制底板两侧外围岩体的继续变形和位移，在巷道底板岩石应力松弛流变特性的作用下，巷道底板中水平地应力会相应减小，于是底板岩石质点应力状态得以有效改善，底臌得以有效抑制。

（4）提高松动圈碎胀力，抑制松动圈的继续扩展。如图 7.3 所示，在 U 形棚和稳定岩层之间是松动圈，如若松动圈内岩体不能保证一定的密实度，即松动圈较松散，则其承担的地应力就很小，地应力就要向松动圈外围较稳定的岩体中集中，较大的集中应力会导致外围岩体的破碎，致使松动圈范围的扩大。在软弱围岩中，仅仅依靠 U 形棚支架来保持松动圈内破碎岩体较高的密实度确实困难，图 7.3 中腰部锚杆（索）的作用恰恰给 U 形棚一个很大的向外压力，这一压力通过 U 形棚传递给松动圈，又通过松动圈传递给外围稳定岩体，使得外围岩体受到一个很大的径向压力作用，而这一压力对于防止外围岩体的继续破碎意义重大。外围岩体不再继续破碎，因岩体破碎产生的碎胀力自然也就不会继续产生，作用在 U 形棚柱腿上的压力也就不会继续增大,U 形棚架的变形自然得以控制。

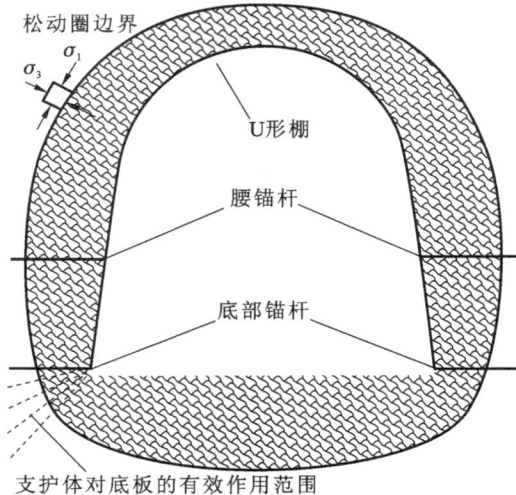

图 7.3 松动圈稳定增强技术分析图

上述金属支架补强措施,无论从抑制松动圈扩展角度剖析,还是从大幅削弱围岩蠕变动力、降低蠕变程度方面分析,该措施均显著体现出"支强压弱、支弱压强"的基本原理。

7.3.2.2 岩石巷道金属支架补强措施

金属支架承载力补强方式的基本原理是"支强压弱、支弱压强",目的是通过抑制松动圈的扩展来稳定巷道围岩,这一补强方式又包含两大基本类别:(1)金属支架+长锚杆+短梁(槽钢或 U 形钢或其它形式短梁)+注浆;(2)金属支架+短锚杆+短梁(槽钢或 U 形钢或其它形式短梁)+注浆。这两种补强方式表面上似乎差异很小,实际上两者的补强原理有本质区别。

(1)"长锚杆(锚索)+短梁(槽钢或 U 形钢或其它形式短梁)+注浆"补强方式及相关基本原理

如图 7.5 所示,此时锚杆或锚索锚固端在松动圈之外的稳定岩层中,锚杆的受力变形特征如下:

①锚杆的承载力有两部分组成:松动圈内的碎胀力和影响范围内岩体横向的蠕变力,影响范围包含松动圈部分,也包含稳定锚固端以内的稳定岩体部分。

②锚杆锚固在稳定岩体中,锚固力较大。

③锚固端锚固力通过稳定岩体传至围岩深处。

④悬挂作用机理是锚杆的主要作用原理。

⑤松动圈因为锚索托盘带来的较大压力,稳定性得以有效提高,从而承载力大幅提升。现场不做注浆加固处理。

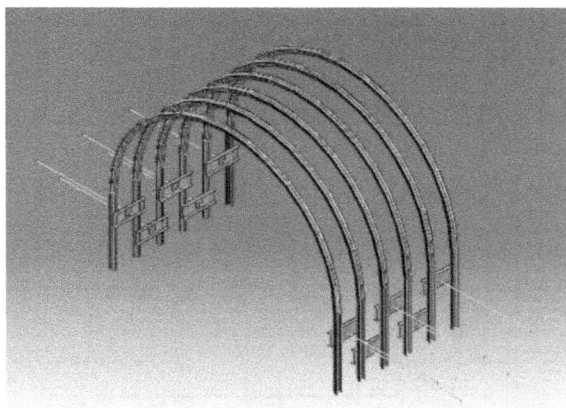

(a)

(b)

图 7.4　金属支架承载力补强结构示意图

⑥对底板的影响范围较大。如图 7.5 所示,锚杆(索)较长的情况下,金属支架向下的反作用力区域较深,在这个深度范围内,巷道正下方及左右两侧的部分岩体在岩石应力松弛特性的影响下,随着底板蠕变过程的持续,该部分底板中的水平地应力会逐渐降低至某一较低数值,从而大幅削弱底板蠕变动力,抑制底臌发生。即对应于长锚杆(索)巷道的底板水平应力削弱的作用十分显著。

(2)"短锚杆(锚索)+短梁(槽钢或 U 形钢或其它形式短梁)+注浆"补强方式及相关基本原理

如图 7.6 所示,此时锚杆或锚索锚固端在松动圈之内的松动围岩中,锚杆的受力变形特征如下:

①锚杆的承载力仅有一部分组成:松动圈内的碎胀力和松动圈范围内岩体横向的蠕变力。

②锚杆锚固在松动岩体中,锚固力相对较小。

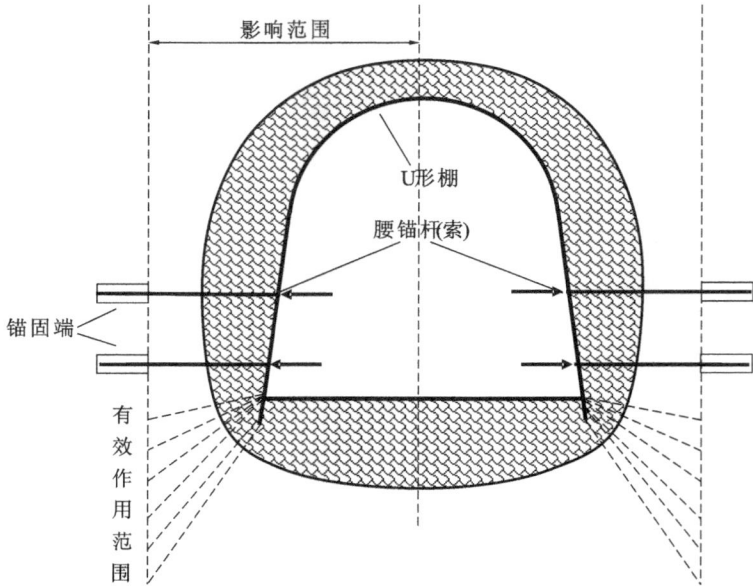

图 7.5　长锚杆(索)补强机理示意图

　　③锚固端锚固力反作用于松动岩体上,增加了作用区域松动岩块之间的咬合力;同时锚杆给金属支架一个外向的作用力,提高了金属支架的强度和刚度,而这也充分保证了松动圈内岩块之间的咬合力。两方面共同作用提高了松动圈的承载力,保证了帮部松动圈的整体稳定性。

　　④主要作用原理有如下三个:承载拱原理、锚杆与金属支架相互增强原理、锚杆与松动围岩之间位移相互约束原理。

　　锚杆与围岩之间具有相互约束机制,如图 7.6 所示,A、B 两点既是松动圈承载拱中两个同心圆上的同一直径上的点,也是同一根锚杆上的两点。在围岩蠕变过程中,处于同心圆小圆圆周上 B 点的径向位移要大于大圆周上 A 点的径向位移,B、C 两点围岩的径向位移可看成近似一致,于是迫使锚杆伸长产生拉力,同时给支架以向外作用力,给松动圈以向内作用力。由于松动圈的变形使得锚杆受拉,借助于锚固端和金属支架,锚杆范围内的岩块之间内压力增大,当锚杆为带肋锚杆时,借助于注浆,锚杆与围岩之间的粘结力增强,锚杆的锚固效果会显著提高。

　　⑤松动圈的承载力有较强体现,注浆加固作用非常重要。

　　(3)两种支护方式基本原理对比分析

　　①前种支护锚杆受力较大,松动圈承载力较大;后种支护:锚杆受力较小,松动圈承载力相对较小。

　　②前种支护松动圈承载能力得到较大挖掘,但成本较高;后种支护,松动圈承载力也得到较好体现,成本较低。

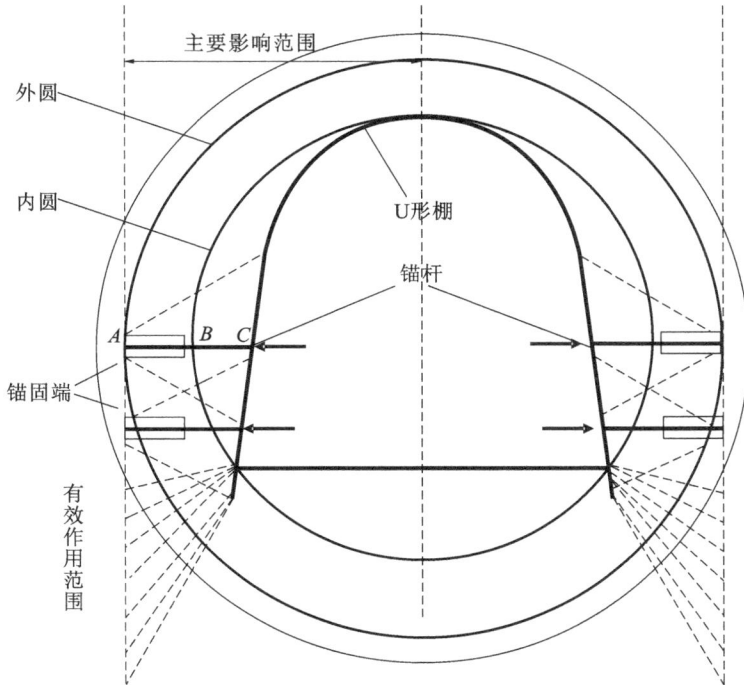

图 7.6　短锚杆(索)补强机理示意图

③前种支护体现了锚杆与金属支架之间的相互增强作用,同时体现了应力转移原理;后种支护:体现了锚杆、金属支架之间和松动围岩三者之间的相互关联的位移约束机制,不仅充分体现了三者各自的承载力,而且充分体现了三者共同的承载力以及彼此相互促强的力学原理。

④前种支护注浆作用未能得到较好体现;后种支护:强调了注浆的重要作用。

(4)两种支护原理在本项目中的应用

上述两种支护方式在体现"支强压弱、支弱压强"基本原理的同时,前种支护方式着重体现了底板应力削弱原理,突出反映了帮底的联动效应,即制帮抑底效应。后一种着重凸显了松动围岩中锚杆与金属支架相互增强原理,并借助于金属支架刚度与强度的提高给底板水平地应力一定程度的削弱。

前种支护原理在袁庄煤矿IV2专用回风道得到很好的应用,后种支护原理在许疃煤矿−500m 水平 81 采区南翼轨道大巷得到成功应用。

7.3.2.3　极松散厚煤层软底巷道金属支架补强措施及相关原理

通过增强金属支架的刚度提高钢筋笆的刚度,使用双抗布防止碎煤流漏等措施提高松动圈内的碎胀力和破碎煤体的压实度,通过使用带肋锚杆等措施提高锚杆与煤体之间的摩擦力,最终达到提高锚杆在极松散煤体中的抗拉拔力的目的。

这种原理的最大特征是压力越大,锚杆的锚固力越强,金属支架的承载力越高,即具有"借力提力、越压越强"的特征。

上述措施中有几个关键技术:①双抗布必须具有较高的强度,能够有效防止碎煤流出;②钢筋芭的强度要高,能够抵抗较高碎煤压力作用;③柱腿具有一定的外扎角,借助于补强锚杆的剪切力有效降低柱腿的轴向压力,防止柱腿扭曲;④锚杆带肋,增大锚杆与碎煤之间的摩擦力,形成对柱腿的有效约束。

上述原理在涡北煤矿 8203 机风巷得到非常成功的应用(具体见现场工业性试验报告)。

7.4　底臌控制措施

依据上述底臌控制机理分析,相应的控制底臌的基本手段也有三个。

(1)护帮制底

通过护帮,借助帮底之间的联动效应达到较大程度降低底板水平地应力和环向地应力的目的,最终达到大幅降低底板径向蠕变的目的。本项目中三个试验巷道采用的护帮治底措施基本一致,均采用前述介绍的金属支架帮部锚杆补强支护方式。由于三个试验巷道的情况不同,补强方式上存在一定的差异,原理方面也有不同之处。

(2)直接控底

利用底板锚索,对底板实施直接控制,最大限度地提高底板岩体的径向应力,同时削弱环向应力。由于本项目三试验巷道均为生产运营十分紧张的巷道,故底板锚索加固底板措施难以实现,所以本项目不采用底板锚索直接控底方式控制底臌。

(3)注浆排水

通过底板注浆,最大限度的排挤底板水,一方面保护底板岩石不再受水的浸泡,改变底板岩性,提高底板岩石的承载力,同时提高底板岩石的瞬时强度、长期强度和稳定蠕变下阈值,最大限度地降低底板岩石的蠕变动力和蠕变程度。与上部注浆后的松动圈形成整体承载拱,借助与上部拱的作用,形成具有较高承载能力的反底拱,防止底臌的发生。本项目试验巷道之一的涡北煤矿 8203 机风巷,由于处于极松散厚煤层中,底板注浆难以控制,故放弃底板注浆方式,袁庄煤矿 IV2 专用回风道巷道断面较小,两帮锚索补强间接控底能够保证良好效果,故也不实施底板注浆。本项目试验巷道之三的许疃煤矿 −500m 水平 81 采区南翼轨道大巷,巷道使用年限很长,底板排水加固具有极为重要意义,且该巷道断面较大,实施注浆不会对巷道运营造成不利影响,故该巷道加固措施中含有底板注浆排水与加固。

8 基础实验与理论研究总结

依据前面几章关于高应力软岩巷道和极松散厚煤层跟底巷道在变性特征、变形因素、变形机理、控制机理与控制措施等方面的逐一分析,结合现场实际工程地质情况,利用现代力学理论,研究获得了非常重要的创新性原理,具体如下:

(1)揭示了"让压"原理的适用条件,提出了适用于极松散厚煤层和软弱厚泥岩中巷道支护的"支强压弱、支弱压强"技术原理并给出了相关的力学机理。

(2)揭示了极松散厚煤层中影响锚杆锚固力的基本因素,研究给出了提高锚固力的基本对策,提出了"借力提力、越压越强"锚杆锚固技术原理。

(3)揭示了锚固在巷道围岩松动圈中的锚杆锚固力的影响因素,研究给出了提高锚固力的基本对策,提出了"高应力松动泥岩中锚杆与金属支架相互增强"技术原理。

(4)揭示了巷道帮底之间的联动效应,提出了"抑帮控底"的治理底臌的基本思想。

依据上述创新性原理,本项目以淮北矿业股份有限公司许疃煤矿、涡北煤矿、袁庄煤矿为依托,通过现场围岩岩样的力学性能试验研究(包含流变性质测试)、地应力测试、岩石成分检测分析、现场松动圈测试、金属支架与围岩相互作用力现场测试、补强锚杆(索)拉力测试等,以许疃煤矿－500m 南翼轨道大巷、涡北煤矿8203 机风两巷和袁庄煤矿 IV2 专用回风道为现场试验研究地点,获得了很大成功,产生了巨大的直接经济效益和间接经济效益。

由于在软岩巷道和极松散煤巷的变形发生机理与控制机理方面具有独特的创新性和优越性,且治理成本低廉、操作简单、劳动强度低、对生产影响轻微,且效果显著、效益巨大,故具有很好地应用前景和推广价值。

9　棚架结构的解析计算

9.1　常规U形钢支架受力计算

9.1.1　几何模型

带有外扎角的U形钢支架由一段圆弧和两条线段组成,属左右对称结构,进行受力分析时可取整体的一半,如图9.1所示。描述该几何结构,至少需要从弧线段半径r、棚腿外扎角度fai、直线段棚腿长度L、钢架有效宽度a_1、钢架总宽度a、钢架总高度h、弧形中点以下高度h_1,共7个几何参数中选择3个,即r、h_1、fai,作为基础几何参数,其它参数都用基础参数表示。

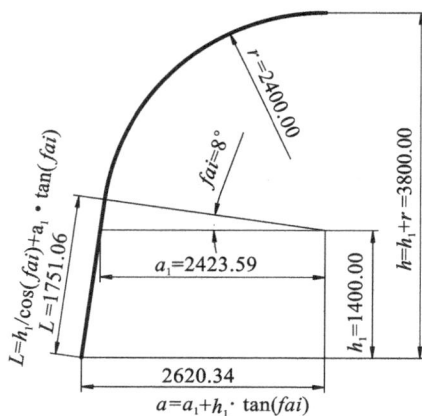

图9.1　常规U形钢支架受力计算几何模型

9.1.2　力学模型

根据现有的支护设计,U形钢支架力学计算模型可最终简化为远场应力作用下的静定结构,如图 9.2 所示。U 形钢支架所受围岩的作用力可以用远场竖直方向荷载 q_1 和水平方向荷载 q_2 表示,两荷载的数值由现场监测而得: $q_1 = 90006\text{N/m}$, $q_2 = 70628\text{N/m}$。

棚腿底端 A 点的约束由沿棚腿方向斜向上的反力 R_1 和垂直棚腿向外的反力 R_2 构成。R_1、R_2 这一对正交力形式上类似于固定铰支座约束,但不能完全等价,因为水平方向的约束力 R_2 与竖直方向约束力 R_1 是有关联的,R_2 是由于棚腿向内的位移受到底板的阻碍而产生的,R_2 的实质是一个摩擦力,它的大小取决于 R_1 的值及棚腿与底板的摩擦系数:

$$R_2 = \mu R_1 = 0.25 R_1 \tag{9-1}$$

U 形钢支架顶点 C 受到对称侧产生的固定端约束,由于对称效果影响,该固定端约束只有水平方向的反力 R_3 和集中力偶 R_4,不包括竖直向上的集中力。

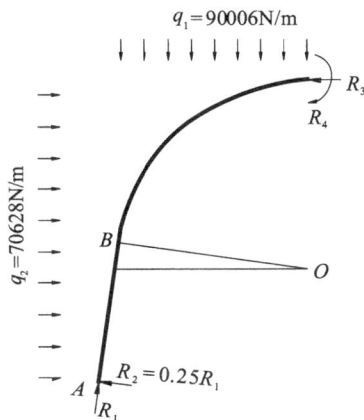

图 9.2　常规 U 形钢支架受力计算力学模型

9.1.3　力学计算

(1)约束反力求解

水平方向的静力学平衡方程 $\sum X = 0$:

$$q_2 * h - R_2 * \cos(fai) + R_1 * \sin(fai) - R_3 = 0 \tag{9-2}$$

竖直方向的静力学平衡方程 $\sum Y = 0$:

$$R_1 * \cos(fai) + R_2 * \sin(fai) - q_1 * a = 0 \qquad\qquad (9\text{-}3)$$

力矩平衡方程可求得 $\sum M_A = 0$ ：

$$-\frac{1}{2}q_1 * a^2 - \frac{1}{2}q_2 * h^2 - R_4 + R_3 * h = 0 \qquad\qquad (9\text{-}4)$$

将三个平衡方程及 R_1、R_2 之间的关系式联立，并利用 Maple 软件解出 R_1、R_2、R_3、R_4。

Maple 软件求解程序如下：

```
restart；
Digits：=10；
fai：=8 * evalf(Pi,10)/180；
h1：=evalf(1400.00/1000)；
r：=2400.00/1000；
a1：=r/cos(fai)；
h：=h1+r；
a：=a1+h1 * tan(fai)；
L：=h1/cos(fai)+a1 * sin(fai)；
q1：=90006；
q2：=70682；
eqn1：=q2 * h−R2 * cos(fai)+R1 * sin(fai)−R3；
eqn2：=R1 * cos(fai)+R2 * sin(fai)−q1 * a；
eqn3：=−0.5 * q1 * a * a−0.5 * q2 * h * h−R4+R3 * h；
eqn4：=R2−0.25 * R1；
solve({eqn1＝0,eqn2＝0,eqn3＝0,eqn4＝0},{R1,R2,R3,R4})；
```

运算结果如下：

```
Digits：= 10；
fai：=.1396263402
h1：= 1.400000000
r：= 2.400000000
a1：= 2.423586174
h：= 3.800000000
a：= 2.620343343L：= 1.751056605
q1：= 90006
q2：= 70682
eqn1：= 268591.6000 −.9902680687 R2 +.1391731010 R1 − R3
eqn2：=.9902680687 R1 +.1391731010 R2 − 235846.6229
```

eqn3：=− 819323.6042 − R4 + 3.800000000 R3

eqn4：= R2 −.25 R1

$\{R1=230080.4964,R3=243652.2740,R4=106555.0368,R2=57520.12411\}$

故四个约束反力为：

R_1：=230080.4964；

R_2：=57520.12411；

R_3：=243652.2740；

R_4：=106555.0368；

（2）内力方程确定

分段列出轴力方程、弯矩方程

如图 9.3 所示，将分析对象分成 AB、BC 两
段，以 x_1、x_2 作为自变量分别列出各段的轴力方
程及弯矩方程。x_1 为长度自变量，取值范围[0，
1.75106]；x_2 为角度变量，取值范围[8°，90°]。合
理选择自变量的取值范围能大大简化内力方程，
使后文的计算大大简化。

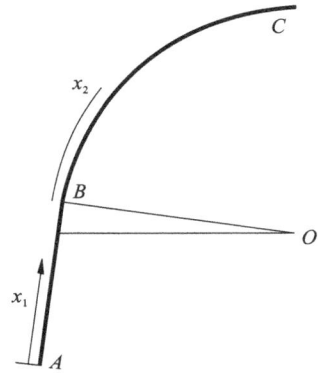

图 9.3　轴力、弯矩方程分析区间

AB 段轴力方程：

$N_1 = -q_1 * x_1 * \sin(fai) * \cos(fai) + q_2 * x_1 * \cos(fai) * \sin(fai) + R_1$

AB 段弯矩方程：

$M_1 = 1/2 * q_1 * (x_1 * \sin(fai))^2 + 1/2 * q_2 * (x_1 * \cos(fai))^2 - R_2 * x_1$

BC 段轴力方程：

$N_2 = q_1 * r * \cos(x_2) * \cos(x_2) - q_2 * r * (1 - \sin(x_2)) * \sin(x_2) + R_3 * \sin(x_2)$

BC 段弯矩方程：

$M_2 = 1/2 * q_1 * (r * \cos(x_2))^2 + 1/2 * q_2 * (r * (1 - \sin(x_2)))^2 - R_3 * r *$
$(1 - \sin(x_2)) + R_4$

Maple 程序如下：

```
restart;
Digits：=10;
fai=8 * evalf(Pi,10)/180;
h1=evalf(1400.00/1000);
r=2400.00/1000;
a1=r/cos(fai);
h=h1+r;
a=a1+h1 * tan(fai);
L=h1/cos(fai)+a1 * sin(fai);
```

q1＝90006；

q2＝70682；

R1＝230080.4964；

R2＝57520.12411；

R3＝243652.2740；

R4＝106555.0368；

N1＝－q1＊x1＊sin(fai)＊cos(fai)＋q2＊x1＊cos(fai)＊sin(fai)＋R1；

M1＝1/2＊q1＊(x1＊sin(fai))^2＋1/2＊q2＊(x1＊cos(fai))^2－R2＊x1；

N2＝q1＊r＊cos(x2)＊cos(x2)－q2＊r＊(1-sin(x2))＊sin(x2)＋R3＊sin(x2)；

M2＝1/2＊q1＊(r＊cos(x2))^2＋1/2＊q2＊(r＊(1-sin(x2)))^2－R3＊r＊(1-sin(x2))＋R4；

运行结果如下：

Digits：＝10；

fai：＝.1396263402

h1 ＝ 1.400000000

r ＝ 2.400000000

a1 ＝ 2.423586174

h ＝ 3.800000000

a ＝ 2.620343343

L ＝ 1.751056605

q1 ＝ 90006

q2 ＝ 70682

R1 ＝ 230080.4946

R2 ＝ 57520.12411

R3 ＝ 243652.2740

R4 ＝ 106555.0368

N1 ＝－ 2663.208136x1 ＋ 230080.4964

M1 ＝ 35528.14475x1^2 － 57520.12411x1

N2 ＝ 216014.4000cos(x2)^2 － 169636.8000(1 － sin(x2))sin(x2) ＋ 243652.2740sin(x2)

M2 ＝ 259217.2800cos(x2)^2 ＋ 203564.1600(1 － sin(x2))^2 － 478210.4208 ＋ 584765.4576sin(x2)

从运算结果中提取 AB、BC 两段的轴力、弯矩方程如下：

N1＝ －2663.208136 ＊ x1＋230080.4964

M1＝35528.14475 * x1^2－57520.12411 * x1

N2＝216014.4000 * cos(x2)^2－169636.8000 * (1-sin(x2)) * sin(x2)＋243652.2740 * sin(x2)

M2＝259217.2800 * cos(x2)^2＋203564.1600 * (1-sin(x2))^2－478210.4208＋584765.4576 * sin(x2)

（3）应力求解

求解支架内外边缘应力

施工现场所采用的 36♯U 形钢,惯性矩 $I=928.65×10^{-8}$ m^4,截面面积 $A=45.69×10^{-4}$ m^2。

根据内力方程及 36♯U 形钢支架的几何参数,将轴力和弯矩产生的应力叠加就可以画出 U 形钢支架内、外边缘应力分布图,所用的 Matlab 程序如下:

```
clear
clc
I＝928.65 * 10^(－8)
A＝45.69 * 10^(－4)
d1＝0.0659
d2＝0.0722
x1＝linspace(0,1.7510566048118048251,1000)
N1＝－2663.208136 * x1＋230080.4964
M1＝35528.14475 * x1.^2－57520.12411 * x1
plot(x1,(N1/A＋M1/I * d1),'r')
hold on
plot(x1,(N1/A－M1/I * d2),'b')
hold on
x2＝linspace(8 * pi/180,90 * pi/180,1000)
N2＝216014.4000 * cos(x2).^2－169636.8000 * (1 * sin(x2)－sin(x2).^2)＋243652.2740 * sin(x2)
M2＝259217.2800 * cos(x2).^2＋203564.1600 * (1-sin(x2)).^2－478210.4208＋584765.4576 * sin(x2)
plot(x2 * 2.400＋1.7510566048118048251-8 * pi/180 * 2.3967109,(N2/A＋M2/I * d1),'r')
hold on
plot(x2 * 2.400＋1.7510566048118048251-8 * pi/180 * 2.3967109,(N2/A－M2/I * d2),'b')
hold on
```

grid

xlabel('考察点沿支架到棚腿底端的弧长/m')

ylabel('U 形钢支架内外边缘应力(压为正)/pa')

运行结果为(图 9.4):

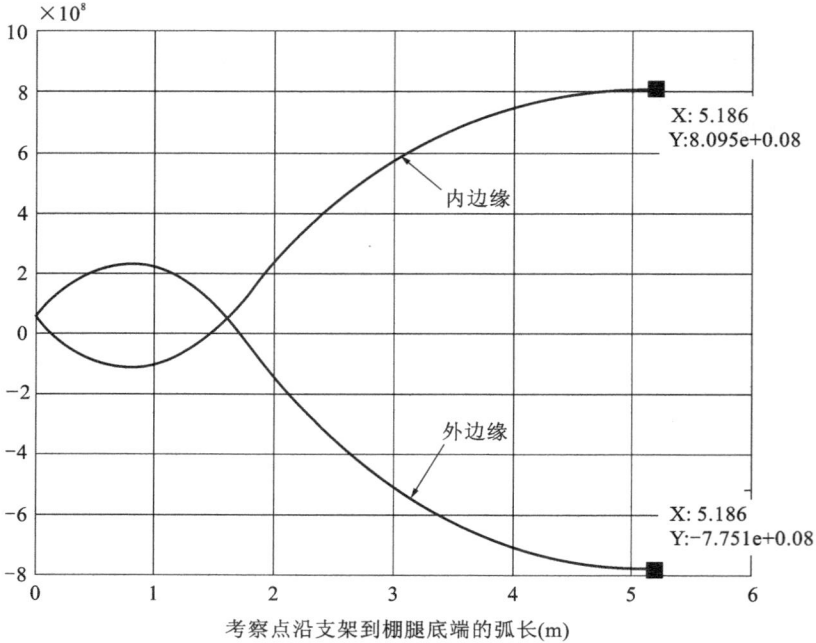

图 9.4　未补强 U 形钢支架内外边缘应力

可见,大断面 U 形钢支架的承载能力较低,内外边缘应力均超过 770MPa,大大高于常用钢材的破坏极限。

9.2　帮部补强 U 形钢支架受力计算

9.2.1　力学模型

采用普通锚杆配合废旧 U 形钢短梁形成组合结构,对 U 形钢支架的棚腿部分进行结构补强。现场实测表明,两根锚杆产生的工作阻力分别为 15kN 和 30kN,

也就是说,补强后棚腿上作用有 15kN 和 30kN 的两个集中力。

棚腿加固后的力学模型与未补强支架计算模型不同,加固结构产生了两个集中力作用在棚腿内侧,内力计算区段由原来的两个变为四个,但计算方法基本相同。

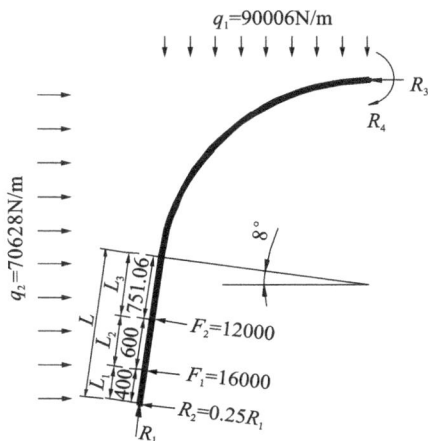

图 9.5 棚腿补强支架计算几何模型

(1)求支反力

水平方向的静力学平衡方程 $\sum X = 0$:

$$q_2 * h + R_1 * \sin(fai) - R_2 * \cos(fai) - R_3 - F_1 * \cos(fai)$$
$$- F_2 * \cos(fai) = 0 \tag{9-5}$$

竖直方向的静力学平衡方程 $\sum Y = 0$:

$$- q_1 * a + R_1 * \cos(fai) + R_2 * \sin(fai) + F_1 * \sin(fai) + F_2 * \sin(fai) = 0 \tag{9-6}$$

力矩平衡方程可求得 $\sum M_A = 0$:

$$-\frac{1}{2}q_1 * a^2 - \frac{1}{2}q_2 * h^2 + R_3 * h - R_4 + F_1 * L_1 + F_2 * (L_1 + L_2) = 0 \tag{9-7}$$

将(9-5)、(9-6)、(9-7)三个平衡方程及 R_1、R_2 之间的关系式联立,并利用 Maple 软件解出 R_1、R_2、R_3、R_4。

Maple 程序语句:

restart;

Digits=10;

fai=8 * evalf(Pi,10)/180;

h1=evalf(1400.00/1000);

r＝2400.00/1000；

a1＝r/cos(fai)；

h＝h1＋r；

a＝a1＋h1 * tan(fai)；

L＝h1/cos(fai)＋a1 * sin(fai)；

L1＝400/1000；

L2＝600/1000；

L3＝L－L1-L2；

q1＝90006；

q2＝70682；

F1＝30000；

F2＝15000；

eqn1＝q2 * h＋R1 * sin(fai)－R2 * cos(fai)－R3－F1 * cos(fai)－F2 * cos(fai)；

eqn2＝－q1 * a＋R1 * cos(fai)＋R2 * sin(fai)＋F1 * sin(fai)＋F2 * sin(fai)；

eqn3＝－0.5 * q1 * a * a－0.5 * q2 * h * h＋R3 * h－R4＋F1 * L1＋F2 * (L1＋L2)；

eqn4＝R2－0.25 * R1；

solve({eqn1＝0,eqn2＝0,eqn3＝0,eqn4＝0},{R1,R2,R3,R4})；

程序运行结果：

Digits ＝ 10；

fai ＝.1396263402

h1 ＝ 1.400000000

r ＝ 2.400000000

a1 ＝ 2.423586174

h ＝ 3.800000000

a ＝ 2.620343343

L ＝ 1.751056605

$L1 ＝ \dfrac{2}{5}$

$L2 ＝ \dfrac{3}{5}$

L3 ＝.7510566050

q1 ＝ 90006

q2 ＝ 70682

F1 = 30000

F2 = 15000

eqn1 = 224029.5369 +.1391731010 R1 −.9902680687 R2 − R3

eqn2 = − 229583.8334 +.9902680687 R1 +.1391731010 R2

eqn3 = − 792323.6042 + 3.800000000 R3 − R4

eqn4 = R2 −.25 R1{R2 = 55992.70589,R3 = 199752.4622,R4 = − 33264.24774,R1 = 223970.8236}

故四个约束反力为：

R_1 = 223970.8236；

R_2 = 55992.70589；

R_3 = 199752.4622；

R_4 = − 33264.24774。

（2）内力方程

将分析对象分成 AD、DE、EB、BC 四段,以 x_1、x_2、x_3、x_4 作为自变量分别列出各段的轴力方程及弯矩方程(图 9.6)。x_1 为长度自变量,取值范围[0,0.400],也就是 L_1 的范围;x_2 也为长度变量,取值范围[0,0.6],及 L_2 的范围;长度变量 x_3取值范围[0,0.75106],等同于 L_3 的范围;角度变量 x_4 取值范围[8°,90°],包含在弧线段 BC 之内。合理选择自变量的取值范围能大大简化内力方程,使后文的计算大大简化(图 9.7)。

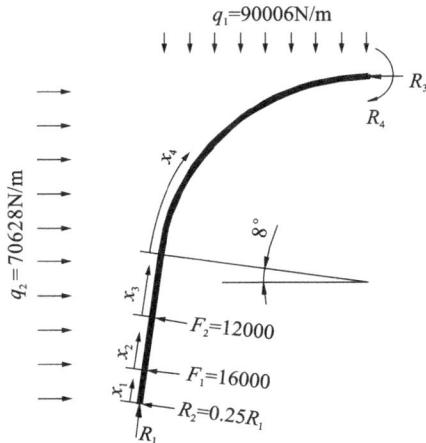

图 9.6　棚腿补强支架计算模型内力计算区段

AD 段轴力方程：

$N_1 = − q_1 * x_1 * \sin(fai) * \cos(fai) + q_2 * x_1 * \cos(fai) * \sin(fai) + R_1$

AD 段弯矩方程：

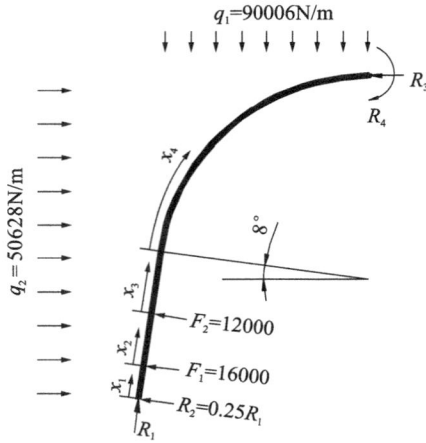

图 9.7　棚腿补强 U 形钢支架轴力、弯矩方程分析区间

$$M_1 = 1/2 * q_1 * (x_1 * \sin(fai))^2 + 1/2 * q_2 * (x_1 * \cos(fai))^2 - R_2 * x_1$$

DE 段轴力方程：

$$N_2 = - q_1 * (x_2 + L_1) * \sin(fai) * \cos(fai) + q_2 * (x_2 + L_1)$$
$$* \cos(fai) * \sin(fai) + R_1$$

DE 段弯矩方程：

$$M_2 = 1/2 * q_1 * ((x_2 + L_1) * \sin(fai))^2 + 1/2 * q_2 * ((x_2 + L_1)$$
$$* \cos(fai))^2 - R_2 * (x_2 + L_1) - F_1 * x_2$$

EB 段轴力方程：

$$N_3 = - q_1 * (x_3 + L_1 + L_2) * \sin(fai) * \cos(fai) + q_2 *$$
$$(x_3 + L_1 + L_2) * \cos(fai) * \sin(fai) + R_1$$

EB 段弯矩方程：

$$M_3 = 1/2 * q_1 * ((x_3 + L_1 + L_2) * \sin(fai))^2 + 1/2 * q_2 * ((x_3 + L_1$$
$$+ L_2) * \cos(fai))^2 - R_2 * (x_3 + L_1 + L_2) - F_1 * (x_3 + L_2) - F_2 * x_3$$

BC 段轴力方程：

$$N_4 = q_1 * r * \cos(x_4) * \cos(x_4) - q_2 * r * (1 - \sin(x_4))$$
$$* \sin(x_4) + R_3 * \sin(x_4)$$

BC 段弯矩方程：

$$M_4 = 1/2 * q_1 * (r * \cos(x_4))^2 + 1/2 * q_2 * (r * (1 - \sin(x_4)))^2$$
$$- R_3 * r * (1 - \sin(x_4)) + R_4$$

上述方程的 Maple 程序表达式：

restart;

Digits＝10;

```
fai＝8 * evalf(Pi,10)/180;
h1＝evalf(1400.00/1000);
r＝2400.00/1000;
a1＝r/cos(fai);
h＝h1+r;
a＝a1+h1 * tan(fai);
L＝h1/cos(fai)+a1 * sin(fai);
L1＝400/1000;
L2＝600/1000;
L3＝L－L1-L2;
q1＝90006;
q2＝70682;
F1＝30000;
F2＝15000;
R1＝223970.8236;
R2＝55992.70589;
R3＝199752.4622;
R4＝－33264.24774;
N1＝－q1 * x1 * sin(fai) * cos(fai)+q2 * x1 * cos(fai) * sin(fai)+R1;
M1＝1/2 * q1 * (x1 * sin(fai))^2+1/2 * q2 * (x1 * cos(fai))^2－R2 * x1;
N2＝－q1 * (x2+L1) * sin(fai) * cos(fai)+q2 * (x2+L1) * cos(fai) * sin
(fai)+R1;
M2＝1/2 * q1 * ((x2+L1) * sin(fai))^2+1/2 * q2 * ((x2+L1) * cos(fai))^
2－R2 * (x2+L1)－F1 * x2;
N3＝－q1 * (x3+L1+L2) * sin(fai) * cos(fai)+q2 * (x3+L1+L2) * cos
(fai) * sin(fai)+R1;
M3＝1/2 * q1 * ((x3+L1+L2) * sin(fai))^2+1/2 * q2 * ((x3+L1+L2) *
cos(fai))^2－R2 * (x3+L1+L2)－F1 * (x3+L2)－F2 * x3;
N4＝q1 * r * cos(x4) * cos(x4)－q2 * r * (1-sin(x4)) * sin(x4)+R3 * sin(x4);
M4＝1/2 * q1 * (r * cos(x4))^2+1/2 * q2 * (r * (1-sin(x4)))^2－R3 * r *
(1-sin(x4))+R4;
```

程序运行结果：

```
Digits = 10;
fai =.1396263402
h1 = 1.400000000
```

r = 2.400000000

a1 = 2.423586174

h = 3.800000000

a = 2.620343343

L = 1.751056605

$L1 = \dfrac{2}{5}$

$L2 = \dfrac{3}{5}$

L3 = .7510566050

q1 = 90006

q2 = 70682

F1 = 30000

F2 = 15000

R1 = 223970.8236

R2 = 55992.70589

R3 = 199752.4622

R4 =− 33264.24774

N1 =− 2663.208136x1 + 223970.8236

$M1 = 35528.14475x1^2 − 55992.70589x1$

N2 =− 2663.208136x2 + 222905.5403

$M2 = 35528.14475(x2 + \dfrac{2}{5})^2 − 22397.08236 − 85992.70589x2$

N3 =− 2663.208136x3 + 221307.6155

$M3 = 35528.14475(x3 + 1)^2 − 73992.70589 − 100992.7059x3$

$N4 = 216014.4000\cos(x4)^2 − 169636.8000(1 − \sin(x4))\sin(x4) + 199752.4622\sin(x4)$

$M4 = 259217.2800\cos(x4)^2 + 203564.1600(1 − \sin(x4))^2 − 512670.1570 + 479405.9093\sin(x4)$

从运算结果中提取四个内力考察区段的轴力、弯矩方程如下：

N1＝ −2663.208136 * x1 + 223970.8236

M1＝ 35528.14475 * x1^2 − 55992.70589 * x1

N2＝ −2663.208136 * x2 + 222905.5403

M2＝ 35528.14475 * (x2 + 2/5)^2 − 22397.08236 − 85992.70589 * x2

N3＝ −2663.208136 * x3 + 221307.6155

M3＝ 35528.14475 * (x3 + 1)^2 − 73992.70589 − 100992.7059 * x3

N4＝216014.4000 * cos(x4)^2－169636.8000 * (1-sin(x4)) * sin(x4)＋199752.4622 * sin(x4)

M4＝259217.2800 * cos(x4)^2＋203564.1600 * (1-sin(x4))^2－512670.1570＋479405.9093 * sin(x4)

（3）应力求解

施工现场所采用的 36♯U 形钢，惯性矩 $I＝928.65×10^{-8}\,m^4$，截面面积 $A＝45.69×10^{-4}\,m^2$。

根据内力方程及 36♯U 形钢支架的几何参数，将轴力和弯矩产生的应力叠加就可以画出 U 形钢支架内、外边缘应力分布图。所用的 Matlab 程序如下：

```
clear
clc
I＝928.65 * 10^(－8)
A＝45.69 * 10^(－4)
d1＝0.0659
d2＝0.0722
x1＝linspace(0,0.4,1000)
N1＝－2663.208136 * x1＋223970.8236
M1＝35528.14475 * x1.^2－55992.70589 * x1
plot(x1,N1/A＋M1/I * d1,'r')
hold on
plot(x1,N1/A－M1/I * d2,'b')
hold on
x2＝linspace(0,0.6,1000)
N2＝－2663.208136 * x2＋222905.5403
M2＝35528.14475 * (x2＋2/5).^2－22397.08236－85992.70589 * x2
plot(x2＋0.4,N2/A＋M2/I * d1,'r')
hold on
plot(x2＋0.4,N2/A－M2/I * d2,'b')
hold on
x3＝linspace(0,0.7510566048118048251,1000)
N3＝－2663.208136 * x3＋221307.6155
M3＝35528.14475 * (x3＋1).^2－73992.70589－100992.7059 * x3
plot(x3＋1.0,N3/A＋M3/I * d1,'r')
hold on
plot(x3＋1.0,N3/A－M3/I * d2,'b')
```

hold on

x4＝linspace(8 * pi/180,90 * pi/180,1000)

N4＝216014.4000 * cos(x4).^2－169636.8000 * (1 * sin(x4)－sin(x4).^2)＋199752.4622 * sin(x4)

M4＝259217.2800 * cos(x4).^2＋203564.1600 * (1-sin(x4)).^2－512670.1570＋479405.9093 * sin(x4)

plot(x4 * 2.400＋1.7510566048118048251-8 * pi/180 * 2.400,N4/A＋M4/I * d1,'r')

hold on

plot(x4 * 2.400＋1.7510566048118048251-8 * pi/180 * 2.400,N4/A－M4/I * d2,'b')

hold on

grid

xlabel('考察点沿支架到棚腿底端的弧长/m')

ylabel('U 形钢支架内外边缘应力(压为正)/pa')

grid

程序运行结果如图 9.8 所示。

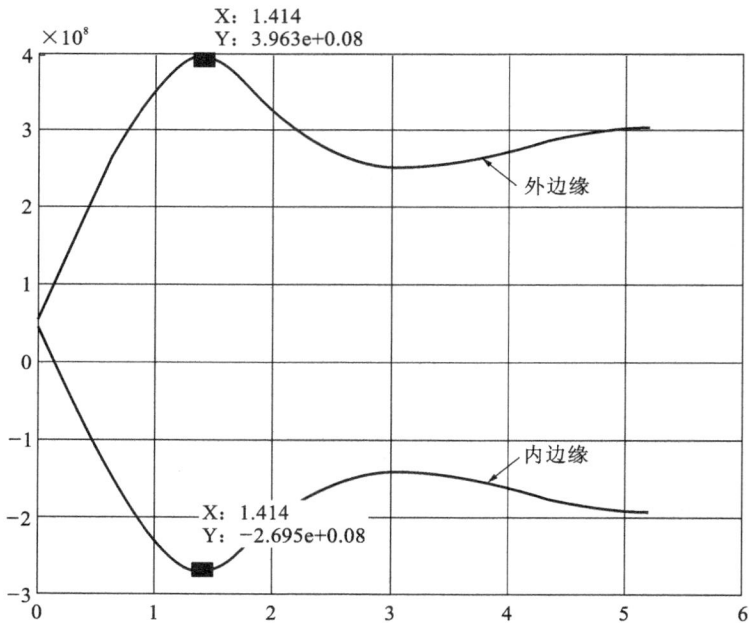

图 9.8　棚腿补强后 U 形钢支架内外边缘应力

9.3　U 形钢支架承载能力对比计算结论

根据最新的矿山巷道支护用热轧 U 形钢力学、工艺性能标准(GB/T 4697—2008),U 形钢支架的基本性能应符合表 9.1 规定。在没有任何补强措施的前提下,支架正顶部的内外边缘应力均超过了材料的屈服强度,经过简单的补强后,U 形钢支架腿部应力略有增加,但未超过材料的强度极限,其内边缘应力峰值为269.5MPa,外边缘应力为396.3MPa,也就是说,支架能够满足使用要求(图 9.9)。

表 9.1　矿山巷道支护用热轧 U 形钢力学性能、工艺性能

牌号	规格	拉伸试验			冲击试验		弯曲试验
		抗拉强度 R_m(MPa)	屈服强度 R_{eff}(MPa)	断后伸长率 A(%)	温度	V 形缺口 A_{KV}(J)	180° d=弯心直径,mm a=试样厚度,mm
		≥				≥	
20MnK	18UY	490	335	20			
20MnVK	25UY	570	390	20	—		d=3a
25MnK	25U 29U	530	335	20			
20MnK	36U	530	350	20	20℃	27	d=3a
20MnVK	40U	580	390	20	20℃	27	d=3a

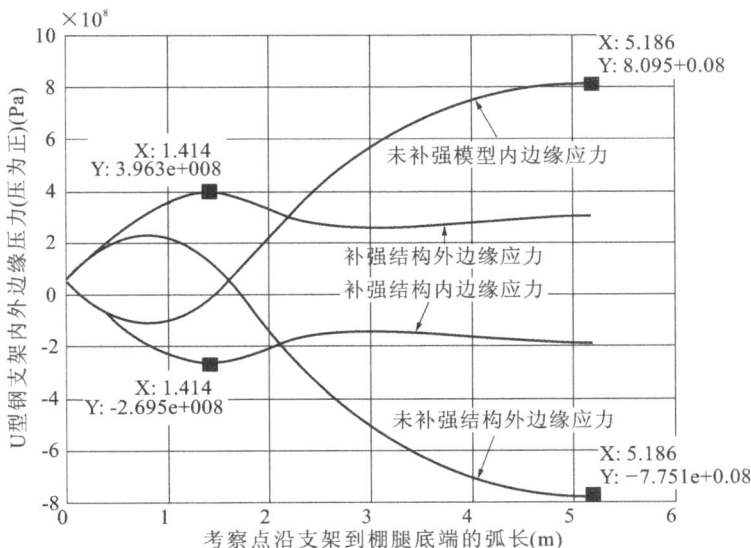

图 9.9　未补强、补强模型内外边缘应力对比

10 金属支架作用效应的解析分析

由于金属支架对巷帮围岩的作用力是一被动作用力,因此,这一作用力对围岩的作用效应可以近似用"半平面体在边界上受局部均布载荷时的解答"来求解,具体如下。

10.1 集中力作用下半平面体受力分析

设有半平面体,在其直边界上受有集中力,与边界法线成角 β,取单位厚度的部分来考虑,并命单位厚度上所受的力为 F,它的量纲是 MT^{-2},取坐标轴如图 10.1 所示。

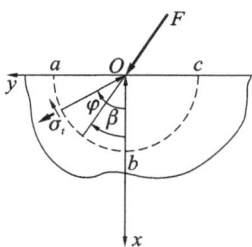

图 10.1 半平面体在集中力作用下

用弹性力学中的半逆解法求解。首先按量纲分析法来假设应力分量的函数形式。在这里,半平面体内任意一点的应力分量决定于 β, F, ρ, φ,因而各应力分量的表达式中只会包含这几个量。但是,应力分量的量纲是〔力〕/〔长度〕$^{-2}$,F 的量纲是〔力〕/〔长度〕$^{-1}$,而 β 和 φ 是无因次的量。因此,各应力分量的表达式只可能取 $\dfrac{F}{\rho}N$ 的形式,其中 N 由 β 和 φ 组成。这就是说,在各应力分量的表达式中,ρ 只可能以负一次幂出现,而应力函数 Φ 中的 ρ 的幂次应当比各应力分量中的 ρ 的幂次高出两次。因此,可以假设应力函数 Φ 是 ρ 的某一函数乘以 ρ 的一次幂,即

$$\Phi = \rho f(\varphi) \tag{10-1}$$

将式(10-1)代入相容方程,得

$$\frac{1}{\rho^3}\left[\frac{\mathrm{d}^4 f(\varphi)}{\mathrm{d}\varphi^4} + 2\frac{\mathrm{d}^2 f(\varphi)}{\mathrm{d}\varphi^2} + f(\varphi)\right] = 0 \tag{10-2}$$

删去因子 $\dfrac{1}{\rho^3}$,求解这一常微分方程,得

$$f(\varphi) = A\cos\varphi + B\sin\varphi + \varphi(C\cos\varphi + D\sin\varphi)$$

其中 A,B,C,D 是待定常数。代入式(1),得

$$\Phi = A\rho\cos\varphi + B\rho\sin\varphi + \rho\varphi(C\cos\varphi + D\sin\varphi) \tag{10-3}$$

由于式中的前两项 $A\rho\cos\varphi + B\rho\sin\varphi = Ax + By$,不影响应力,可以删去。因此,只需取

$$\Phi = \rho\varphi(C\cos\varphi + D\sin\varphi) \tag{10-4}$$

于是,得

$$\left.\begin{array}{l} \sigma_\rho = \dfrac{1}{\rho}\dfrac{\partial\Phi}{\partial\rho} + \dfrac{1}{\rho^2}\dfrac{\partial^2\Phi}{\partial\varphi^2} = \dfrac{2}{\rho}(D\cos\varphi - C\sin\varphi) \\[3mm] \sigma_\varphi = \dfrac{\partial^2\Phi}{\partial\rho^2} = 0 \\[3mm] \tau_{\rho\varphi} = \tau_{\varphi\rho} = -\dfrac{\partial}{\partial\rho}\left(\dfrac{1}{\rho}\dfrac{\partial\Phi}{\partial\varphi}\right) = 0 \end{array}\right\} \tag{10-5}$$

下面来考察应力边界条件,并求解上式中的待定系数。除了原点之外,在 $\varphi = \pm\dfrac{\pi}{2}$ 的边界面上,没有任何法向和切向面力,因而应力边界条件要求

$$(\sigma_\varphi)_{\varphi=\pm\frac{\pi}{2},\rho\neq0} = 0, \quad (\tau_{\varphi\rho})_{\varphi=\pm\frac{\pi}{2},\rho\neq0} = 0 \tag{10-6}$$

由式(10-5)可见,这两个边界条件是满足的。

此外,还须考虑在点 O 有集中力 F 的作用。集中力 F,可以看成是下列荷载的抽象化:在点 O 附近的一小部分边界面上,受有一组面力。这组面力向点 O 简化后,成为主矢量 F,而主矩为零。为了考虑点 O 附近小边界上的应力边界条件,按照圣维南原理,以点 O 为中心,以 ρ 为半径作圆弧线 abc,在点 O 附近割出一小部分脱离体 $Oabc$,图 10.1,然后考虑此脱离体的平衡条件,列出三个平衡方程,

$$\left.\begin{array}{l} \sum F_x = 0, \quad \displaystyle\int_{-\frac{\pi}{2}}^{\frac{\pi}{2}}\big[(\sigma_\rho)_{\rho=\rho}\cos\varphi\rho d\varphi - (\tau_{\rho\varphi})_{\rho=\rho}\sin\varphi\rho d\varphi\big] + F\cos\beta = 0, \\[4mm] \sum F_y = 0, \quad \displaystyle\int_{-\frac{\pi}{2}}^{\frac{\pi}{2}}\big[(\sigma_\rho)_{\rho=\rho}\sin\varphi\rho d\varphi + (\tau_{\rho\varphi})_{\rho=\rho}\cos\varphi\rho d\varphi\big] + F\sin\beta = 0, \\[4mm] \sum M_O = 0, \quad \displaystyle\int_{-\frac{\pi}{2}}^{\frac{\pi}{2}}(\tau_{\rho\varphi})_{\rho=\rho}\rho d\varphi\cdot\rho = 0. \end{array}\right\} \tag{10-7}$$

将应力分量(10-5)代入,由于 $\tau_{\rho\varphi} = 0$,式(10-7)中的第三式自然满足,而第一,第二式得出

$$\pi D + F\cos\beta = 0, \quad -\pi C + F\sin\beta = 0,$$

由此得

$$D = -\frac{F}{\pi}\cos\beta, \quad C = \frac{F}{\pi}\sin\beta。$$

代入式(10-5),即得应力分量的最后解答

$$\sigma_\rho = -\frac{2F}{\pi\rho}(\cos\beta\cos\varphi + \sin\beta\sin\varphi)，\sigma_\varphi = 0，\tau_{\rho\varphi} = \tau_{\varphi\rho} = 0 \qquad (10\text{-}8)$$

由上式可见，当 ρ 趋于无限小时，σ_ρ 无限增大。实际上，一旦最大的 σ_ρ 超过半平面体材料的比例极限，弹性力学的基本方程就不再适用，以上的解答也就不适用。因此，我们必须这样来理解：半平面体在 O 点附近受有一定的面力，这个面力以及所引起应力的最大集度不超过比例极限，而面力的合成是图中所示的力 F。当然，面力分布方式不同，应力分布也就不同。但是，按照圣维南原理，不论这个面力如何分布，在离开面力稍远的处所，应力分布都相同，也就和式(10-8)所示的分布相同。

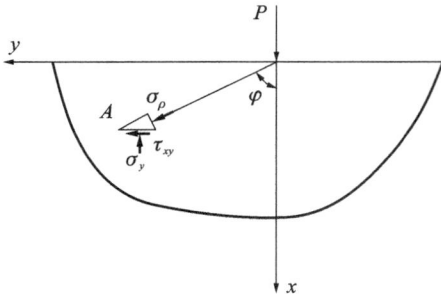

图 10.2　半平面体在垂直集中力作用下

当力 F 垂直于直线边界时(图 10.2)，解答最为有用。为了得出这一情况下的应力分量，只需在式(10-8)中取 $\beta = 0$，于是得

$$\sigma_\rho = -\frac{2F}{\pi}\frac{\cos\varphi}{\rho}，\sigma_\varphi = 0，\tau_{\rho\varphi} = \tau_{\varphi\rho} = 0 \qquad (10\text{-}9)$$

上式转换成直角坐标表达形式后可得：

$$\begin{cases} \sigma_x = -\dfrac{2P}{\pi}\dfrac{\cos^3\theta}{r} = -\dfrac{2P}{\pi a}\cos^4\theta \\[2mm] \sigma_y = -\dfrac{2P}{\pi a}\sin^2\theta\cos^2\theta \\[2mm] \tau_{xy} = -\dfrac{2P}{\pi a}\sin\theta\cos^3\theta \end{cases} \qquad (10\text{-}10)$$

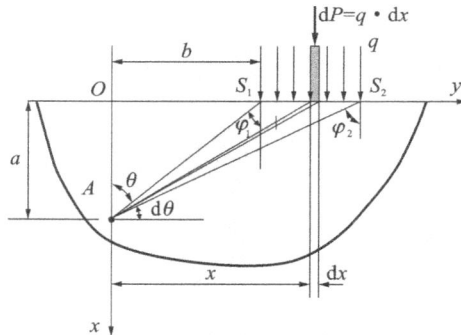

图 10.3　半平面体在均布力作用下

10.2　均布力作用下半平面体受力分析

　　从图 10.4 可看出,金属支架对围岩的被动反作用力与半平面体在均布力作用下的情况具有本质的一致,故可依据半平面体在均布力作用下质点应力计算的解析结果分析金属支架对围岩应力削弱的影响。

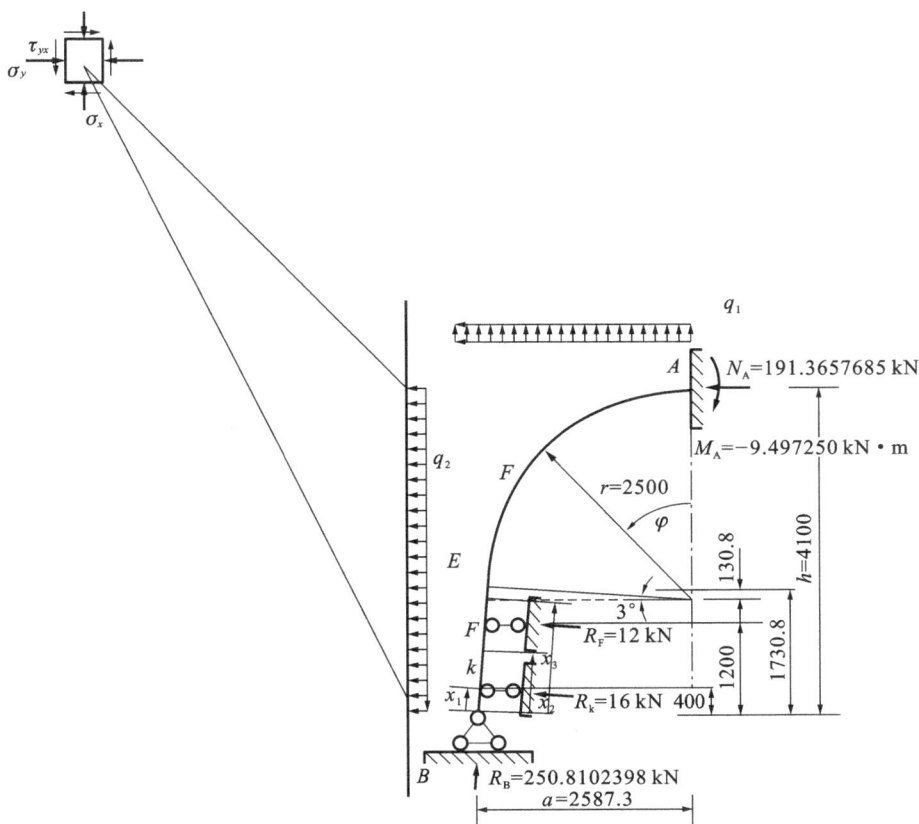

图 10.4　金属支架与围岩之间相互作用示意图

　　依据微积分原理,图 10.3 所示的均布载荷所引起的 A 点处的应力 σ_x 应为:

$$\sigma_x = \int_{s_1}^{s_2} \sigma_x (q \cdot dy \cdot 1) = q \cdot \int_{s_1}^{s_2} \sigma_x dy$$

将公式(10-10)代入,整理后可得:

$$\begin{cases} \sigma_x = -\dfrac{q}{\pi}\left(\varphi_2 - \varphi_1 + \dfrac{1}{2}\sin2\varphi_2 - \dfrac{1}{2}\sin2\varphi_1\right) \\[2mm] \sigma_y = -\dfrac{q}{\pi}\left(\varphi_2 - \varphi_1 - \dfrac{1}{2}\sin2\varphi_2 + \dfrac{1}{2}\sin2\varphi_1\right) \\[2mm] \tau_{xy} = -\dfrac{q}{\pi a}\left(\cos2\varphi_1 - \cos2\varphi_2\right) \end{cases} \qquad (10\text{-}11)$$

公式(10-11)表明,金属支架对巷道上下一定范围内的岩石质点都会产生一定的被动作用力,这一作用力对削弱顶底板水平地应力、降低巷道底臌、减轻顶板破碎程度具有重要作用。

10.3　金属支架的作用总结

(1)金属支架补强的目的在于提高其强度与刚度,强度、刚度的提高直接导致其对围岩被动承载力的提高,而被动承载力的提高较好地改善了围岩质点的应力状态,同时也削弱了顶底板水平应力,这对较大程度地降低巷道底板蠕变动力并进而抑制底臌的发生具有重要意义。

(2)许疃煤矿-500m水平81采区南翼轨道大巷、涡北8203机风两巷和袁庄煤矿Ⅳ2专用回风道巷道支护设计中均依据了金属支架的围岩应力削弱效应和应力状态改善效应,效果显著。

11 涡北煤矿 8203 机巷支护方案数值模拟对比分析

11.1 工程概况

8203 放顶煤工作面为涡北煤矿二采区首个回采准备工作面,除正在施工的回风石门外,周边无其它采掘活动。工作面走向长 1212m,倾斜长 146m,总面积 176952m² 。8203 工作面主采 8_1 及 8_2 煤,煤层总厚 8.78m,倾角 19°～31°,平均倾角 26°。其中 8_1 煤厚 4.28～6.84m,平均厚度 5.55mm,8_2 煤厚 2.46～3.84m,平均 3.23m。两层煤赋存稳定、结构松散,之间夹矸多为泥岩,性脆,厚为 0.78～5.49m,平均 2.30m。

8203 工作面标高－557.0～－655m,该面为二采区首个回采准备工作面。外起第四勘探线以南 106m。里至第二勘探线以北 115m。上距 F5 断层 160～200m,下距 F15 断层 230～350m。除外段正在施工的回风石门及轨道上山,周边再无其它采掘活动。81 煤为灰黑～ 黑色,粉末～碎块状,属半暗型煤,局部含薄层夹矸,夹矸厚 0.20m;81 煤厚 4.28～6.84m,平均 5.55m。82 煤为黑色粉末状～碎块状,局部鳞片状,属半暗型煤。局部靠底部含一厚 0.20m 的薄层夹矸。82 煤厚 2.46～3.84m,平均 3.23m。81、82 之间的夹矸为灰～深灰色块状泥岩,局部粉砂岩。性脆,含植物化石;82 煤厚 0.78～5.49m,平均 2.30m。总体呈外段厚里段薄,外段又呈上部厚下部薄的趋势。

以现有地质资料来看,该工作面施工过程中分别要穿越 F_6、F_7 断层,落差在 8～10m。由于勘探条件所限,一些落差 5m 左右的断层很难查明。所以,施工时不排除出现未查明断层的可能。

该煤层倾角 19～31°,平均 26°。受断层影响煤层产状倾向上会有较大变化,局部煤层倾角将达到 40°以上。

该工作面上限距三隔底部泥岩及四含底界约 200m。因此,新地层含水层对该工作面采掘无直接影响。影响该工作面的主要水源有 8 煤组顶、底板砂岩裂隙水。

本区段 8 煤组老顶为粉末～细砂岩,厚度 21.12～25.72m,裂隙较发育,富水性相对较强。施工过程中可能出现顶板淋水及短时间的出水现象。

施工范围内"太灰"距 8 煤底板 108～134.5m,平均 121m。正常情况太灰水对生产无影响。

根据物探和钻探资料,本区未发现陷落柱迹象。为了巷道的稳定性,8203 工作面采区巷道底板坐落在煤层底板岩石中。

11.2　研究背景

目前,我国很多矿区回采巷道支护中存在的问题较多,如煤体的膨胀压力问题、高地应力问题、采动影响、煤层开采后地应力重新分布形成的应力集中问题等。近年来,虽然国内外发明了很多支护方法和支护产品,对解决上述问题起到了一定的积极作用,但通过对淮北、淮南某些煤矿的实地考察,发现对于一些特殊的高应力极松散深厚煤层且底板软弱的回采巷道,很多支护设计并不理想,很多巷道虽经二次、三次修复,金属支架、锚杆锚索并用,但因设计中未能充分挖掘出各种支护构件的支护效能,效果并不理想。很多回采巷道断面收缩超过了 50%,还有一些巷道断面收缩率超过 70%,需弯腰手爬方能通过。所有这些都严重影响了生产的正常进行和人员的生命安全,因此研发出稳定性能更高、返修率更低、承载力更强、相对经济成本更理想的支护体系是非常迫切的一件事情。

针对目前的状况,结合涡北煤矿 8203 机巷所处的特殊条件,经淮北矿业股份有限公司和安徽理工大学协商,共同合作此项目,选定涡北煤矿为项目具体实施地点。该项目是以改变支护体系的整体稳定性和改变围岩的应力分布状态为主要研究目的,而不是通过增加支护成本为手段来加强支护,因此它具有两方面的意义:第一,学术意义,即形成新的支护原理;第二,在提高整体支护能力的前提下,不提高支护成本。

11.3 涡北煤矿 8203 机巷支护方案数值模拟对比分析

11.3.1 力学模型的建立

综合考虑地质钻孔柱状图、巷道与各工作面的层位关系,经过分类整理,简化模型,最后得出如下基本模型。模型高 40m,宽 50m,巷道全部位于煤层中,其净断面在原设计直墙圆拱的基础上,改棚腿为倾斜 8°角,采用 36U 形金属支架支护,在底角和腰部采用长度 2.6m 的 Φ22 锚杆联合槽钢局部加强支护,具体岩性可以参考地质钻孔柱状图和表 11.1 岩性测试数据,建立模型简图见图 11.2。

11.3.2 边界条件和载荷

在左右两个边界上约束 1 个方向自由度,在底边上约束 2 个方向自由度,顶边自由,作用有上覆地层压力 $\gamma H = 15.5$MPa,重力加速度取为 10kg $\cdot$ m/s^2,水平侧压系数取 0.51。

11.3.3 模型的材料参数和网格划分

经过对模型的简化分析,在试验数据的基础上,考虑现场岩体和实际岩芯参数的不同,经过人工整合,最后得出如下数据进行数值计算。

表 11.1 材料参数表

材 料	密度 (kg/m^3)	弹性模量 (GPa)	泊松比	粘聚力 (MPa)	内摩擦角 (°)	屈服应力 (MPa)
煤	2200	2.8	0.38	1.2	38	—
泥岩	2400	4.8	0.32	1.6	40	—
砂岩	2600	12.0	0.26	2.2	44	—
钢材	7800	200	0.3	—	—	200

将不同材料参数赋予实体,选择单元类型,划分网格见图 11.3,最后得到有限元模型。

8203工作面综合柱状图

系	统	组	岩石名称	综合柱状 (1:200)	层厚(m)	岩 性 描 述
二 叠 系	下 统	下 石 盒 子 组	6₃煤		$\frac{0.26\sim0.0.47}{0.39}$	黑色,粉末~碎块状。光泽暗淡
			泥岩		$\frac{0\sim3.67}{2.15}$	灰~深灰色,块状。局部含粉砂质,菱铁质
			砂岩		$\frac{21.12\sim25.72}{23.50}$	灰~灰白色,中厚~厚层状粉~细砂岩。以石英、长石为主,钙、铁胶结。性较硬、裂隙较发育
			泥岩		$\frac{0.64\sim5.06}{2.45}$	深灰色,中厚~厚层状。泥质结构,局部含粉砂制质,富含植物化石
			8₁煤		$\frac{4.28\sim6.84}{5.55}$	灰黑色~黑色,粉末~碎块状,局部鳞片状。条痕黑色。光泽暗淡,属半暗型煤。局部含薄层夹矸、夹矸厚0.20m
			泥岩~ 粉砂岩		$\frac{0.78\sim5.49}{2.30}$	灰~深灰色。块状,性脆,含植物化石。厚度呈外段厚里段薄,外段又呈上段厚下段薄的趋势。外段含一厚0.30~0.57m的煤线
			8₂煤		$\frac{2.46\sim3.84}{3.23}$	黑色,末状~碎块状,局部鳞片状。光泽暗淡,属半暗型煤。局部靠煤层底部含一厚0.20m的夹矸
			泥岩		$\frac{0.47\sim3.26}{1.44}$	灰色,块状~中厚层状,泥质结构。含大量植物根茎化石
			泥岩~ 粉砂岩		$\frac{13.93\sim15.74}{14.70}$	灰至深灰色泥岩,中厚层状,局部性脆含粉砂,中。外段底部含鲕粒。中部为灰色中厚层状粉~细砂岩,钙质胶结。靠上部局部块段含0.30m煤线
			铝质泥岩		$\frac{2.35\sim4.42}{3.70}$	浅灰~铝灰色,鲕状结构,具滑感。紫斑较发育。质不纯

图 11.1 8203 工作面综合柱状图

11.3.4 求解步骤和模拟方案

总体计算分为以下步骤:

(1)首先进行地应力平衡,以保证结果的准确性;

(2)释放 8203 机巷对应断面的部分应力;

(3)安装锚杆和支架;

(4)彻底开挖 8203 机巷对应的断面。

对于模拟的其它情况,均在此模型的基础上修改,调整步骤,实现不同方案的比较。本次模拟主要比较没有支护情况、采用金属支架情况以及采用锚架组合支护结构情况对比分析。

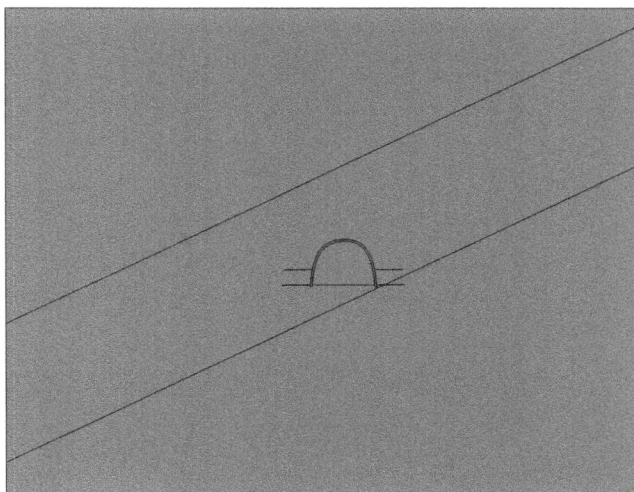

图 11.2 基本模型

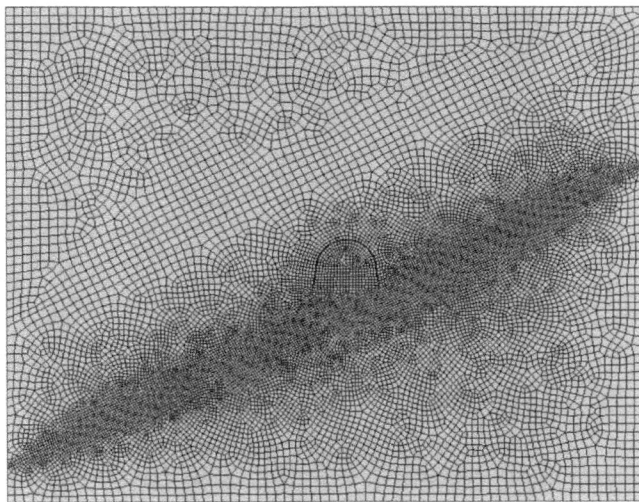

图 11.3 网格划分情况

11.3.5 计算结果分析

所有模型计算完成后,首先根据应力和位移图进行定性分析,平衡后的地应力分布和位移分布如图 11.4 和图 11.5。由于岩层的总体倾角较大,应力局部位置有小的波浪起伏,但大致呈水平分布。

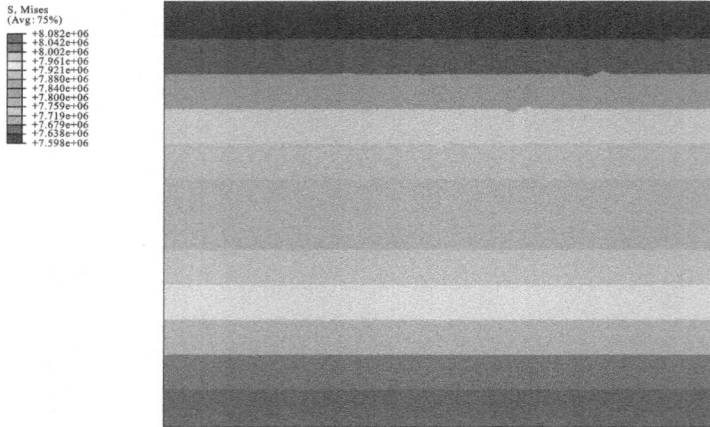

图 11.4　平衡后的地应力分布

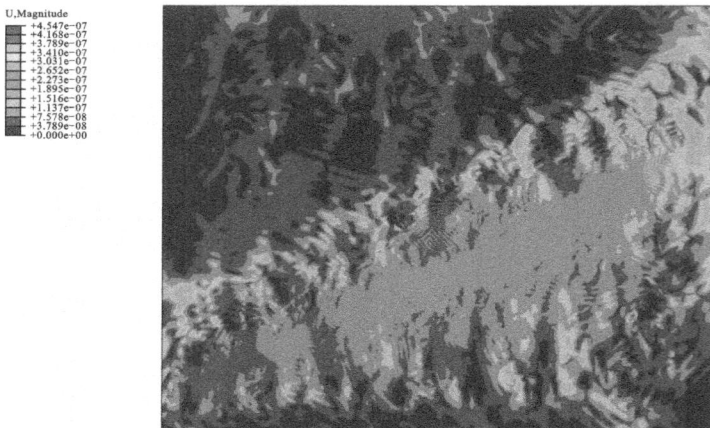

图 11.5　平衡后的位移分布

　　地应力平衡结果,竖直方向位移达到 10^{-7} m 以上,符合计算要求。

　　巷道开挖完成后,我们可以观察到,MISES 应力云图中,巷道周边一定区域内产生了低应力区,两帮较远处产生了高应力区(图 11.6)。由于地层较大的倾角,所以总体上应力呈现非对称性分布,应力等值线呈倾斜状隔断;在巷道周边,应力围绕巷道断面,呈圈状分布。

　　水平应力分布上,受地层性质和倾角的影响,局部跳动较大。在煤和砂岩分界面上,由于岩性的差异,可以很明显地看出岩性分隔面。在煤和泥岩中,由于岩性差别不大,所以岩性分隔面不明显。竖直方向应力两边的对称性较明显,但局部也存在偏差。

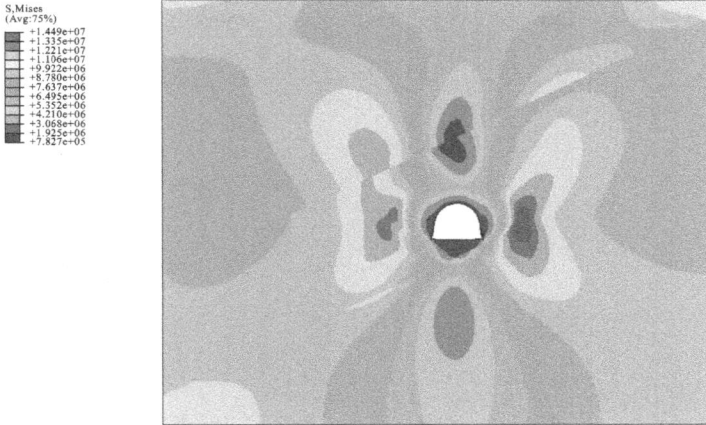

图 11.6　计算完成后的 mises 应力分布

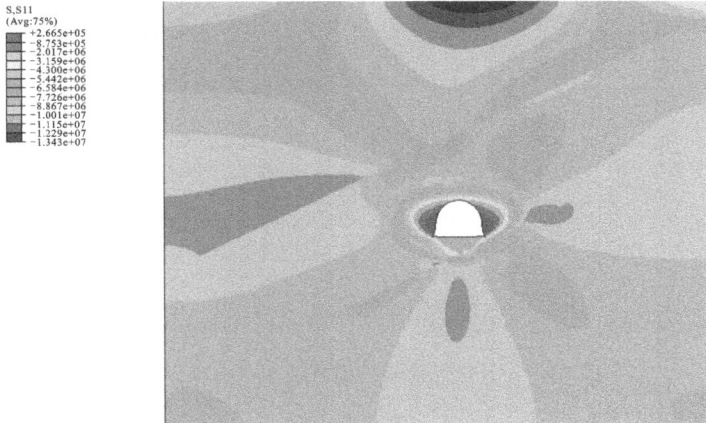

图 11.7　计算完成后的水平应力分布

左右两帮均产生了较大的变形,由于受地层倾斜的影响,右帮的水平方向位移略小于左帮水平方向的位移,左帮影响区域更大一些(图 11.9)。

巷道顶部和底部均产生了较大变形,由于受煤层倾斜的影响,竖直方向位移分布呈现出非对称性特征,各点位移也并非完全沿竖直方向发生,而是出现了一定的倾斜,这个与地层分布是吻合的(图 11.10)。巷道的底板右边部分,由于靠近泥岩,所以其变形较小,左边部分由于底部是煤,所以位移较大,总体分布呈波浪形。

图 11.11 和图 11.12 是两种方式的模拟结果,图 11.11 对应于纯 U 形棚架支护,图 11.12 对应于锚架组合结构。由于采用了理想弹塑性模型,所以我们可以看到锚杆和支架大部分区域进入了塑性状态。而支架以承受压应力为主,锚杆以承

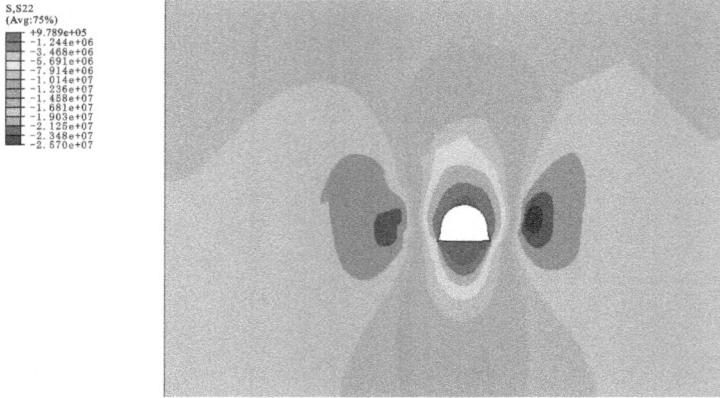

图 11.8　计算完成后的竖直应力分布

图 11.9　开挖完成后巷道周边水平位移分布

图 11.10　开挖完成后巷道周边竖向位移分布

受拉应力为主,锚杆局部部位产生了弯曲,实际使用时应注意锚杆的剪切破坏(这与现场很多锚杆发生剪切变形、部分锚杆发生剪断现象吻合)。

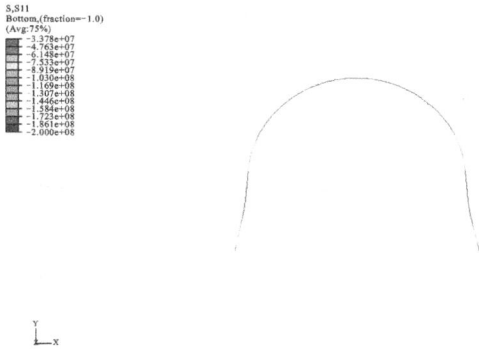

图 11.11　金属支架受力

图 11.12　锚杆受力

图 11.13 是围岩塑性区分布模拟结果,塑性区分布模拟云图显示巷道的顶部及由底角延伸出的两帮深处,产生了较大的塑性变形;右底角由于下部是泥岩,变形流动受阻,塑性变形较大。

11.3.6　计算结果定量分析

定性分析可以提供一个直观的感觉,有助于应力和位移影响区域变化情况的判断,便于巷道变形规律的整体把握。为了更好地了解支护效果,现在定性分析的基础上对巷道周边各点的位移情况进行定量分析。图 11.14～图 11.29 分别给出了无支护、棚架支护和锚架组合支护三种支护情况下巷道左右帮、顶底板位移情况数值模拟结果的定量分析曲线。

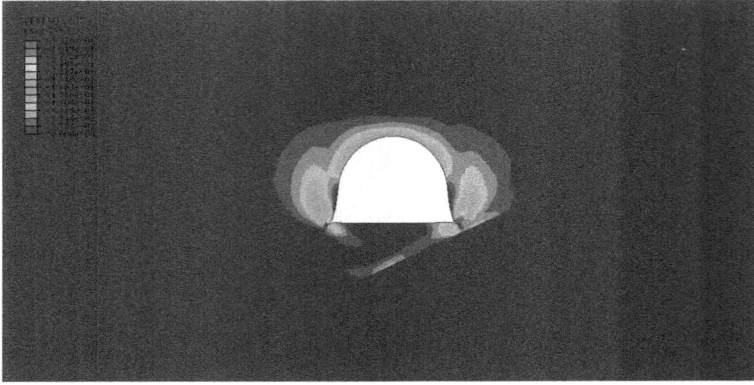

图 11.13　塑性区分布

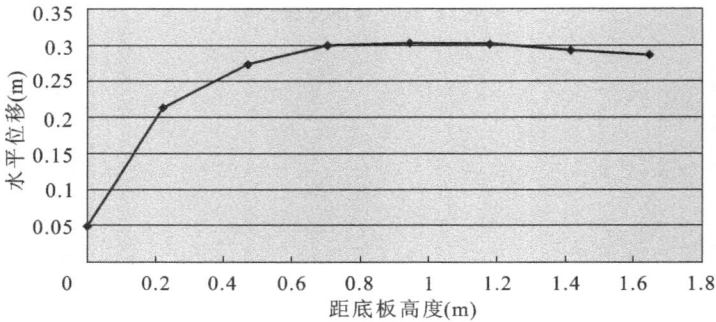

图 11.14　无支护左帮水平方向位移-距底板距离关系曲线

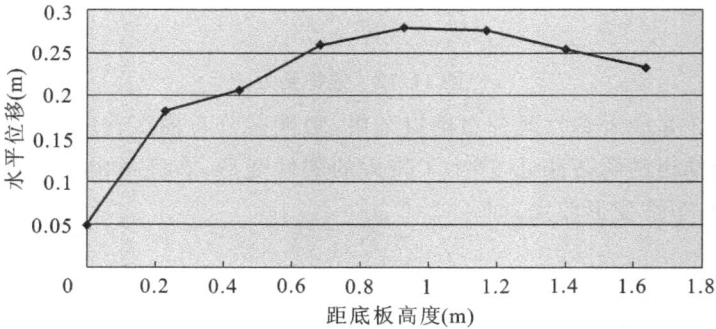

图 11.15　棚架情况左帮水平方向位移一距底板距离关系曲线

　　巷道左帮位移曲线反映了左帮向断面内移近量的大小。对比三个曲线,变形规律基本一样。随着支护强度的增加,左帮的移近量在减小;在增加帮部锚杆后,我们可以看出,整个左帮的位移量明显的减小。

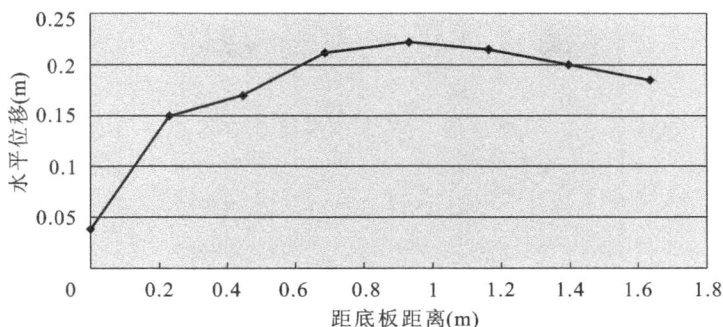

图 11.16 锚架组合情况左帮水平方向位移-距底板距离关系曲线

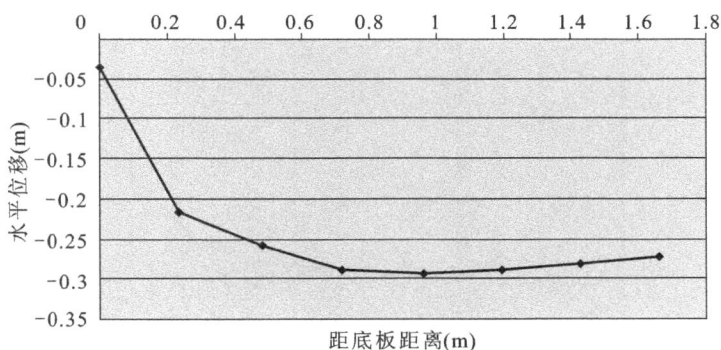

图 11.17 无支护情况右帮水平方向位移—距底板距离关系曲线

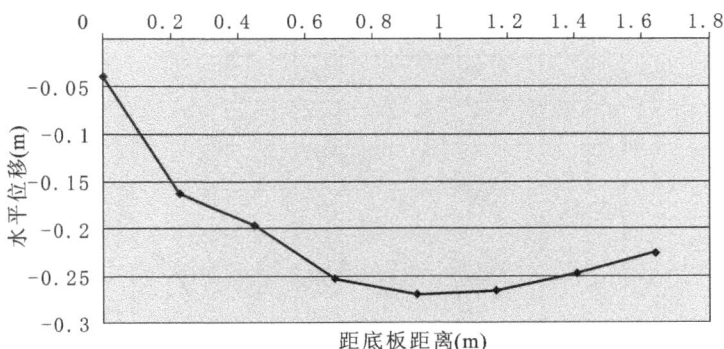

图 11.18 棚架情况右帮水平方向位移—距底板距离关系曲线

巷道右帮位移曲线反映了右帮向断面内移近量的大小。对比三个曲线,变形规律基本一样。随着支护强度的增加,右帮的移近量也在减小,在增加帮部锚杆后,我们可以看出,整个右帮的位移量明显的减小。由于右角下岩性的不同,因此表现出与左帮明显不同的变形特征。

顶板竖直方向位移反映了顶板下沉量的大小与分布规律,曲线显示无支护时顶

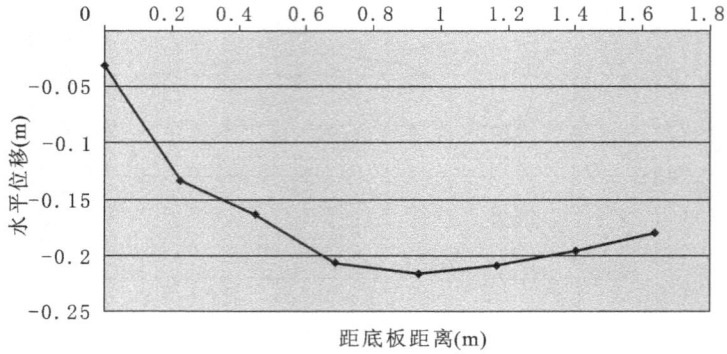

图 11.19 锚架组合情况右帮水平方向位移-距底板距离关系曲线

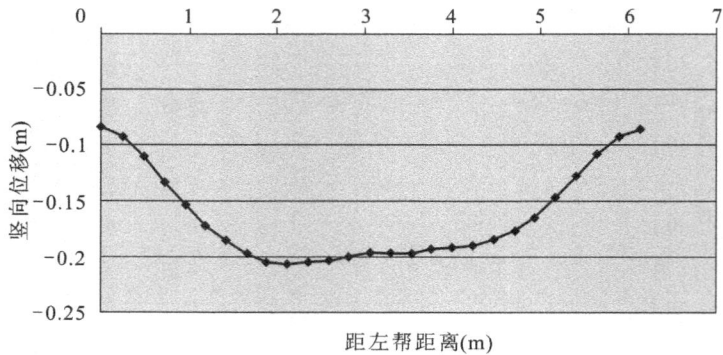

图 11.20　无支护情况顶板竖直方向位移-水平坐标位置关系曲线

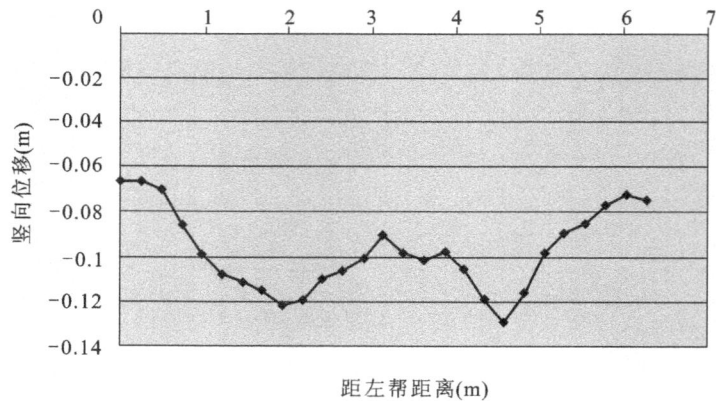

图 11.21　棚架架情况顶板竖直方向位移-水平坐标位置关系曲线

板中部偏左部位产生了较大的位移量,右边部分由于底部泥岩的原因变形稍好,巷道中心左右两边变形不完全对称;支护以后的巷道顶板变形得到控制,位移量大幅度减小;右侧由于底板条件较好,能量大部分从顶板释放,所以顶部变形较左侧大一些。

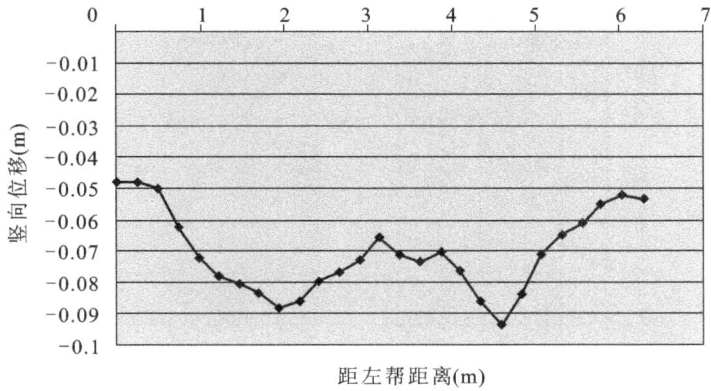

图 11.22　锚架组合情况顶板竖直方向位移-水平坐标位置关系曲线

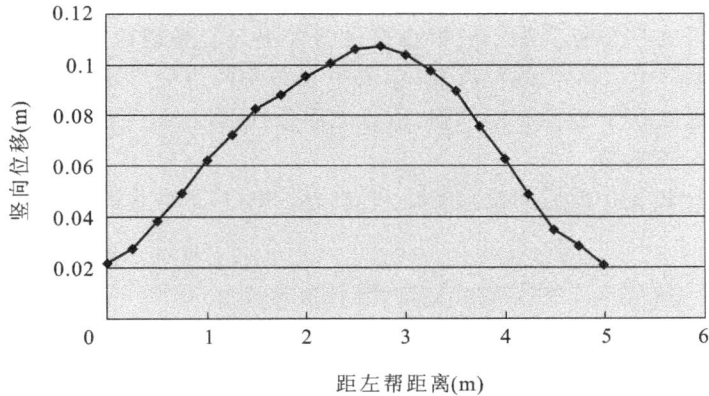

图 11.23　无支护时底板竖直方向位移-距左帮距离关系曲线

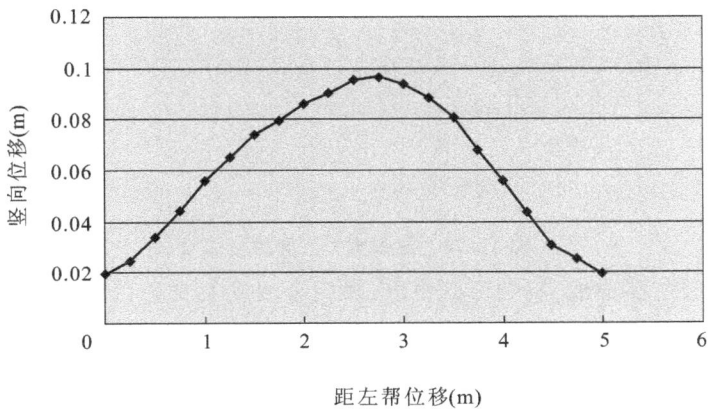

图 11.24　棚架情况底板竖直方向位移-距左帮距离关系曲线

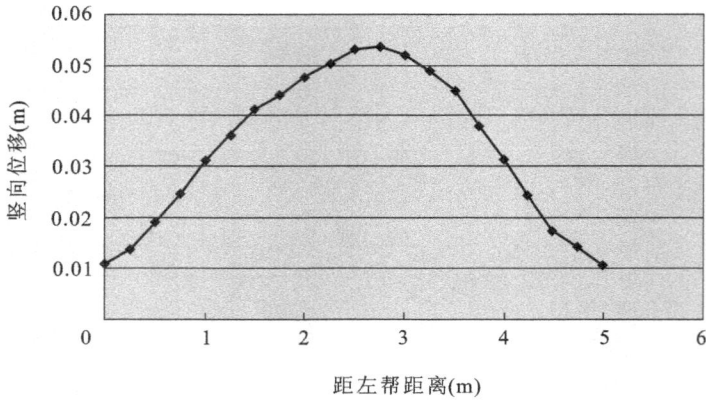

图 11.25　锚架组合情况底板竖直方向位移-距左帮距离关系曲线

底板竖直方向位移反映了底板底臌量的大小与分布规律,曲线显示无支护时底板偏左部位产生了较大的位移量,巷道中心左右两边变形不完全对称。支护以后的巷道底板变形对称性有所加强,由于地质条件的原因,底板左半部分变形量略大于右半部分变形量。

为方便比较支护前后的位移变化和支护效果,下面将巷道周边同类变形曲线合在一起。

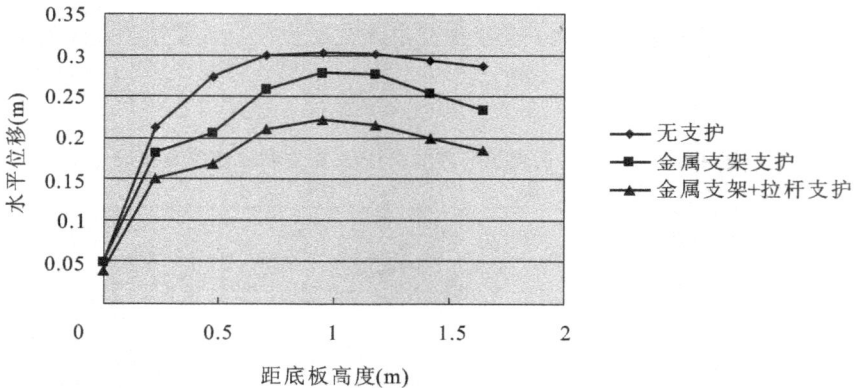

图 11.26　左帮水平方向位移比较

通过比较三条曲线,我们可以看出,采用金属支架支护以后,巷道左帮各部位变形都减小了,采用锚架组合支护以后,变形进一步减小,由此可见锚架组合支护对控制帮部变形的重要作用。

通过比较三条曲线,我们可以看出,采用金属支架支护以后,巷道变形在右帮各部位都减小了,特别是两帮中上部位,采用锚架组合支护以后,变形进一步减小。

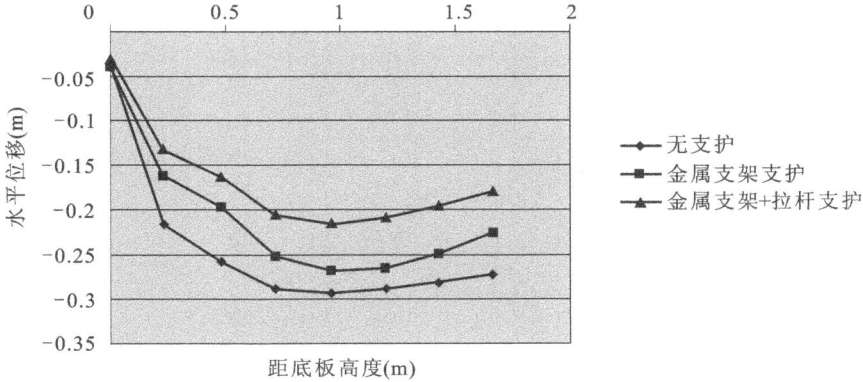

图 11.27　右帮水平方向位移比较

通过比较图 11.26 和图 11.27,我们可以看出,由于地层的倾斜,煤层开采的影响,导致左右两帮的变形规律不同,采用锚架组合支护以后,变形控制较为理想。

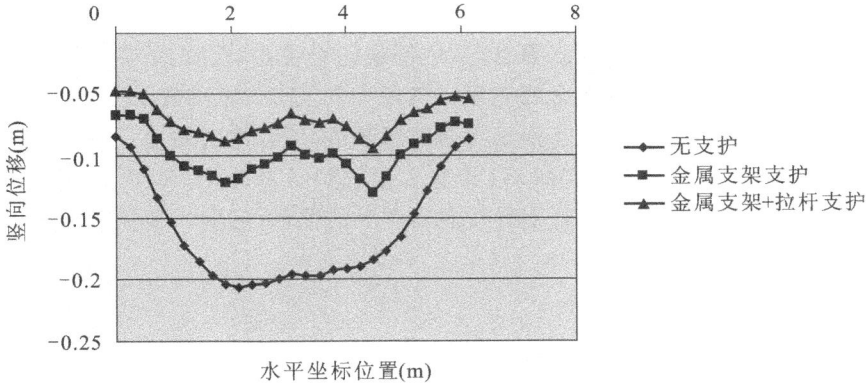

图 11.28　顶板竖直方向位移比较

通过比较三条曲线,我们可以看出,采用金属支架支护以后,巷道变形在顶板各部位都大幅度减小,对顶板起到稳固作用,采用锚架组合支护以后,变形量进一步减小,由此可见,金属支架对顶的控制较为理想,增加拉杆对顶的支护有一定的效果,但不如对控帮的效果明显。

通过比较三条曲线,可以看出采用金属支架支护以后,底板变形明显减小,但底板左半部分位移量仍大于右半部分。采用锚架组合支护后底鼓量呈现大幅降低现象,整体变形更加均衡合理。

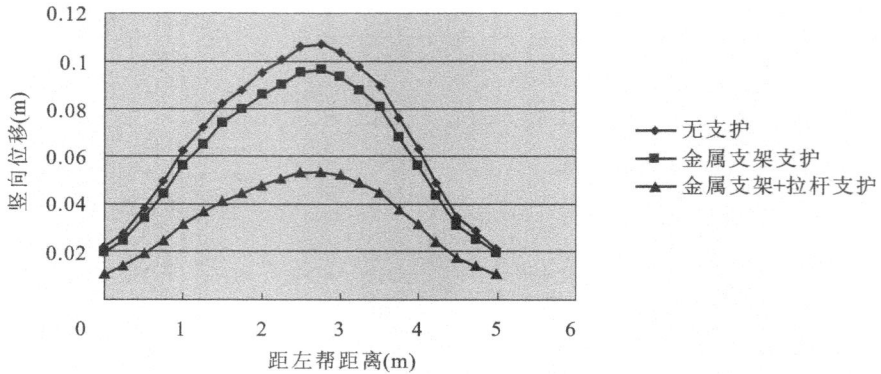

图 11.29　底板竖直方向位移比较

11.4　结　　论

综合以上的分析,我们可以看出,采用锚架组合支护,可以改善巷道附近位置岩体的受力情况,有效控制围岩的变形。其中金属支架对控制软弱煤岩的顶板起到重要作用,对两帮的变形也起到很大的控制效果,但总体效果远不如锚架组合支护结构的控制效果。由于地层倾斜,巷道右角部位下部为泥岩,力学性质较煤要好,所以巷道的变形出现了左帮变形较右帮稍大的情形(后期的现场实际情况与模拟结果显示了较为一致的情况)。

12 Ⅳ2专用回风巷道 U 形棚补强效果及机理的有限元分析

12.1 力学模型简介

 袁庄煤矿是一个有 50 多年开采历史的矿井,而袁庄Ⅳ2专用回风巷道原为锚喷支护,后改为 U 形棚支护,因巷道压力较大,巷道底臌严重,局部 U 形棚支架变形严重。根据矿计划安排,计划实施卧底改棚修复,共计工程量约 220m。

 整个金属支架可看成是关于巷道竖向对称轴对称的一对称结构,根据对称结构的分析方法,只要保留一半作为研究对象进行研究即可。

 由于左右对称,对称截面 A 既不可能发生左右移动,也不可能发生转动,故取左半部分为研究对象时,该截面可作为固定端截面处理,见图 12.1 所示。依据对称性,该固定端的约束反力中不存在竖向的约束反力。

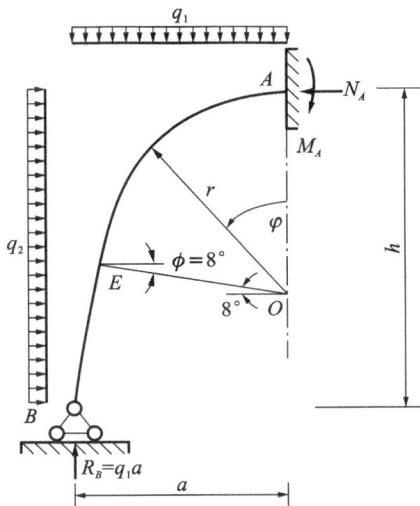

图 12.1 力学简化模型

12.2　有限元数值计算模型基本概况

此次模拟将采用对比手段对袁庄Ⅳ2专用回风巷道U形棚架补强前后的承载力进行分析。

整个模型充分利用对称性,只对原型纵向对称面的右半部分进行了模拟,让有限的计算机资源得到充分利用。在两个三维有限元模型中,一个加入了锚梁补强结构,另一个无补强结构,无补强结构的整个模型采用六面体单元离散。由于U形钢断面较为复杂,无法有效利用ABAQUS中所谓的"分割法"进行网格划分,此处采用扫掠(sweep)划分方法对整体模型实施网格划分。划分后具有48500个结点,33282个四面体单元,无警告和错误单元出现。分析采用了linear hexahedral elements of type C3D8R,可以充分保证分析结果的准确性。

补强结构与U形钢支架之间存在许多接触方式,此处采用了面一面接触类型,法向接触属性设为硬接触。由于本身补强结构与U形钢支架的几何位移较小,故此处应用小滑移公式进行相关计算。为了在接触的地方获得较为精确的压力数值,此处采用了C3D10M单元。

图 12.2　有限元模型网格划分示意图

12.3　无补强结构模型概述及结果分析

12.3.1　模型概况

(1)几何尺寸

根据工程实况采用矿用 29U 形钢支架进行研究,规格、参数根据 GB/T 4897—2008 标准确定(图 12.3、图 12.4)。

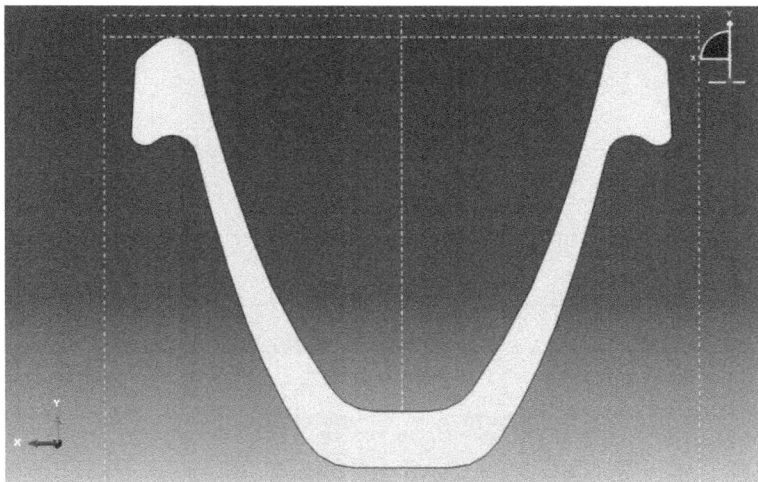

图 12.3　29U 形钢断面图

(2)边界条件

模型的边界条件为位移边界条件:根据对称性,顶部对称面上加入了 X 方向的约束和转动方向的约束,底部则加入 Z 方向的位移约束(图 12.5)。

(3)加载过程

假设载荷沿 U 形钢横向均布,施加 PRESSURE(0.15MPa),如图 12.6 所示

(4)材料参数

如表 12.1 所列,所用 U 形钢采用 Q275 参数,模拟过程中所有材料均按线弹性处理。

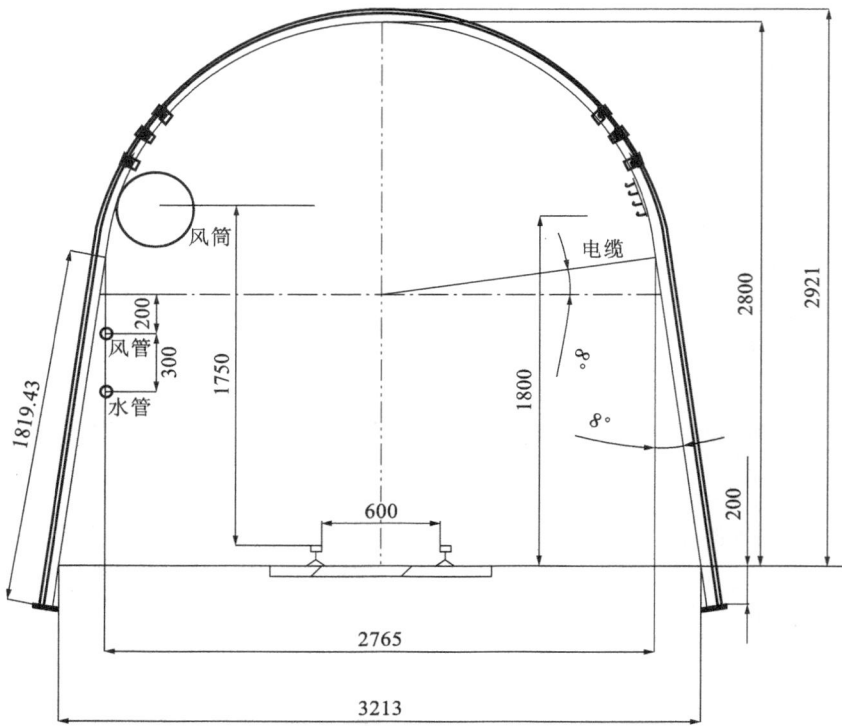

图 12.4 Ⅳ2 专用回风巷道 U 形棚几何尺寸示意图

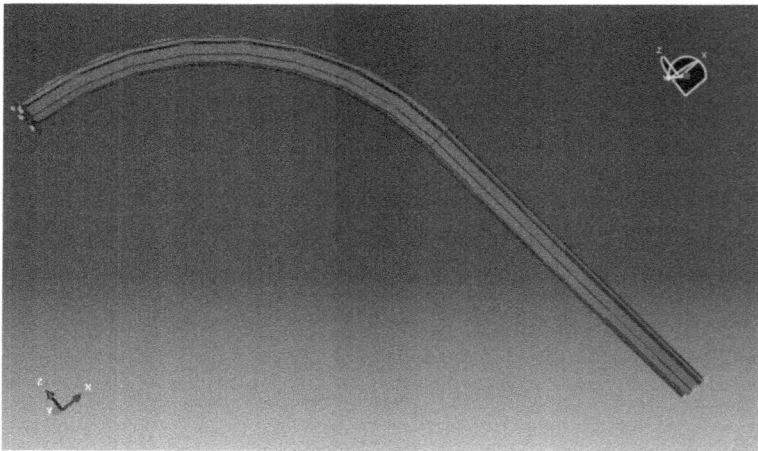

图 12.5 边界条件施加示意图

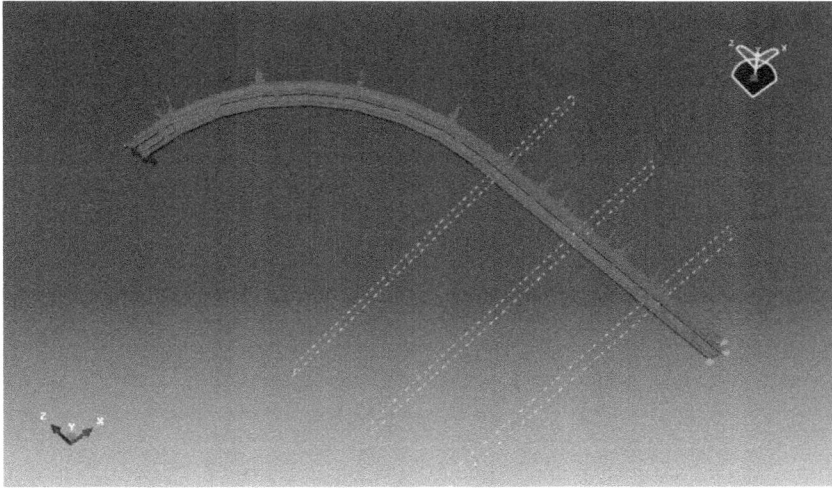

图 12.6 载荷施加示意图
表 12.1 相关钢材参数一览表

材料名称	牌号	材料状态	抗剪强度（MPa）	抗拉强度（MPa）	伸长率（%）	屈服强度（MPa）
电工用纯铁 C<0.025	DT1、DT2、DT3	已退火	180	230	26	—
普通碳素钢	Q195	未退火	260～320	320～400	28～33	200
	Q235		310～380	380～470	21～25	240
	Q275		400～500	500～620	15～19	280

12.3.2 模拟结果分析

U 形钢棚架抵御竖向地压的能力较强,但由于底臌的存在和抵御侧压的能力较弱,所以棚架的破坏主要在于柱腿的抗弯强度较低,在较大侧压作用下棚腿内收,整体受力结构发生变化,承载能力大幅下降,最终丧失承载能力。因此,提高承载能力的关键在于抑制柱腿变形。而袁庄Ⅳ2专用回风巷道底板底臌情况非常严重,尽管柱腿插入底板内 20cm,但并不能有效约束柱腿的内移。

为反映结果,现提取数据路径如图所示,图 12.7 为内边缘路径,图 12.8 为外边缘路径。Start→end 从 U 形钢顶点为起点到支架底部。

正如图 12.9 和图 12.10 所反映:柱腿位移最大,最大位移为 0.108m,因此,提高承载能力的关键在于抑制柱腿变形。

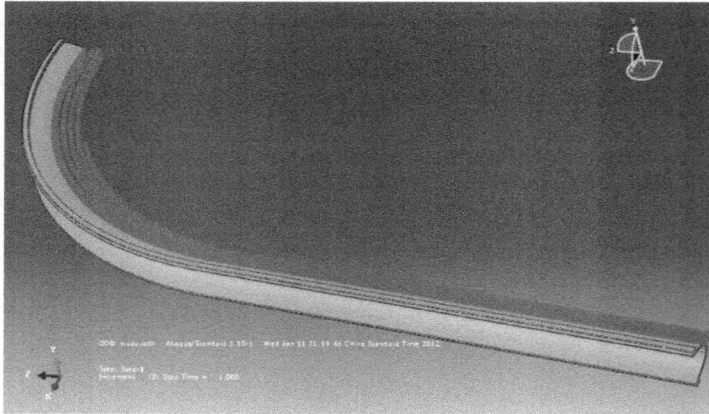

图 12.7　内边缘路径

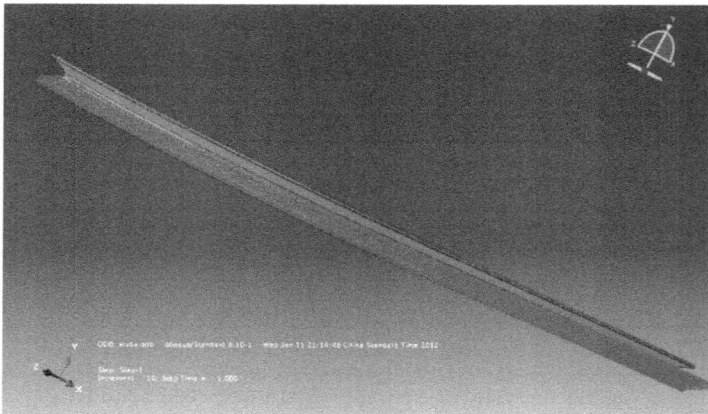

图 12.8　外边缘路径

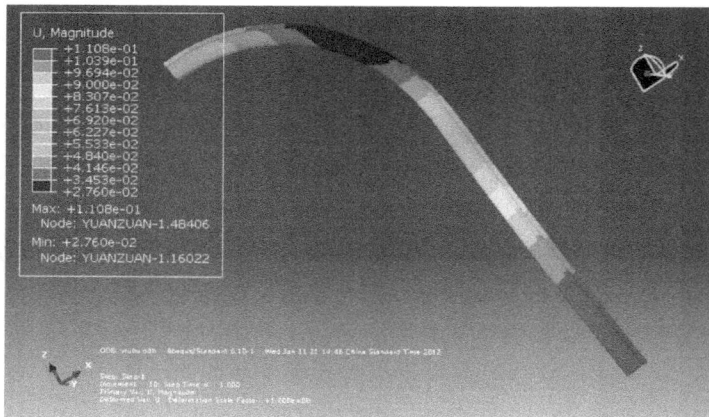

图 12.9　位移云图

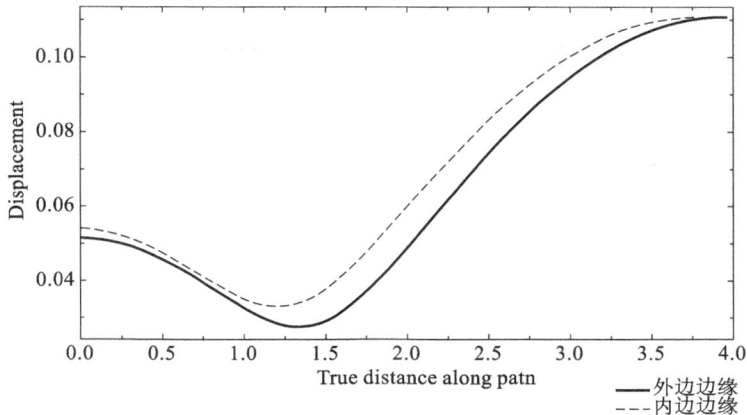

图 12.10   路径位移曲线图(红线为内边缘,黑线为外边缘)

12.4   补强结构模型概述及结果分析

12.4.1   模型概述

(1)几何尺寸

图 12.11 所示 U 形棚架的间距为 600mm,采用的补强结构为锚架组合结构,即用中心处钻有一圆孔的 U 形钢做梁,锚杆索穿过梁的中心孔锚固在围岩中,梁的两端则卡在棚架上。梁的材料为矿用 29U 形钢,长度为 750mm,托板采用 15×150×150(单位:mm)的方形钢板,锚索采用的是 6.3m 长的矿用锚索。所用材料均按照线弹性进行处理,并在锚索材料参数中加入温度膨胀系数。

模型的重点在于模拟补强结构的作用效果,利用 ABAQUS 中的冷缩法对锚索单元施加预应力。$\xi = \Delta T \times \alpha$,其中 ξ 是应变,ΔT 是温差,α 是热膨胀系数。

(2)边界条件

同无补强结构一样,模型的边界条件为位移边界条件:在模型中间加入对称边界约束其 X 方向和旋转方向的位移;而根据其力学简化模型在底部加入 Z 方向的位移约束。

和无补强结构不一样的是加入了锚索和补强结构,补强结构与 U 形钢支架存在许多接触,分析类型采用面—面接触,由于补强结构本身与 U 形钢支架的几何位移较小,故使用小滑移公式进行计算,采用的法向接触属性设为硬接触。锚索的约束则在头部加入固定端约束,在锚固段加入 Z 方向约束。

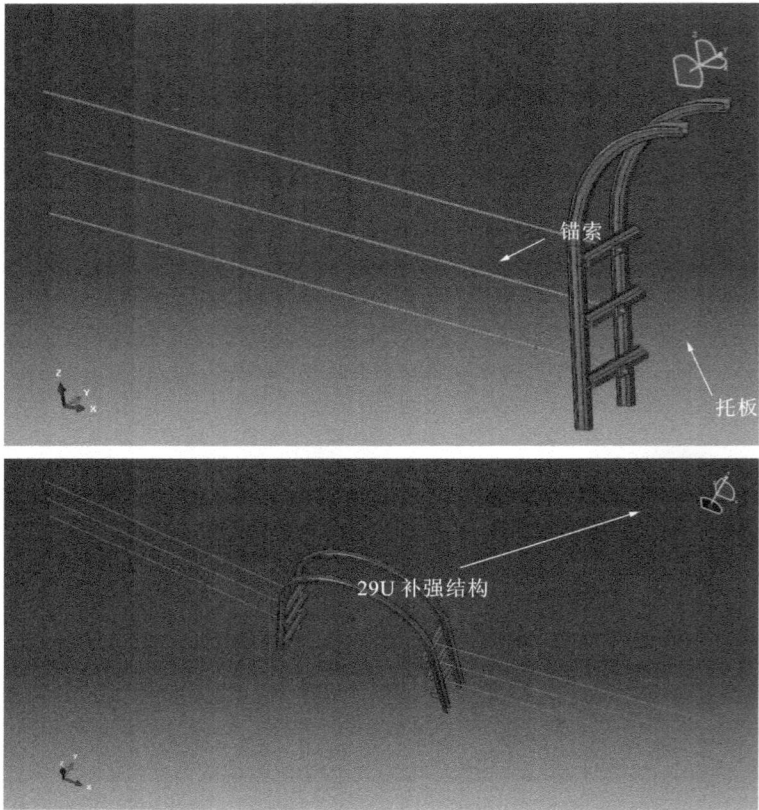

图 12.11　加入补强结构模型几何尺寸示意图

图 12.12　模型边界条件

（3）材料属性

同理，所用的 U 形钢采用 Q275 参数，模拟过程中所有材料均按线弹性处理，加入的膨胀系数（Expansion）为 1E-5。

（4）加载过程

补强模型过程涉及二个步骤：

①将锚索降温 50°，以此为手段为锚索施加 10MPa 预应力；

②采用 amplitude 技术为 U 形钢支架逐渐施加围岩载荷至要求的大小（0.15MPa）。

12.4.2 模拟结果分析

（1）MISES 应力结果

第一步降温 50°后，可以看出锚索预应力在 10MP 左右，结果符合要求（图 12.13）。说明加载过程①的正确性。

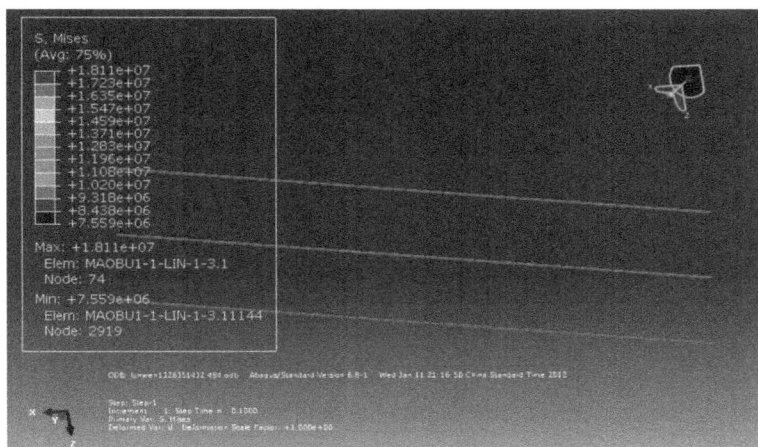

图 12.13 锚索预应力图

U 形钢支架 MISES 应力云图显示最大应力为 18.42MPa，所在位置为棚腿底部的应力集中区，而整体的应力分布变化较为平缓（图 12.14）。

（2）U 形钢上提取路径数据图

同样按照 12.3.2 节所述提取路径做以下曲线图（曲线的起点为 U 形钢支架的顶点）：可以看出加入补强结构后外边缘的位移最大值在腰线附近，达到 2.75mm，位移最小值则在顶点和底角处；内边缘位移变化平稳，最大值仅 1.2mm。

从应力分布来看，外边缘应力高于内边缘，最小值分布在腰线附近，应力最大值在底部应力集中影响区域，最大值为 80MPa。内边缘应力分布平缓，但在补强结构搭接处有应力起伏，该部位是内缘应力最大部位，最大值达到 28MPa。

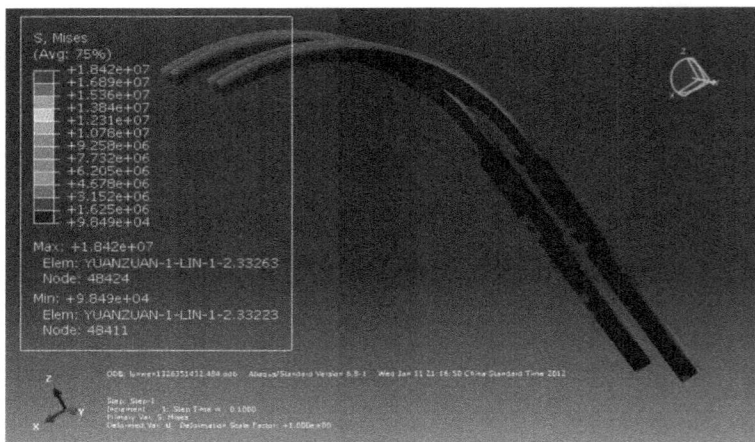

图 12.14　U 形钢支架 MISES 应力云图

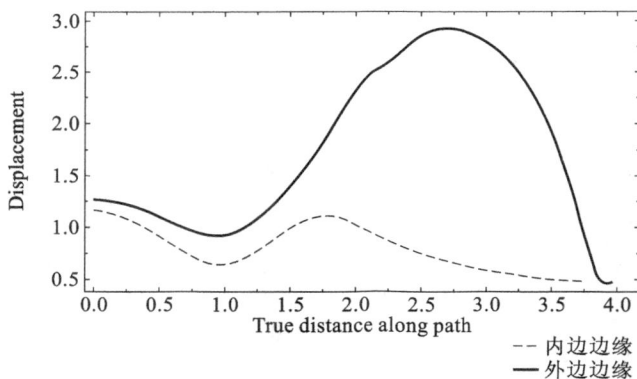

图 12.15　U 形钢支架内外边缘位移图

（红色为内边边缘，黑色为外边边缘）

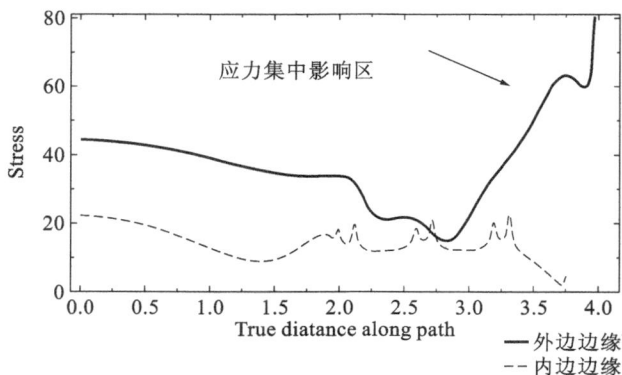

图 12.16　U 形钢支架内外边缘应力图

（红色为内边边缘，黑色为外边边缘）

12.5　补强结构与无补强结构的承载能力对比分析

12.5.1　MISES 应力结果对比分析

数值模拟结果显示补强结构对降低整个结构应力具有显著作用,未补强前最大应力为 498.3MPa(达到了 Q275 钢的抗拉破坏极限的范围),最小的应力值为 25MPa。而加入补强结构后最大应力仅为 78MPa(尚未达到 Q275 钢的屈服强度),最小应力值为 1.013MPa。应力降幅非常明显,达到了 5 倍左右(图 12.17)。

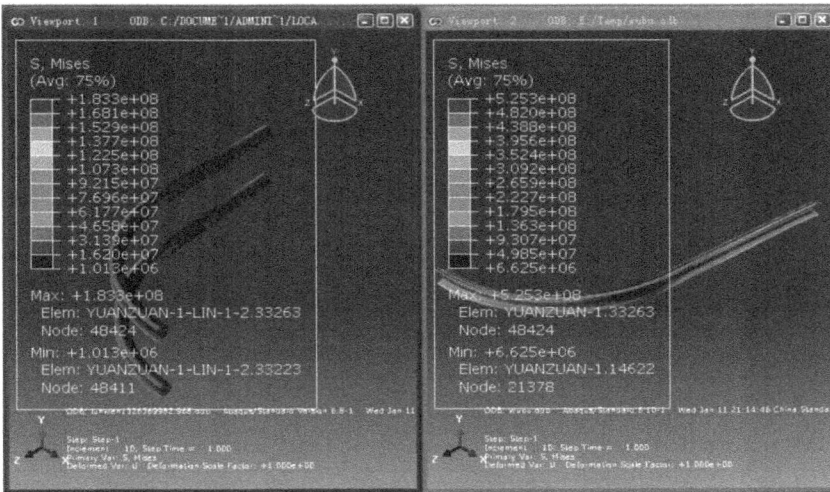

图 12.17　加入补强结构前后 MISES 应力云图对比(左边为有补强结构)

12.5.2　U 形钢上提取内边缘路径应力数据对比图

内边缘的应力分布在加入补强结构后变化很大,加入补强结构后应力分布变得非常平缓,而补强前有一个极大的波折。未补强前最小应力点在拱角处,最大应力分布在两端。最大值达到了 400MPa,最小值也达到 25MPa。而在补强后应力有一个很大的下降,最大值不到 30MPa,最小值仅为 1.013MPa。说明实施了补强结构后 U 形钢支架内边缘承载力提高了若干倍,而应力分布形式的变化更说明了补强结构对整个结构稳定性的显著作用(图 12.18)。

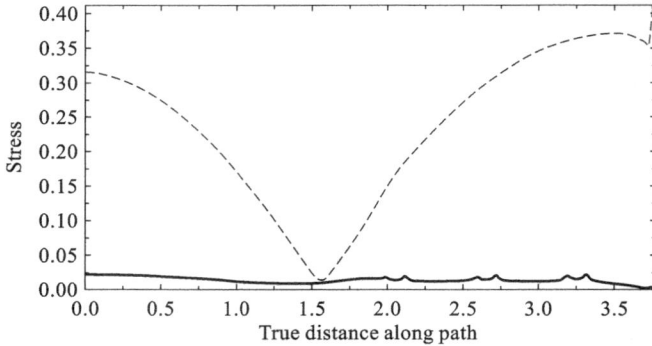

图 12.18　加入补强结构前后内边缘应力对比曲线图
（黑色线条为有补强结构）

12.5.3　U 形钢上提取外边缘路径应力数据对比图

同理，外边缘应力的改变与内边缘有相同的形式，从应力分布形式到大小均有相当程度的变化（图 12.19）。分布形式变的平稳，应力最大值从 498.3MPa 降至 78MPa，最小值从 25MPa 降至 1.013 MPa。

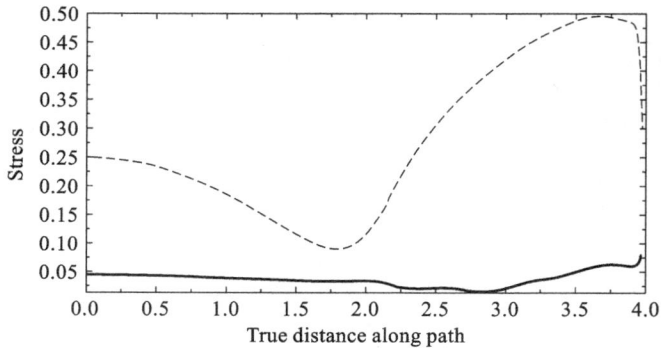

图 12.19　加入补强结构前后外边缘应力对比曲线图
（黑色线条为有补强结构）

12.6　U 形钢支架变形结果对比分析

从位移云图可以看出补强结构对结构整体的影响相当明显。特别是对底角的位移变化有极大的作用，从位移最大区变为位移最小区。从分布形式看补强前位移在拱顶、底角区域较大,拱角为最小分布区。位移最大值达到 11.08cm,最小 2.7cm。而在加入补强结构后位移变化平稳,最大值仅为 0.29cm。充分说明了补强结构对变形的抑制作用(图 12.20)。

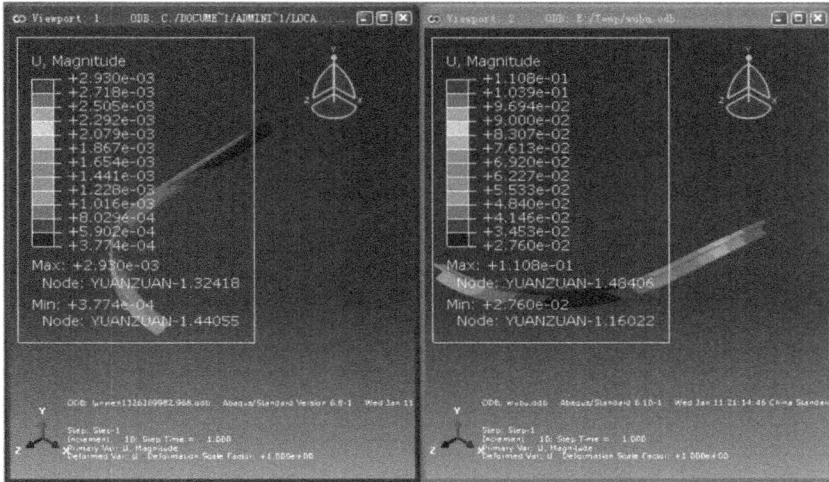

图 12.20　加入补强结构前后位移应力云图对比(左边为有补强结构)

12.6.1　U 形钢上提取内边缘路径位移数据对比图

内边缘的位移分布在加入补强结构后发生较大变化。加入补强结构后位移分布变得非常平缓,而补强前有较大的起伏(图 12.21)。未补强前最小位移点在拱角处,最大位移分布在底角。最大值达到了 11cm,最小值也达到 2.7cm。而在补

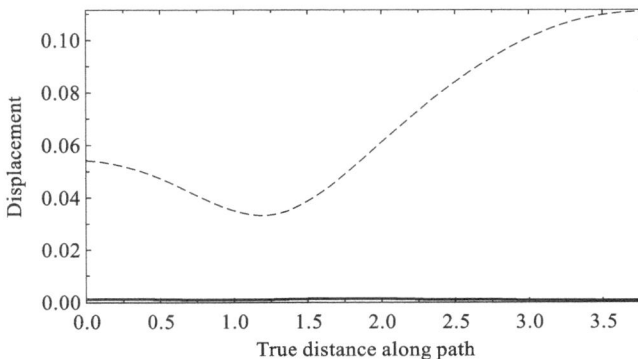

图 12.21　加入补强结构前后内边缘位移对比曲线图
(黑色线条为有补强结构)

强后位移有一个很大的下降,最大值不到 0.3cm。说明了补强结构使得 U 形钢支架内边缘承受变形的能力提高了上百倍,而位移分布形式的变化更说明了补强结构抑制柱腿变形的能力。

12.6.2　U 形钢上提取外边缘路径位移数据对比图

同理,外边缘位移的改变与内边缘有相同的形式,从位移分布形式到大小均有相当程度的变化。如图 12.22 所示,分布形式变得平稳,位移最大值从 11cm 减小至 0.3cm。

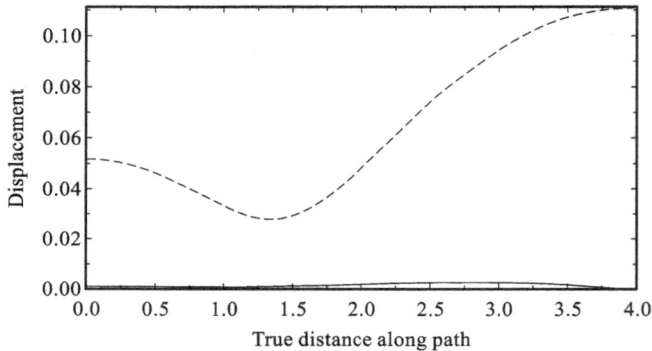

图 12.22　加入补强结构前后外边缘位移对比曲线图
(黑色线条为有补强结构)

12.6.3　锚索 MISES 拉力结果分析

以锚索路径提取应力,把应力集中部分剔除得到图 12.23 所示的曲线图(红色线条为最上面的锚索,蓝色为中间锚索,黑色为底部锚索)。

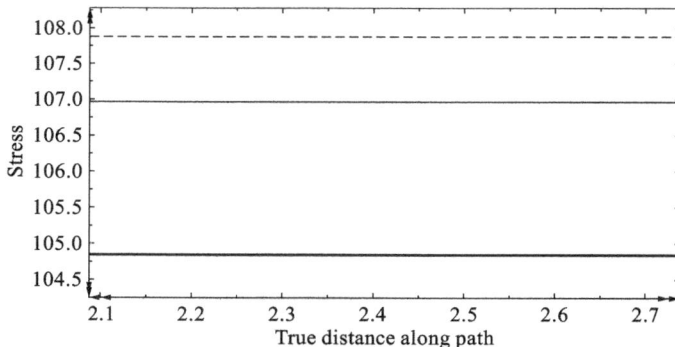

图 12.23　锚索应力曲线图

由于锚索为5.3m长,半径为0.011m矿用锚索。结合上图得到如表结果。

可以看出处于最底部的锚索拉力最大达到4.09783T,中间锚索次之达到4.06712T,上面的锚索最小为3.98379T,符合工程实际。

表12.2　锚索应力值

	应力值（MPa）	拉力值（N）
锚索一（红）	104.8	39837.9
锚索二（蓝）	107.0	40674.2
锚索三（黑）	107.8	40978.3

12.7　结论

在设定载荷为0.15MPa作用下得到以下结论:

(1)可以看出补强结构对整个结构应力的极大降低作用,补强前顶点最大应力为498.3 MPa(达到了Q275钢的抗拉破坏极限的范围),最小的应力值为25MPa。而加入补强结构后最大应力仅为78MPa(尚未达到Q275钢的屈服强度),最小应力值为1.013MPa,应力降幅非常明显。而关键点——顶点和底角的应力变化如表12.3所示。

表12.3　补强前后的应力比较

应力值	补强前	补强后
内边缘顶点	320MPa	24MPa
外边缘顶点	250MPa	40MPa
内边缘底角	400MPa	16MPa
外边缘底角	275MPa	80MPa

(2)从位移云图可以看出补强结构对结构整体的影响相当明显,特别地对底角的位移有极大的抑制作用,从位移最大区变为最小位移区。从分布形式看补强前位移在拱顶、底角区域较大,拱角为最小分布区。位移最大值达到11.08cm,最小2.7cm。而在补强后位移变化趋于平稳,最大值仅为0.29cm。充分说明补强结构对金属支架变形的抑制作用,补强前后金属支架相关关键点的位移变化如表12.4所列。

表 12.4　补强前后的位移比较

位移值	补强前	补强后
内边缘顶点	54mm	2mm
外边缘顶点	55mm	0.39mm
内边缘底角	110mm	1.8mm
外边缘底角	110.8mm	0.377mm

13 淮北矿业许疃煤矿南大巷修复数值模拟分析

南大巷开采完成后,除来自顶部自重压力和侧压造成的变形外,分别又受到来自侧顶部 7123 采煤工作面和 7118 采煤工作面采动的影响,造成应力重新分布,从而对已掘巷道产生影响,下面就影响较大的两个断面进行数值模拟,优化设计方案。

13.1 数值模拟概况

(1)模型基本情况介绍

建立如图 13.1 所示的模型,高 150m,宽 550m。巷道断面宽 5.0m,高 4.2m。各岩层厚度以所打地质钻孔资料为基准进行设置。具体修复参数见现场工业性试验。

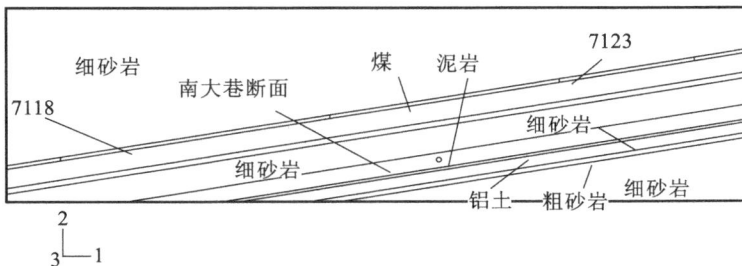

图 13.1 模型基本情况

本章共模拟分析了两种情况:原支护方案下巷道围岩应力和变形的模拟、对原巷道刷扩后采用"棚架+注浆"方案支护下巷道围岩和变形的模拟。

原支护方案:锚杆间排距 700mm×700mm,锚杆规格为 φ16×1800。原支护设计没有考虑左右两侧采区开采后地应力重新分布的影响和构造应力的影响。

模拟支护方案:36U 形钢,排距 700mm,注浆(注浆参数见图 13.2)。

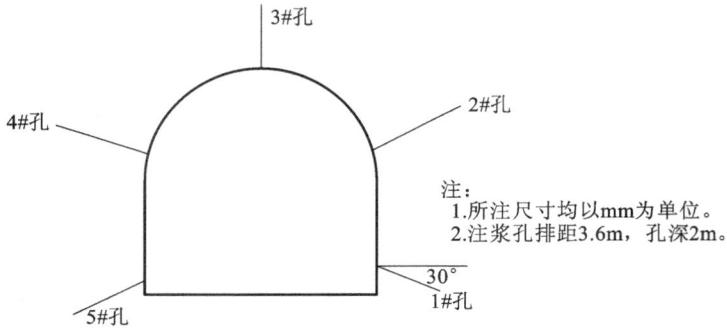

图 13.2 注浆孔布置及相关参数示意图

（2）材料参数

模拟材料参数来自现场钻取的岩芯及实验室测试结果，具体数值见表 1.1～表 1.9。注浆后注浆区砂岩的强度提高按照完整砂岩强度的 60% 进入模拟，注浆后注浆区泥岩的强度按照完整泥岩强度的 2 倍进入模拟。

（3）边界条件和载荷

在左右两个边界上约束 1 方向自由度，在底边上约束 2 方向自由度，顶边自由，作用有地层压力 12.74MPa，折算的"重力加速度"取为 $10\text{kg} \cdot \text{m/s}^2$。

（4）网格划分

采用映射划分和自由划分相结合的方法，同时考虑了地质构造的影响，所以网格划分采取辐射状划分网格，保证网格在巷道周边比较稠密。划分结果见图 13.3，总计划分出 5740 单元，11868 个自由度，单元为四边形的平面应变单元 CPE4R，为方便处理，混凝土喷层也采用 CPE4R 单元，注浆锚杆采用二维 truss 单元。

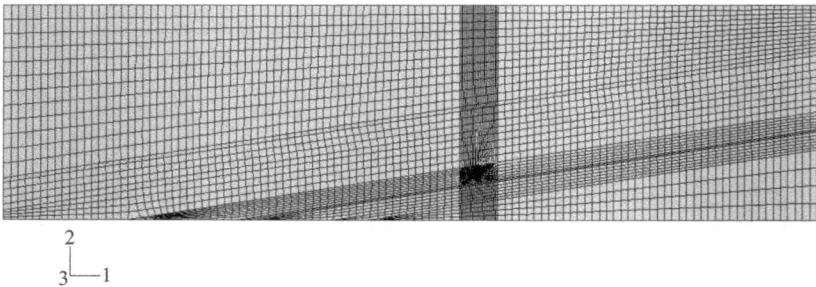

图 13.3 网格划分情况

（5）求解步骤

总体计算分为以下步骤：

①首先进行地应力平衡，以保证后续得到位移的准确性；

②开挖南大巷对应的断面；

③架棚、喷射混凝土；

④开挖 7123 工作面所在位置的煤；

⑤开挖 7118 工作面所在位置的煤。

若是进行修复方案比较的模拟，在以上基础上的第(3)步之后，加注浆锚杆，采用等效的方法模拟注浆对岩性的力学参数的改变，其余步骤不变。

13.2　计算结果分析处理

所有模型计算完成后，取出数据进行分析如下。平衡后的地应力分布和位移分布如图 13.4 和图 13.5。由于岩层的总体倾角不大，所以应力大致呈水平分布，局部位置有小的波浪起伏。

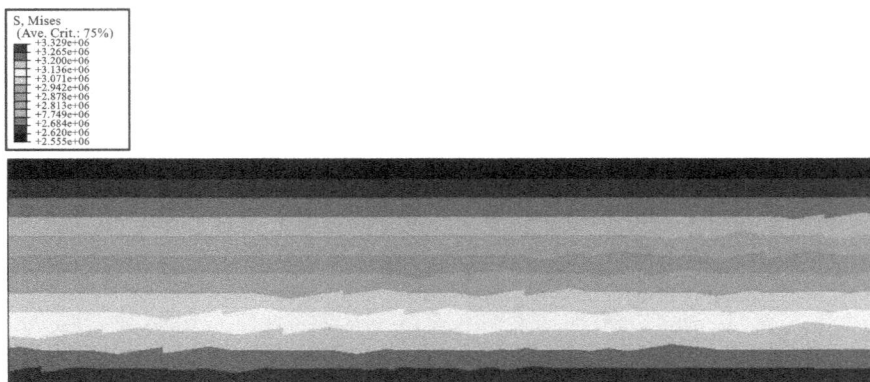

图 13.4　地应力平衡后的 MISES 应力图

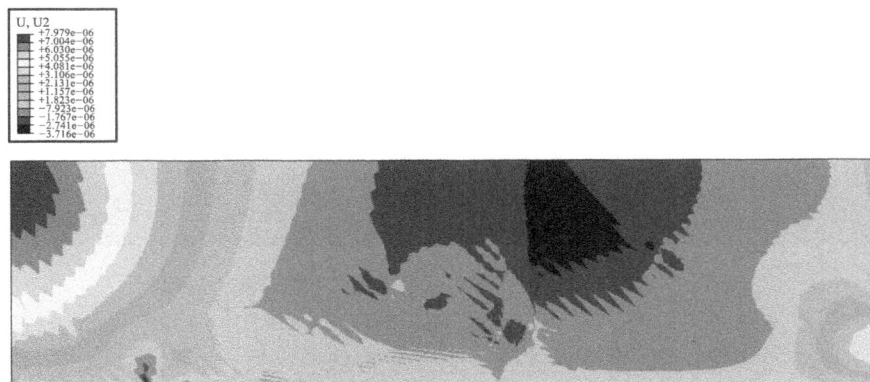

图 13.5　地应力平衡后的竖直位移图

地应力平衡结果，竖直方向位移达到 10^{-6} m 以上，符合计算要求。

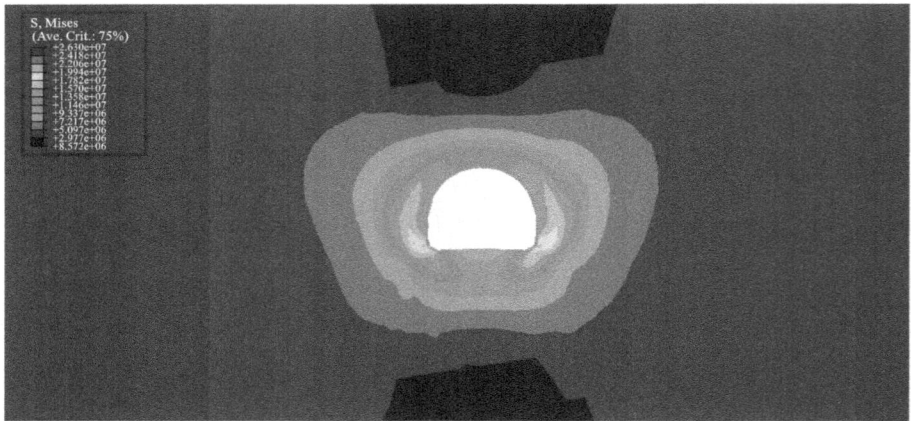

图 13.6 巷道开挖后的应力分布图

由于地层倾角不大，巷道开挖完成后，应力总体上呈近似地对称分布，局部也有受地层倾斜的影响，应力等值线呈倾斜状。在巷道周边，应力围绕巷道断面，呈圈状分布。

图 13.7 和图 13.8 分别是 7123 工作面开采以后修复加固后的巷道应力分布和没有加固的巷道应力分布。通过比较可以看出，棚架＋注浆加固后巷道周边形成一个圈状加固区，巷道周边应力影响范围明显要小很多。

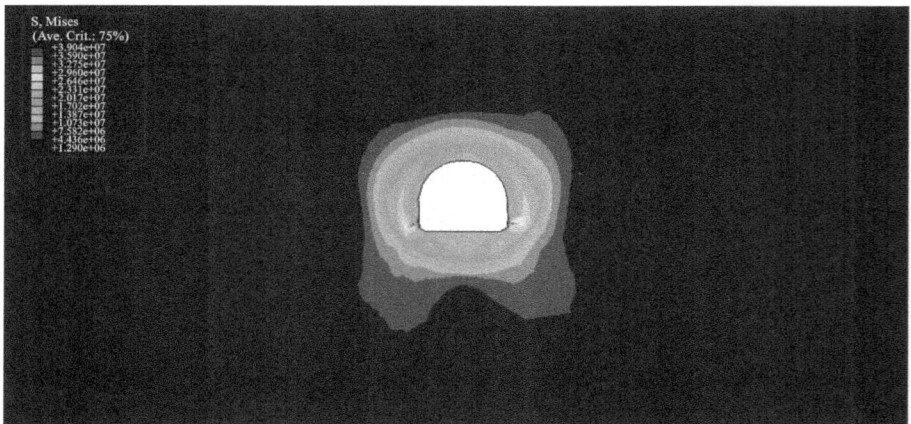

图 13.7 7123 工作面开采以后巷道周边应力分布(修复后)

全部开采完成后，巷道周边的应力分布如图 13.9 和图 13.10 所示，可以看出棚架＋注浆的共同作用，使得巷道周边应力分布趋于均匀。

图 13.11 和图 13.12 可以看出开挖 7123 工作面对巷道的影响，显然没有加固的影响范围更大一些。

图 13.8　7123 工作面开采以后巷道周边的应力分布(无修复)

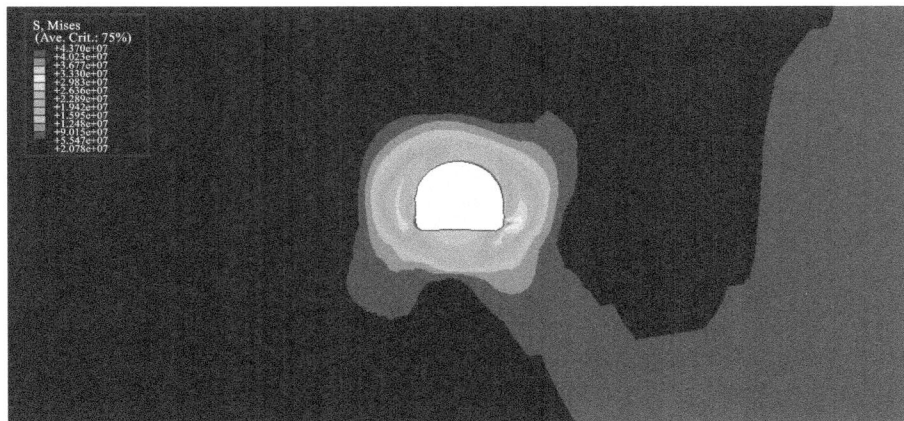

图 13.9　7123 和 7118 采完以后巷道周边的应力分布云图(修复后)

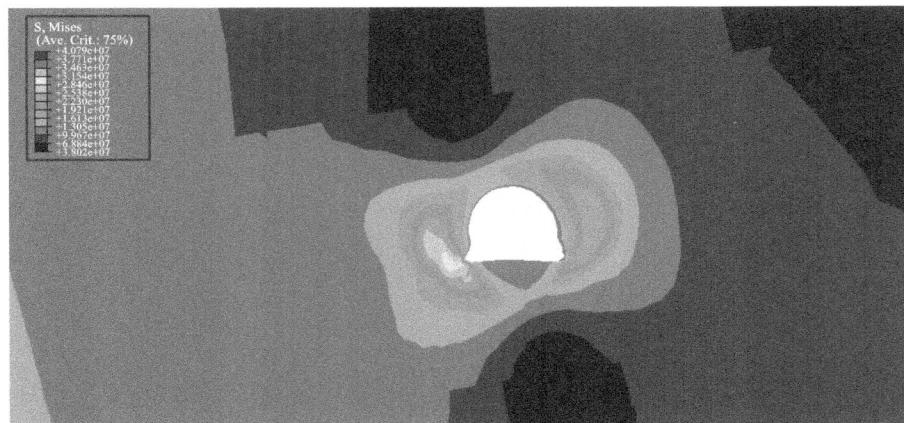

图 13.10　7123 和 7118 采完以后巷道周边的应力分布云图(无修复)

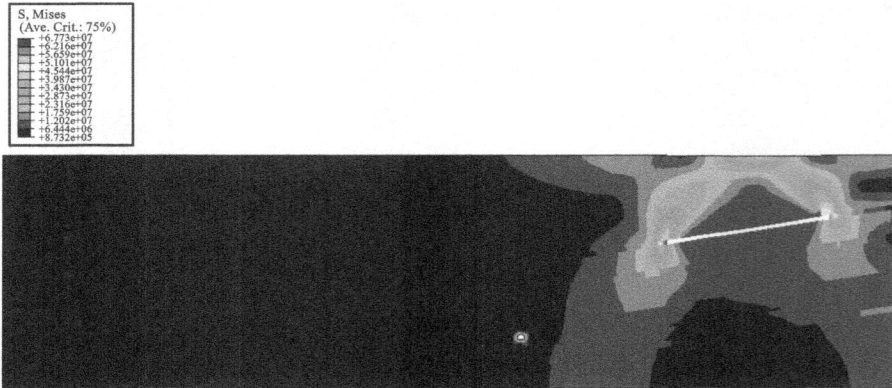

图 13.11　7123 开挖完成后的整体应力分布云图(修复后)

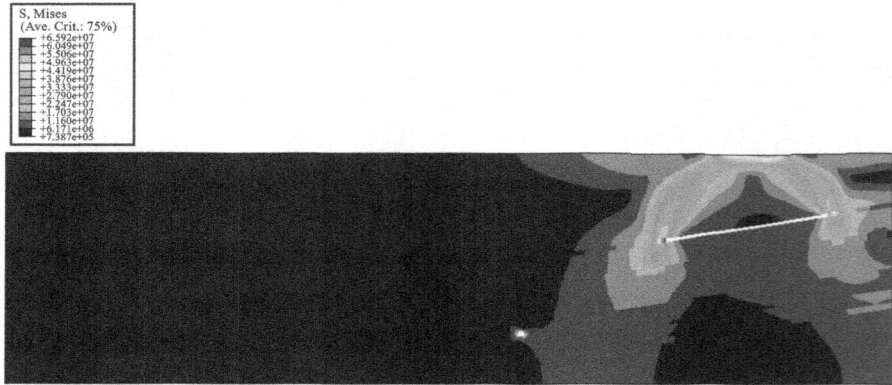

图 13.12　7123 开挖完成后的整体应力分布云图(无修复)

比较 13.13 和 13.14 两图,显然采用棚架＋注浆修复后的巷道断面受两工作面开采的影响小很多。

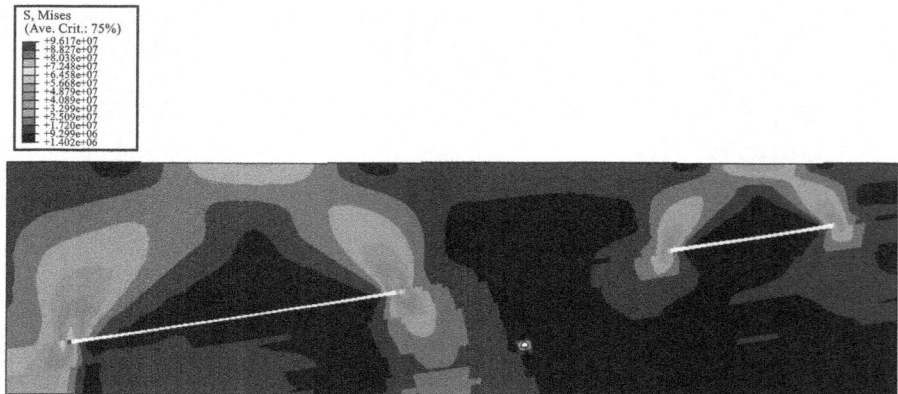

图 13.13　7123 和 7118 开挖以后的整体应力分布云图(修复后)

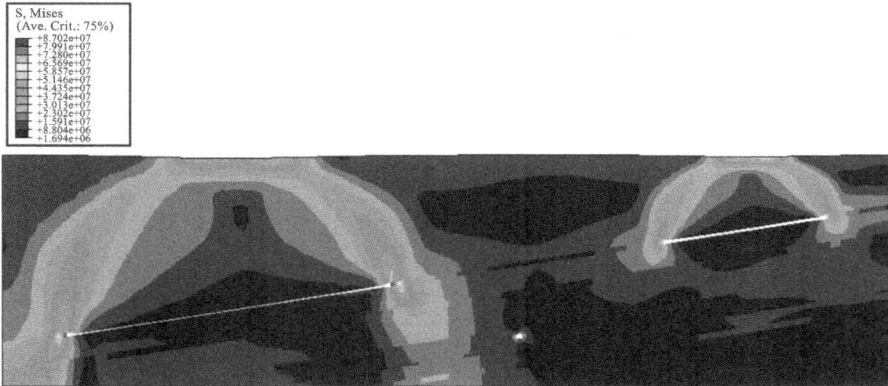

图 13.14　7123 和 7118 采完后的应力分布云图

13.3　加固修复方案比较

下面将提出巷道周边位移量作为比较依据,进行比较分析。注意由于岩体中存在断层裂隙等诸多不稳定因素,造成岩体的力学参数很难取得精确,而数值模拟是在一种理想的状态下进行的,实际数值和现场可能存在一定差异,但无论如何数值模型可以定量地比较各方案的优劣和关键位置的确认。

(1)巷道断面变形数值模拟结果

模型高 150m,宽 550m,其中 7114 工作面跨 100m,7118 工作面跨 200m,7114 工作面边界距巷道水平距离为 90m,7118 工作面边界距巷道水平距离 80m。巷道所在岩层为泥岩。

通过图 13.15、图 13.16 所示两帮的位移分析,我们可以看出,在距底板 0.8m 以下,位移量较大。巷道刚掘成时,左右两帮位移量相近,但随着开挖 7123,右帮的位移量大于左帮的位移量,而开挖 7118 后,左帮的位移量又大于右帮,巷道在整体移动的过程中也产生变形。通过注浆加固后的巷道变形整体上变化平稳,修复效果较修复前的位移量平均减少 50% 以上。

通过图 13.17、图 13.18 的顶底板位移曲线分析,修复加固后,顶板和底板都不同程度地减小了位移量,由于巷道在变形过程中受 7123 和 7118 的采动影响,所以整个巷道下降,造成出现了底臌量为负的现象。图 13.19 表明,采用架棚、注浆为主的联合支护方法后,巷道两帮和顶底板的相对移近量均得到有效的控制,两帮移近量最大减小 72.7%,顶底移近量最大减小 67.7%,支护效果较好。

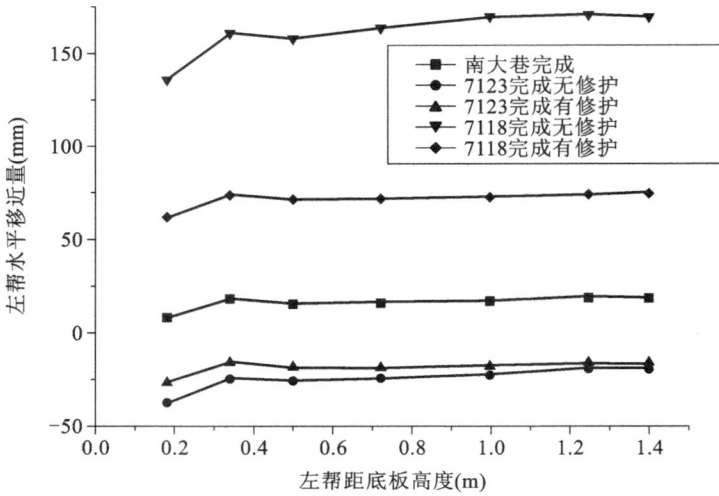

图 13.15　左帮水平位移图

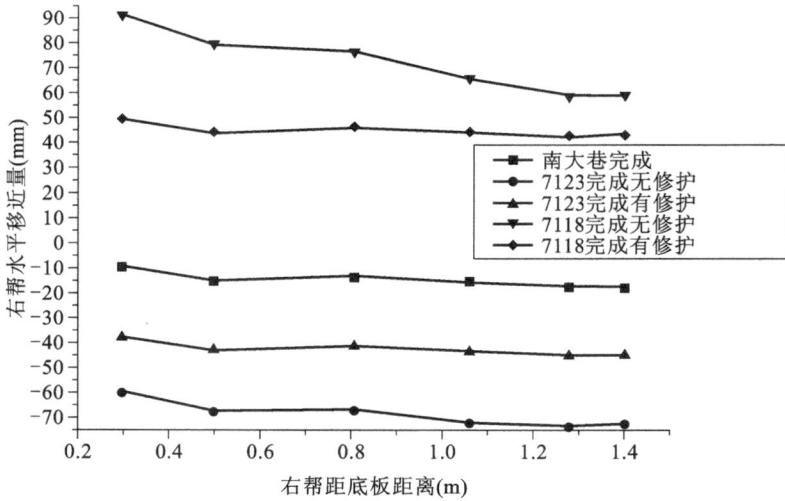

图 13.16　右帮水平位移图

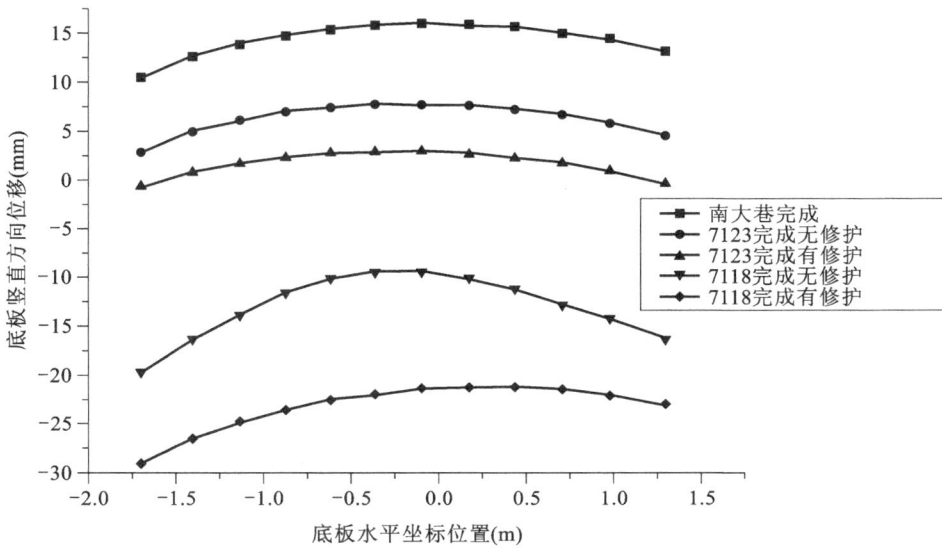

图 13.17　底板竖直位移图

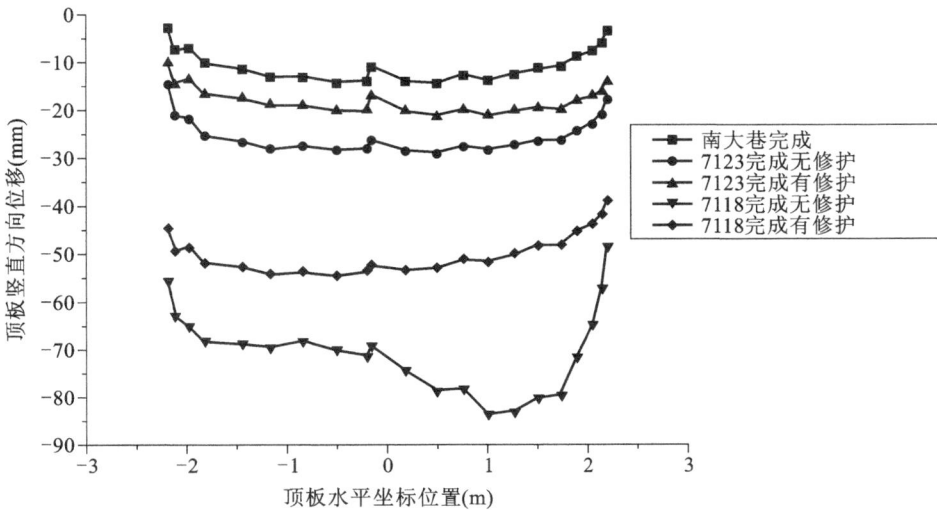

图 13.18　顶板竖直位移图

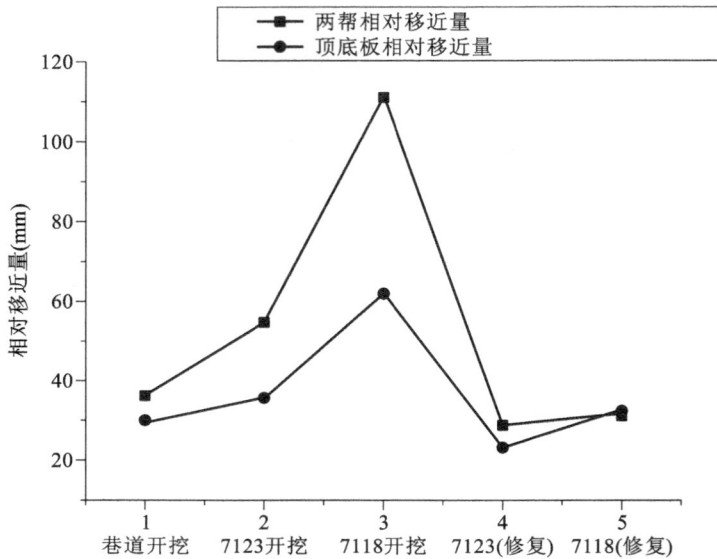

图 13.19　顶底板与两帮相对移近量

13.4　结论

通过以上数值分析,采用架棚、注浆为主的联合支护方法后,巷道两帮和顶底板的相对移近量均得到有效的控制,两帮移近量最大减小 72.7%,顶底移近量最大减小 67.7%,支护效果较好。但我们也看出,仅仅使用"U 形棚金属支架＋注浆"手段依然不能彻底抑制变形的发生,为此加入锚梁补强金属棚形成新型锚架组合支护方案对南大巷实施修复处理,相关修复效果见本书第二篇:现场工业性试验。

第二篇　现场工业性试验

14　许疃煤矿现场工业性试验

14.1　许疃矿现场工业试验巷道概况

14.1.1　试验巷道位置(图 14.1)

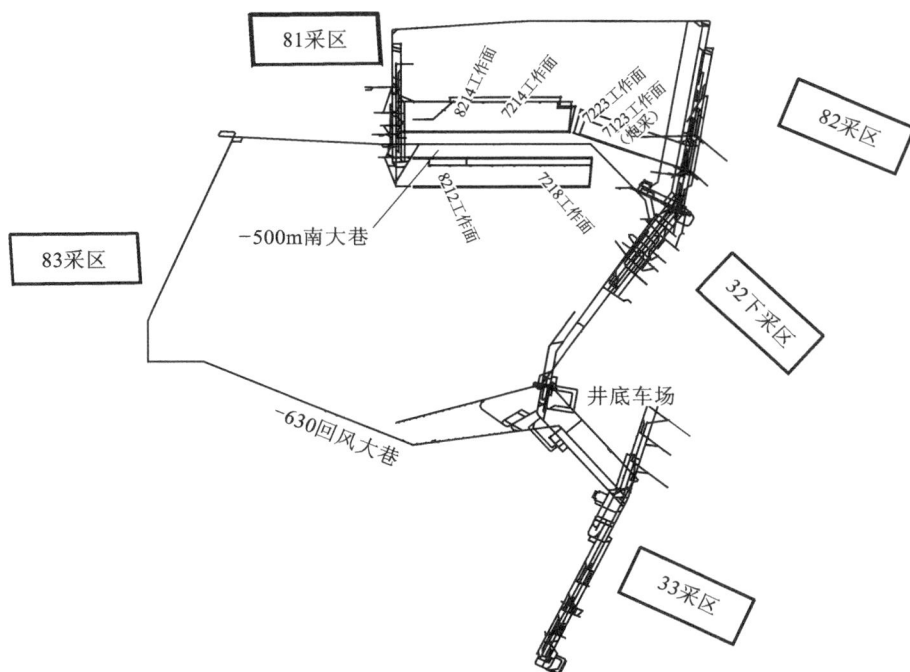

图 14.1　－500m 南大巷平面位置图

14.1.2　试验巷道及工程地质条件

14.1.2.1 试验巷道概况

许疃煤矿南翼－500m 轨道运输大巷(老南大巷),全长 1538.54m,始建于 2002 年 4 月 26 日,竣工于 2003 年 12 月 25 日,巷道掘进断面从 16.7m² 到 19.9 m² 不等,锚喷支护方式。根据围岩性质,锚杆间排距有 800×800 和 700×700 两种布置方式,16.7m² 掘进断面的锚杆规格为 φ16×1600,其余断面的锚杆规格为 φ16×1800。整条巷道自东向西共穿越较明显断层 13 条。南大巷与 7118、7114 两工作面的走向相同,距 7118 工作面风巷水平距离 130m,垂直距离 30m;距 7114 机巷水平距离 80m,垂直距离 60m。因受构造应力与次生高地压影响,南轨道大巷自建成至今,上述两工作面影响区域内约 900m 巷道已多次破坏。2009 年经 36U 形钢(排距 700)加固后仍不能有效阻止围岩向内位移,至今巷道已经过 5 次大修处理(每次卧底量在 500mm 左右,刷帮 400mm 左右)。巷道围岩松动圈测试结果显示松动圈范围达到 2.6～3.0m。修复段地应力:(σ_1=16.4030MPa(与竖直方向夹角 9.35°,与岩层夹角 65.65°),σ_2=7.5747MPa(与岩层走向一致),σ_3=7.3357MPa(与其余两主应力方向垂直)。

本次巷道修复中,选取破坏、底臌严重的 50m 巷道(距离 81 采区联巷约 200m)作为试验段采用"U 形棚＋注浆＋双排补强锚杆"(方案 1)支护技术,20m 采用"U 形棚＋注浆＋单排补强锚杆",其余 830m 采用甲方的支护方案"套 36U 形棚"(方案 2)。50m 双排锚杆＋注浆试验段和单排锚杆补强段于 2010 年 5 月施工完毕,其余约 850m 范围 2010 年 1 月施工完毕。同年 11 月,方案 1 的 50m 试验段完好无损,变形趋于零。其它的 850m 全部返修,卧底深度 400～500mm,刷帮 500～600mm。并且在 2011 年和 2012 年又大修了两次。虽然,该 850m 在 2010 年末也使用了类似 50m 试验段方案 1 的支护方式,围岩未注浆,岩块之间的咬合力无法保持,导致连续破坏,两年内又大修两次。

14.1.2.2　试验巷道地质水文条件

该区段水文地质条件简单,主要充水水源为二叠系 7_1、7_2、8_2 煤层底板的砂岩裂隙水,以静储量为主。根据井田及该区段水文地质资料调查:水量一般为 0～3m³/h,根据井筒在各含水层的涌水量情况,比拟推断本区段最大涌水量为 8m³/h。由于底板存在松动圈,故底板中聚积有大量的游离水,该水的主要来源为施工用水、砂岩裂隙渗透水、其它巷道底板松动圈中含水通过底板松动圈水利通道流入的水等。

14.1.2.3　试验巷道的工程地质特征

试验段巷道围岩为全泥岩,很多部位底板下方泥岩厚度近 15m。整条巷道自东向西共穿越较明显断层 13 条。南大巷与已经开采的 7118、7114 两工作面的走向相同,距 7118 工作面风巷水平距离 130m,垂直距离 30m;距 7114 机巷水平距离 80m,垂直距离 60m。该部位孤岛效应显著,次生地应力较大。

修复段巷道长 900m。岩石中含有少量高岭土、陶土、云母等遇水膨胀、软化成分,巷道底板 1.0m 之下聚积着大量的游离水,底板岩石软化严重。

14.2　工业试验方案设计

14.2.1　试验巷道支护原理分析

锚杆的锚固端处于高应力作用下的泥岩巷道围岩松动圈中,借助于金属支架对围岩的整体约束作用所形成的破碎岩块之间的较大咬合力,锚杆的锚固效果得到大幅提高。锚杆一方面通过短梁给金属支架施以外向作用力,提高金属支架的承载力和刚度,另一方面金属支架刚度的提高又反过来增大了破碎岩块之间的咬合力,最终达到了锚杆锚固力与金属支架承载力共同提高的目的。注浆对增大岩块之间咬合力具有巨大作用,同时对提高松动圈的承载力以及锚杆与围岩之间的摩擦力均意义重大。

其次,锚杆长度较短,锚杆消耗在围岩碎胀方面的承载力较小,用于约束金属支架位移和变形方面的潜力较大,且在围岩松动圈内可以形成承载力很好的压力拱与金属支架共同承受外围压力的作用,在巷道遭受动压作用时,可以保持较好的工作状态。

另外,巷道帮底属同一受力、变形结构体,帮底变形具有联动性,金属支架稳定性的提高会在底板及周围岩体位移过程中给其较大的被动反作用力作用,从而有效抑制其位移的发生并有效降低底板环向应力值,较大程度地降低底臌发生量。

图 14.2 所示的支护方案就是奠基于这一基本原理。

14.2.2　工业试验段补强支护方案设计

14.2.2.1　非试验段(850m)修复方案(图 14.3 含单排锚杆补强段 20m)

(1)U 形钢型号:36U,排距:700mm。

(2)钢筋背板规格:400mm×500mm,钢筋背板由 ϕ10mm 圆钢满焊而成,网孔规格:100mm×100mm。

(3)C20 混凝土喷层:70mm。

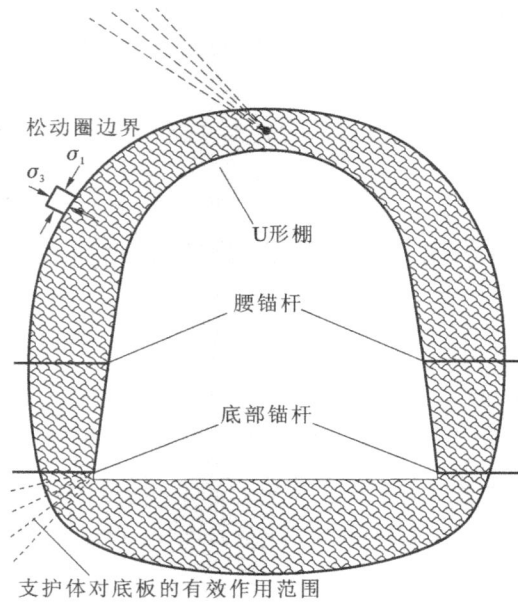

图 14.2 支护原理分析图

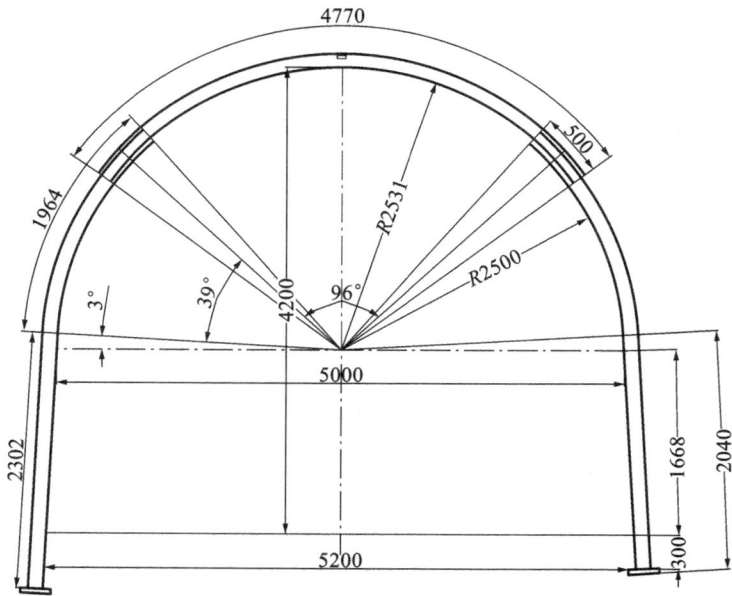

图 14.3 非试验段棚架平面图

（4）卡缆：每棚 4 副、间距 300mm。

（5）拉条：每棚 4 道，10×1740mm。

14.2.2.2 试验段方案设计

（1）主要支护技术参数：

锚注修复加固技术所用材料主要包括普通锚杆、注浆锚杆、树脂锚固剂、水泥、水玻璃等。

①普通锚杆：采用 $\phi22mm \times 2400mm$ 的 20MnSi 左旋无纵筋螺纹钢高强预应力锚杆，锚杆托盘为 $10 \times 150 \times 150\ mm$ 的钢板冷轧碟型盘。

②喷射混凝土：初喷层厚度 50mm，复喷层厚度 50mm。喷射混凝土配合比为 $1:2:2$。初喷速凝剂的参量可达到水泥重量的 $4\% \sim 5\%$。

③金属支架：三节 36U 钢，棚距 700mm；

④槽钢：18a 槽钢，长度 800mm

⑤注浆孔：间距：全断面 7 孔（见图 14.7），排距 2000mm，采用间隔排二次注浆，孔深 2000mm。

⑥注浆压力、时间与水灰比

注浆压力是浆液扩散、充填、压实的动力，浆液在岩层裂隙中扩散、充填的过程，就是克服流动阻力的过程。注浆压力大，浆液扩散远，耗浆量大，会造成浪费，而且如果压力过大将引起劈裂注浆、很可能在注浆过程中导致围岩表面片帮冒顶等破坏。注浆压力小，浆液扩散范围小，耗浆量小，有封堵不严的可能，难以达到注浆加固的目的。因此，正确选择注浆压力及合理运用注浆压力是注浆成败的关键。首次注浆压力控制在 2.0MPa 左右，二次注浆压力控制在 3.0MPa 左右，具体视现场实验段情况而定。达到设计注浆压力后稳压达 10 分钟以上停止注浆。浆液水灰比 0.7。

（2）施工工艺

刷大顶帮至要求尺寸→初喷 50mm 厚混凝土→挂网架棚→卧底→100mm 厚 C15 混凝土地坪→打注浆孔→底板首次注浆→帮顶首次注浆→复喷 50mm 厚混凝土→二次注浆。

（3）相关施工与效果图（图 14.4～图 14.7）

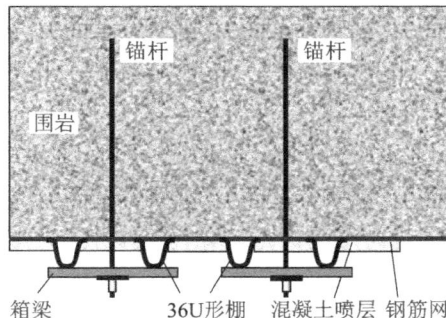

图 14.4 U 形棚、箱梁、锚杆、混凝土喷层结构示意图

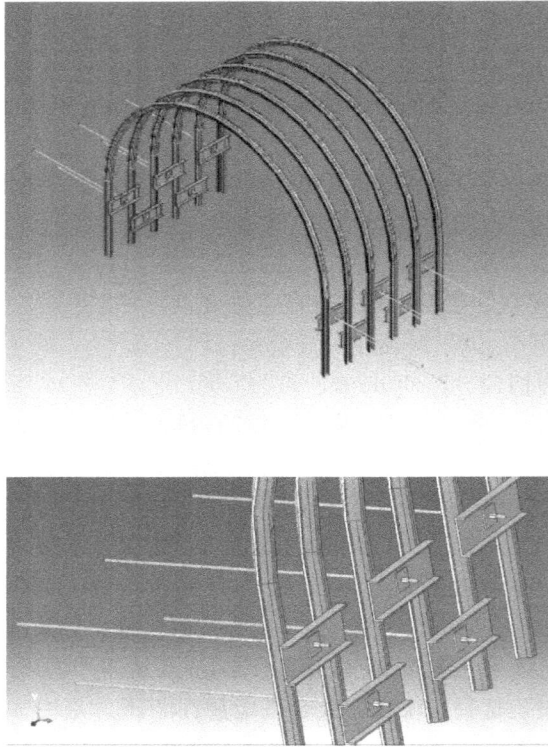

图 14.5 U 形棚棚腿补强施工效果图

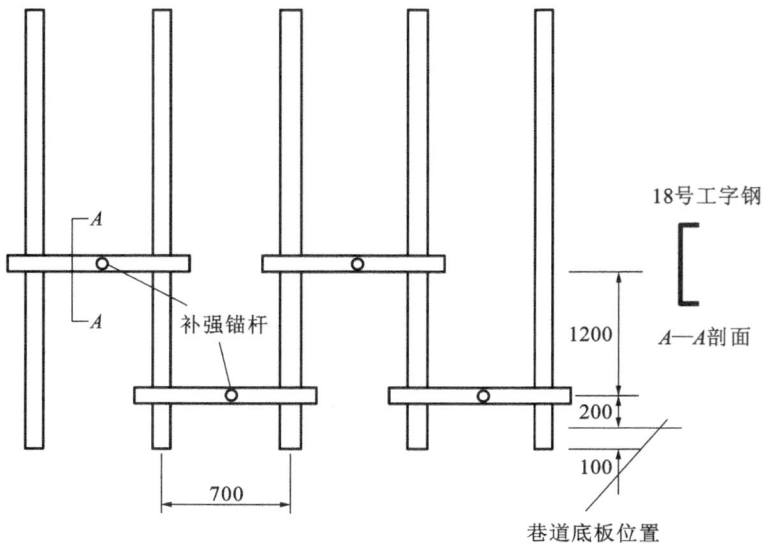

图 14.6 锚杆＋槽钢短梁补强平面示意图

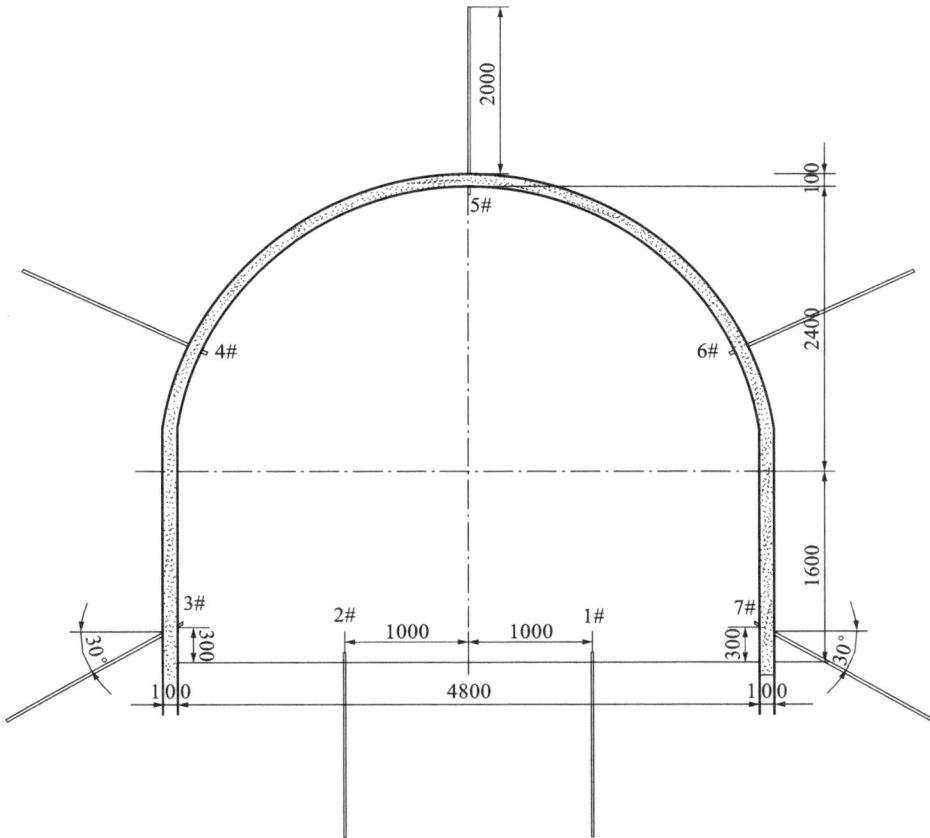

图 14.7 注浆孔平面布置图

14.3 工业试验巷道监测方案

许疃煤矿老南大巷在 U 形棚架设至双排锚杆补强后的一段时间中,安徽理工大学科课题组与许疃煤矿课题组自 2009 年 5 月起先后对南大巷修复段进行了 8 阶段 36 个月的联合变形监测,监测数据表明,采用 U 形棚与锚杆联合支护效果显著,值得推广。

14.3.1　架棚 28 天后巷道变形监测报告

14.3.1.1　观测方案

（1）观测目的和内容

目的：了解不同支护方式下深部围岩变形情况（帮部 2.4m、顶部 2.4m、底板 1.5m）。

内容：两帮移近速率和移近量、顶底移近速率和移近量。

（2）测站及测站内测点布置方式

此次观测布置 10 个测站，测站间距 15m，如图 14.8 所示。每个测站包含顶板、底板和两帮四个观测测点，其中两帮的测点距离底板 1000mm，如图 14.9 所示。

每三天下井观测一次，每次观测都用高精度的收敛仪测得如图 14.9 所示的 5 个观测值，进而每次观测后都可以借助计算机精确制图得到两个三角形：△ABD 和△BCD，进而可以求得 AE、BE、CE 和 DE 值，分别作为顶板下沉量、底臌量、左帮移近量、右帮移近量的确定依据。

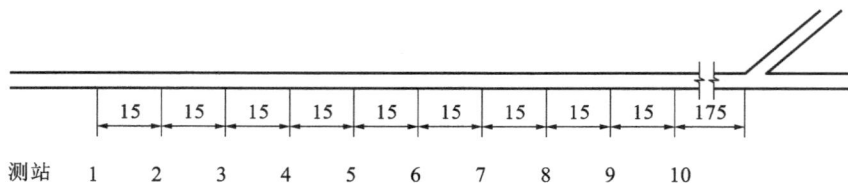

图 14.8　测站布置示意图

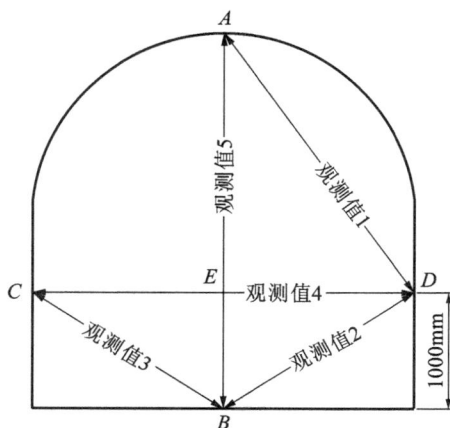

图 14.9　测站内测点布置示意图

10 个测站内的测点均由预定位置打入的锚杆充当，其中两帮、顶板部位的锚杆长 2.4m，底板锚杆长 1.5m。锚杆端部用 8 号铁丝设置套环充当挂钩。

（3）测量工具

此次观测所用的工具为 JSS30A 型数显收敛仪，如图 14.10 所示，该仪器的测量精度可以达到 0.01mm，为精确测量提供了保障。

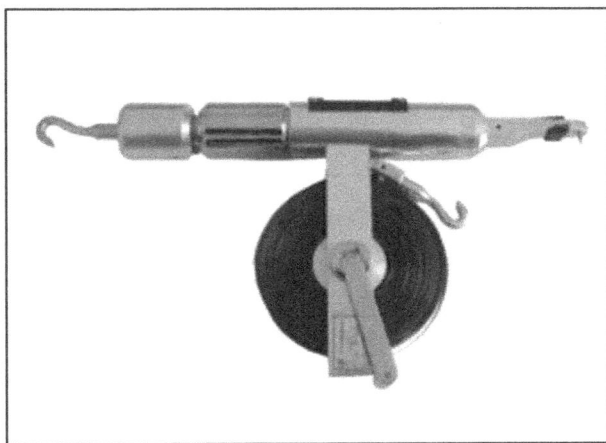

图 14.10　JSS30A 型数显收敛仪

（4）观测方法

测点布置后每三天测量一次，填写测试记录，上井后根据测量结果绘制图 14.9 所示的两个三角形，并求得 AE、BE、CE 和 DE 值。当次测试结果和上一次测量结果之差即为两次测量期间巷道的变形量，当次测量结果和首次测量结果之差即为整个测量期间巷道的总变形量。

14.3.1.2　各测站两帮和顶底观测结果汇总（表 14.1～表 14.2）

表 14.1　各测站两帮测试结果汇总（单位：m）

日期 测站	5 月 29 日	6 月 2 日	6 月 4 日	6 月 9 日	6 月 17 日	6 月 24 日	6 月 30 日	7 月 6 日	7 月 9 日	7 月 16 日
1	3.96502	3.9636	3.96311	3.96144	3.95984	3.95943	3.95834	3.95737	3.95668	3.95545
2	4.07175	4.07041	4.0699	4.06834	4.06765	4.06711	4.06515	4.06395	4.06327	4.06214
3	3.97945	3.97857	3.9781	3.97785	3.9771	3.97632	3.97597	3.97565	3.97498	3.97387
4	3.97158	3.97058	3.97042	3.97042	3.96877	3.96851	3.96815	3.96784	3.96717	3.96606
5	3.86859	3.86765	3.86739	3.86729	3.8655	3.86523	3.86414	3.86312	3.86244	3.86132

续表 14.1

日期\测站	5 月 29 日	6 月 2 日	6 月 4 日	6 月 9 日	6 月 17 日	6 月 24 日	6 月 30 日	7 月 6 日	7 月 9 日	7 月 16 日
6	3.90368	3.90241	3.90224	3.90224	3.89966	3.89958	3.89914	3.89879	3.89813	3.89704
7	4.13814	4.13719	4.13693	4.13614	4.13544	4.13519	4.13435	4.13354	4.13287	4.13175
8	4.06611	4.06483	4.06465	4.06465	4.06198	4.06163	4.06075	4.05982	4.05917	4.05806
9	4.29878	4.29794	4.29782	4.29778	4.29576	4.29553	4.29441	4.2933	4.29267	4.29155
10	3.89064	3.88947	3.8894	3.8894	3.88658	3.88581	3.88414	3.88324	3.88257	3.88148

表 14.2　各测站顶底观测结果汇总

日期\测站	5 月 29 日	6 月 2 日	6 月 4 日	6 月 9 日	6 月 17 日	6 月 24 日	6 月 30 日	7 月 6 日	7 月 9 日	7 月 16 日
1	3.31249	3.3089	3.3089	3.30584						3.30453
2	3.23364	3.23105	3.23105	3.22838						3.22452
3	2.9824	2.98001	2.97949	2.97876						2.97626
4	3.2229	3.22114	3.22092	3.21868						3.21479
5	3.21385	3.21099	3.21086	3.21076	由于架线未停电,无法测量					3.20756
6	3.22904	3.22893	3.22887	3.22884						3.22657
7	3.21428	3.21381	3.21372	3.21242						3.20935
8	3.24024	3.24024	3.23943	3.23858						3.23726
9	3.09319	3.09271	3.09252	3.09184						3.09035
10	2.86255	2.86233	2.86199	2.86077						2.85816

14.3.1.3　观测结果分析

(1)各测站两帮和顶底的平均移近量变动曲线(图 14.11)

(2)测试结果分析

测试数据表明顶底日均变形量 0.115063mm/d,两帮日均变形量 0.156292mm/d。综合各测站变形曲线,可以看出－500m 南翼轨道大巷(修复段)的变形收敛具有以下几个基本特征:

①变形速率较大

巷道两帮的日均移近量约为 0.16mm,顶底日均移近量约为 0.12mm。若任由巷道以此速率继续变形收敛,巷道将在一年之内严重破坏。

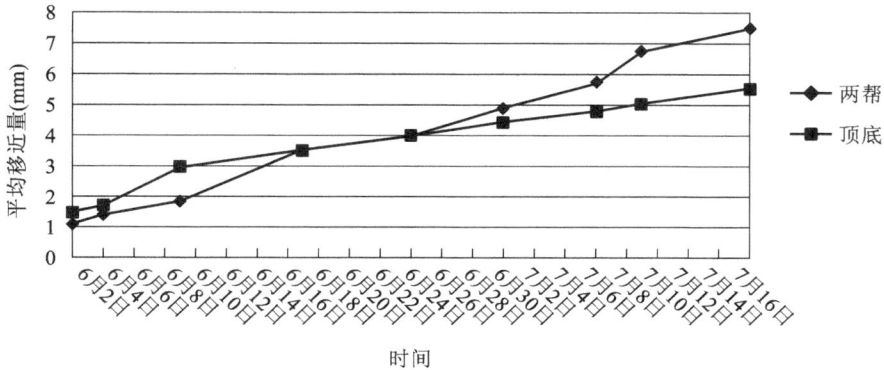

图 14.11   各测站两帮和顶底的累积移近量

②巷道变形并未趋于稳定

从各变形曲线来看,巷道的变形量一直在增加,且看不到日趋稳定的趋势。

14.3.2   U 形钢架设 100 天后巷道变形监测报告

2009 年 5 月 29 日至 7 月 16 日,许疃煤矿矿压组与安徽理工大学课题组对一500m 南翼轨道大巷(82、83 段)深部围岩的变形进行了观测(详细结果已另外形成报告),观测结果显示:—500m 南翼轨道大巷(82、83 段)的深部围岩以顶底日均 0.12mm、两帮日均 0.16mm 的速度不断变形,且变形速率毫无减缓的趋势。

截至 7 月 31 日,许疃煤矿—500m 南翼轨道大巷(82、83 段)重新架棚修复已有 3 个多月时间,U 形棚与围岩已经开始紧密贴合,来自围岩的压力也开始作用在 U 形棚上,使得 U 形棚开始变形。

虽然目前—500m 南翼轨道大巷(82、83 段)深部围岩的变形速率与 U 形棚的变形速率不尽相同,但随着时间的推移,U 形棚与围岩的贴合会越来越紧密,最终二者的变形速率会基本一致,那个时刻也是巷道注浆加固的最佳时机。为此应该对 U 形棚的变形规律进行准确的检测,保证后续的注浆加固在最合理的时间开展。

14.3.2.1   测站布置概况及测站内测点布置方式

如图 14.12 所示,此次观测将在深部围岩观测测站附近布置 10 个观测测站,测站间距 10m。每个测站包含两帮拱角、帮底和顶底六个观测测点,其中两帮拱角的测点距轨道面 1000mm,两帮帮底的测点距底板 200mm,如图 14.13 所示。

布置测点时,首先用 12♯铁丝在 U 形棚的预定位置牢固绑扎,而后在铁丝端部设置大小合适套环充当测点。

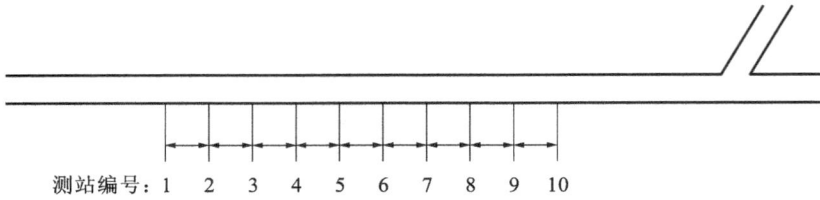

图 14.12　测站布置示意图

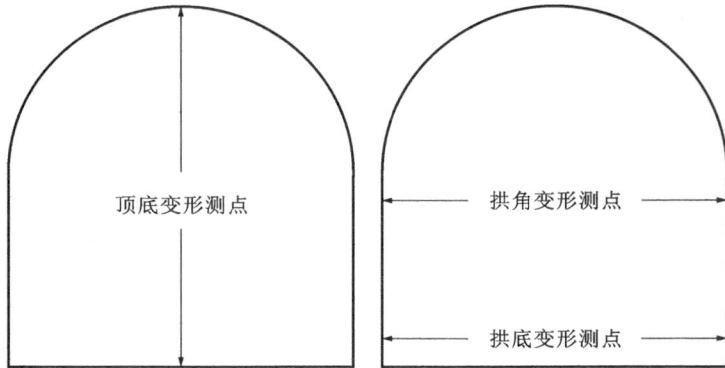

图 14.13　测站内测点布置示意图

14.3.2.2　观测工具及观测方法

观测工具及观测方法同前,本次观测将持续一段时间,直到能准确掌握南大巷 U 形棚的变形规律为止。

14.3.2.3　观测结果分析

(1)变形速率变化曲线(图 14.14)

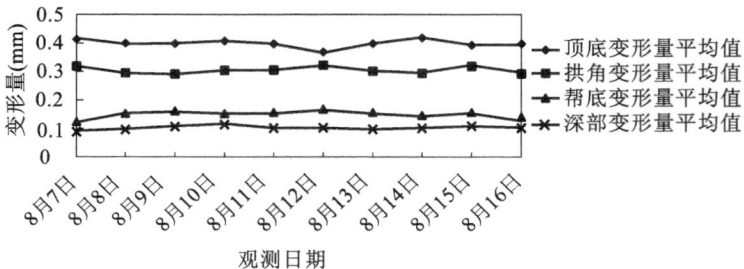

图 14.14　各测站日变形量均值

(2)累计变形变动曲线(图 14.15)

从上述变形曲线可以明显看到,虽然 U 形棚与围岩尚未完全贴合,但 U 形棚已经开始变形,顶底日均收敛量达 0.4mm,拱角日均收敛量达 0.3mm,帮底日均

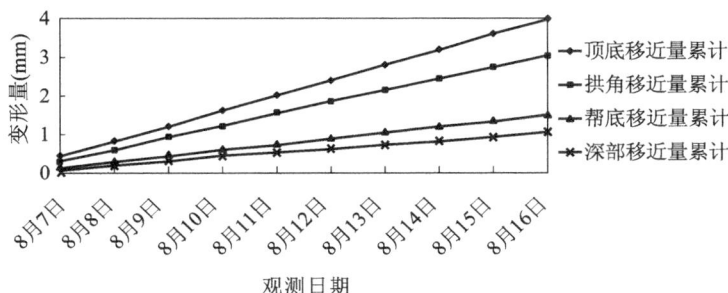

图 14.15　各测站变形量累计

收敛量为 0.12mm。必须说明的是巷道底臌情况显著,而且底臌是巷道顶底收敛的主要构成部分。巷道深部围岩的收敛速度相对较小,只有 0.1mm/d(帮部),但是对于主要运输大巷来说,这也是不能忍受的。综合观测结果,建议尽快对南翼轨道大巷进行补强处理。

14.3.3　架棚 7 个半月后巷道变形监测

14.3.3.1　观测内容

截至 2009 年 12 月 1 日,许疃煤矿−500m 南翼轨道大巷(82、83 段)重新架棚修复已有 7 个多月时间。为了更有效地控制底臌,已在南翼轨道大巷选取了 20m 的试验段,在此试验段内,两帮的 U 形棚用槽钢加锚杆(单排)的方式补强。因此,此次主要观测试验段和非试验段两帮和顶底的移近量。

14.3.3.2　观测目的

通过对试验段和非试验段两帮和顶底移近量的分析,检测单排锚梁补强方式进行巷道修复的可行性以及实用价值。

14.3.3.3　测站及测点布置方式

此次观测分别在试验段和非试验段布置 4 个测站,测站间距如图 14.16 所示。每个测站分别在两帮和顶底布置 4 个观测测点,其中两帮的测点距离轨道面 1000mm,巷道顶部和底部的测点布置在巷道的中线上,如图 14.17 所示。

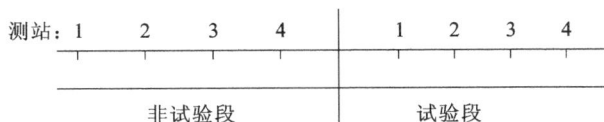

图 14.16　测站布置示意图

布置测点时,首先将射钉用射钉枪打入预定位置,然后用 10♯铁丝牢固绑扎在射钉上,并在铁丝端部设置大小合适套环充当测点。

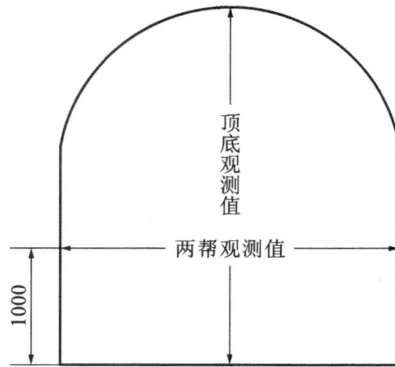

图 14.17 测点布置示意图

14.3.3.4 观测工具及观测方法

观测工具同前。本次观测持续一周,安徽理工大学课题组成员将每天都在固定的时间下井,实地测量各测站两帮及顶底间距,并填写测试记录。上井后测试结果将会及时整理,并反映到图表当中。

14.3.3.5 观测结果与分析

(1)变形速率变化曲线与累计变形量变动曲线(图 14.18)

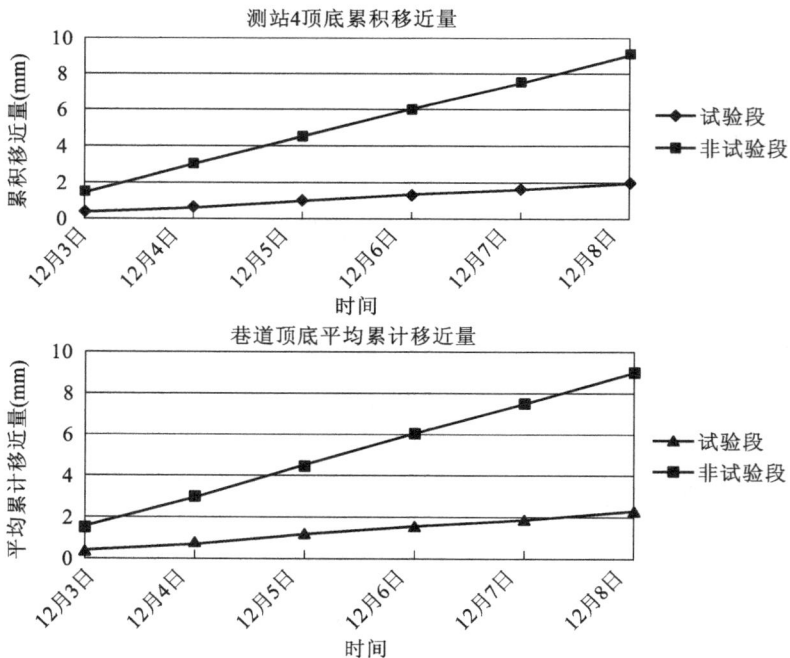

图 14.18 测试结果分析曲线

（2）结果分析

由上述观测结果可以得出，试验段两帮的日均移近量是 0.0545mm，顶底的日均移近量是 0.375mm；而非试验段两帮的日均移近量是 0.436mm，顶底的日均移近量是 1.5mm。试验段和非试验段两帮的日均移近量相差几乎一个数量级，顶底的日均移近量相差将近 4 倍，因此采用锚梁补强（槽钢＋锚杆）方式进行巷道修复的效果较好，且施工简单、经济成本低，具有很高的实用价值。

14.3.4　架棚 10 个半月后巷道变形监测

14.3.4.1　观测内容

截至 2010 年 3 月 4 日，许疃煤矿－500m 南翼轨道大巷（82、83 段）重新架棚修复已有 10 个多月时间。为了了解支护效果，继续观测 20m 试验段（单排锚杆）变形情况并与非试验段进行对比。

14.3.4.2　观测目的

通过对试验段和非试验段两帮和顶底移近量的分析，检测槽钢加锚杆（单排）的方式锁 U 形棚进行巷道修复的可行性以及实用价值。

14.3.4.3　测站及测点布置方式

此次观测分别在试验段和非试验段布置 4 个测站，测站间距如图 14.16 所示。每个测站分别在两帮和顶底布置 4 个观测测点，其中两帮的测点距离轨道面 1000mm，巷道顶部和底部的测点布置在巷道的中线上，如图 14.17 所示。

布置两帮测点时，首先将射钉用射钉枪打入预定位置，然后用 10♯铁丝牢固绑扎在射钉上，并在铁丝端部设置大小合适套环充当测点；布置顶板测点时，首先将顶板中线上的锚杆退锚，然后将 10♯铁丝牢固的绑扎在锚杆上，并在铁丝端部设置大小合适的套环充当测点，最后将锚杆锚固；布置底板测点时，预先在底板打入锚杆，同样将 10♯铁丝牢固的绑扎在锚杆上，并在铁丝端部设置大小合适的套环充当测点，最后将锚杆锚固。

14.3.4.4　观测结果与分析

（1）变形速率变化曲线与累计变形量变动曲线（图 14.19）

（2）结果分析

由上述观测结果可以得出，试验段两帮的日均移近量是 0.016313mm，顶底的日均移近量是 0.018625mm；而非试验段两帮的日均移近量是 0.068979mm，顶底的日均移近量是 0.070611mm。试验段和非试验段两帮的日均移近量相差 4.228613 倍，顶底的日均移近量相差将近 3.791208 倍，因此采用槽钢加锚杆的方式锁 U 形棚进行巷道修复的可行性较高，且施工简单、经济成本低，具有很高的实用价值。

老南大巷两帮平均变形速率

老南大巷顶底平均变形速率

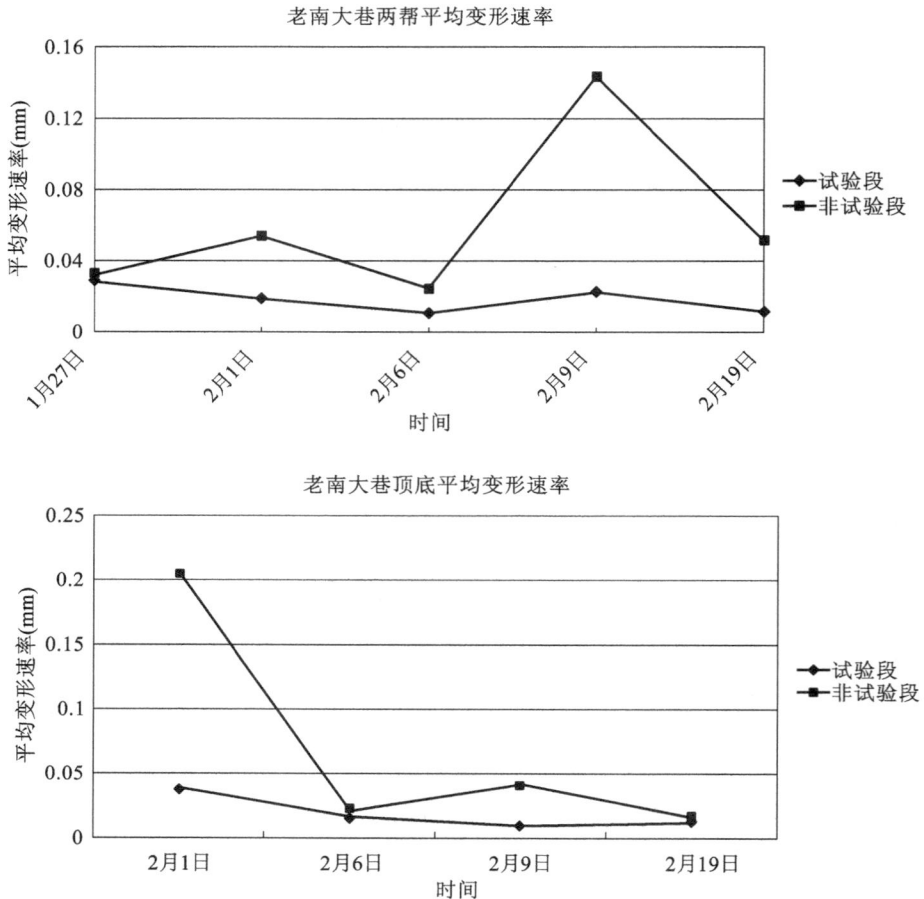

图 14.19　测试结果分析曲线

14.3.5　15个月后巷道变形监测报告

14.3.5.1　观测内容及目的

截至 2010 年 5 月初,许疃煤矿－500m 南翼轨道大巷(82、83 段)U 形棚加固锚杆已全部施工完毕,按照预先部署相应的观测工作正常开展。此次观测,采用对比的手段,观测试验段和非试验段两帮和顶底和帮底移近量,用具体数字反映加固效果,为加固方案的推广提供基础依据。

加固试验段距离 81 采区联巷约 200m。该试验段内曾进行过多次巷道变形观测,因此很有代表性。此次观测共设测站 11 个,其中 1～7 测站位于两排锚杆补强试验段,8、9 测站位于单排锚杆补强段,10、11 两测站位于未补强段,如图 14.20 所示;

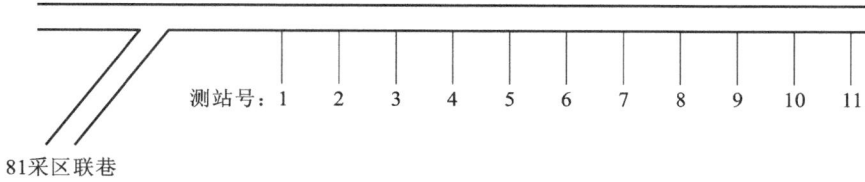

图 14.20　测站布置示意图

每个测站都包含 6 个测点,用于观测顶底间距、拱角间距、帮底间距,如图 14.21 所示:

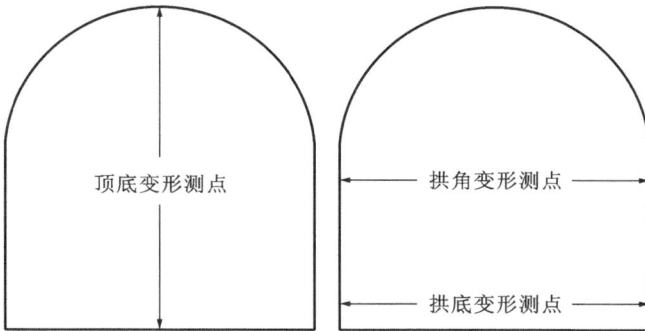

图 14.21　测点布置示意图

顶板测点由锚杆及绑设在其端部的铁丝环构成,两帮测点均布置在棚腿上,底板测点与顶板测点类似,也是有底板锚杆和铁丝环构成的。为了降低顶底间距观测难度,每次观测时都用一根两端带钩的直杆协助。

14.3.5.2　观测结果分析

(1)变形速率及相关变动曲线(表 14.3~表 14.5、图 14.22~14.24)

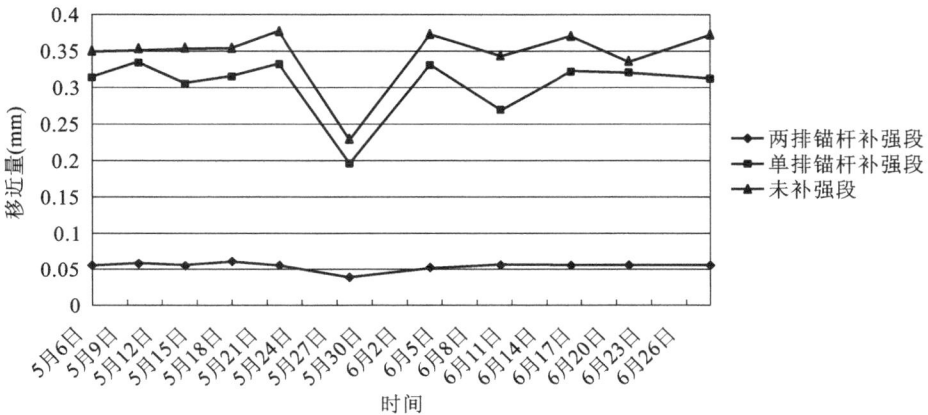

图 14.22　各观测段顶底变形曲线

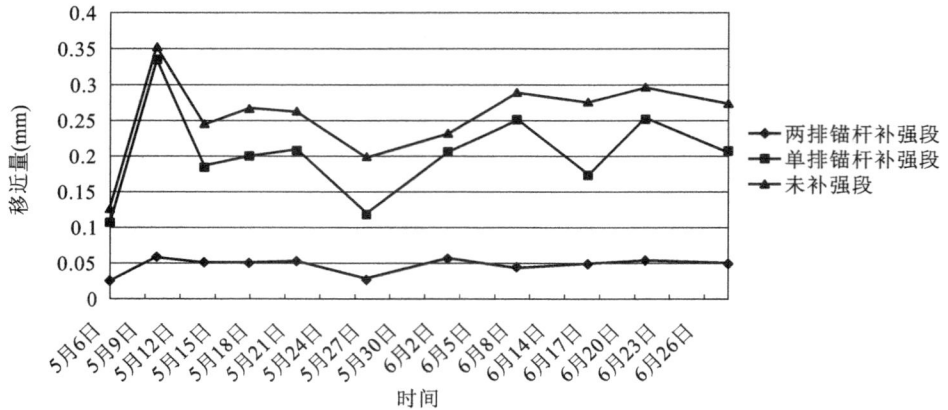

图 14.23　各观测段拱角变形曲线

测试表明,有了两排锚杆的加固作用后,巷道顶底的移近速度 0.054967mm/d (单排锚杆的对应值:0.304934 mm/d,没有补强加固的对应值:0.329587 mm/d)。

帮底的移近速度约为 0.040285mm/d(单排锚杆的对应值:0.155588 mm/d, 没有补强加固的对应值:0.191367 mm/d)。

拱角的移近速度约为 0.047856mm/d(单排锚杆的对应值:0.204357 mm/d, 没有补强加固的对应值:0.236482 mm/d)。

对于顶底:双排锚杆/单排锚杆 = 5.547592,双排锚杆/无补强加固 = 5.996092。

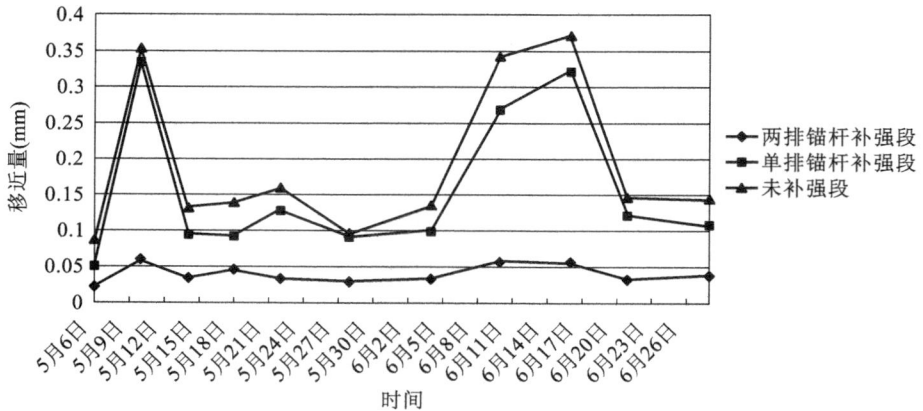

图 14.24　各观测段帮底变形曲线

对于帮底:双排锚杆/单排锚杆＝3.86219,双排锚杆/无补强加固＝4.750348。

对于拱角:双排锚杆/单排锚杆＝4.270289,双排锚杆/无补强加固＝4.94157。

表 14.3 顶底变形量汇总（mm）

日期	5.6	5.10	5.14	5.18	5.22	5.28	6.4	6.10	6.16	6.21	6.28
1	0.056667	0.065	0.0525	0.0625	0.055	0.041667	0.054286	0.06	0.068333	0.06	0.064286
2	0.056667	0.045	0.055	0.045	0.0525	0.038333	0.045714	0.056667	0.046667	0.05	0.047143
3	0.05	0.0575	0.0525	0.06	0.05	0.038333	0.047143	0.061667	0.058333	0.048	0.057143
4	0.063333	0.0675	0.06	0.0725	0.06	0.043333	0.051429	0.065	0.051667	0.066	0.058571
5	0.063333	0.0525	0.0575	0.0525	0.0575	0.031667	0.052857	0.048333	0.056667	0.042	0.05
6	0.053333	0.0625	0.055	0.065	0.055	0.041667	0.06	0.05	0.053333	0.066	0.058571
7	0.053333	0.065	0.0575	0.0675	0.0575	0.043333	0.052857	0.061667	0.053333	0.062	0.054286
均值	0.056667	0.059286	0.055714	0.060714	0.055357	0.039762	0.052041	0.057619	0.055476	0.056286	0.055714
8	0.32	0.35	0.26	0.3225	0.3375	0.19	0.32	0.26	0.305	0.28	0.338571
9	0.31	0.32	0.35	0.3075	0.33	0.2	0.34	0.278333	0.34	0.362	0.287143
均值	0.315	0.335	0.305	0.315	0.33375	0.195	0.33	0.269167	0.3225	0.321	0.312857
10	0.366667	0.345	0.37	0.34	0.37	0.23	0.37	0.336667	0.37	0.35	0.374286
11	0.333333	0.36	0.34	0.37	0.385	0.226667	0.374286	0.348333	0.37	0.324	0.37
均值	0.35	0.3525	0.355	0.355	0.3775	0.041667	0.372143	0.3425	0.37	0.337	0.372143

注：1—7测点为双排锚杆，8—9测点为单排锚杆，10—11为无锚杆。

表 14.4　拱角变形量汇总（mm）

日期	5.6	5.10	5.14	5.18	5.22	5.28	6.4	6.10	6.16	6.21	6.28
1	0.023333	0.065	0.05	0.0475	0.0575	0.03	0.051429	0.046667	0.048333	0.056	0.048571
2	0.025	0.045	0.05	0.0425	0.05	0.031667	0.052857	0.04	0.051667	0.044	0.047143
3	0.033333	0.0575	0.065	0.0575	0.06	0.026667	0.064286	0.055	0.061667	0.056	0.058571
4	0.026667	0.0675	0.05	0.0575	0.0475	0.03	0.055714	0.043333	0.038333	0.06	0.047143
5	0.026667	0.0525	0.06	0.0575	0.0625	0.036667	0.068571	0.055	0.056667	0.064	0.058571
6	0.026667	0.0625	0.05	0.05	0.0525	0.03	0.058571	0.045	0.045	0.058	0.045714
7	0.018333	0.065	0.04	0.0425	0.0425	0.025	0.042857	0.038333	0.036667	0.042	0.045714
均值	0.025714	0.059286	0.052143	0.050714	0.053214	0.03	0.056327	0.04619	0.048333	0.054286	0.050204
8	0.136667	0.35	0.16	0.215	0.1875	0.078333	0.222857	0.231667	0.19	0.248	0.18
9	0.08	0.32	0.21	0.185	0.2325	0.158333	0.188571	0.273333	0.156667	0.26	0.231429
均值	0.108333	0.335	0.185	0.2	0.21	0.118333	0.205714	0.2525	0.173333	0.254	0.205714
10	0.138333	0.345	0.25	0.2225	0.2375	0.173333	0.232857	0.328333	0.28	0.256	0.25
11	0.116667	0.36	0.24	0.31	0.29	0.223333	0.232857	0.25	0.271667	0.336	0.295714
均值	0.1275	0.3525	0.245	0.0475	0.26375	0.198333	0.232857	0.289167	0.275833	0.296	0.272857

注：1—7 测点为双排锚杆，8—9 测点为单排锚杆，10—11 为无锚杆。

表 14.5　帮底变形量汇总（mm）

日期	5.6	5.10	5.14	5.18	5.22	5.28	6.4	6.10	6.16	6.21	6.28
1	0.021667	0.065	0.03	0.0375	0.0275	0.021667	0.025714	0.06	0.068333	0.02	0.035714
2	0.023333	0.045	0.03	0.045	0.035	0.026667	0.025714	0.056667	0.046667	0.028	0.034286
3	0.021667	0.0575	0.05	0.0575	0.0525	0.04	0.042857	0.061667	0.058333	0.046	0.051429
4	0.023333	0.0675	0.0325	0.045	0.025	0.025	0.034286	0.065	0.053333	0.038	0.025714
5	0.021667	0.0525	0.035	0.0475	0.0325	0.031667	0.031429	0.048333	0.056667	0.036	0.041429
6	0.023333	0.0625	0.0325	0.04	0.035	0.03	0.037143	0.05	0.053333	0.028	0.04
7	0.021667	0.065	0.0325	0.045	0.035	0.031667	0.032857	0.061667	0.051667	0.032	0.042857
均值	0.022381	0.059286	0.034643	0.045357	0.034643	0.029524	0.032857	0.057619	0.055476	0.032571	0.038776
8	0.045	0.35	0.09	0.085	0.135	0.09	0.082857	0.26	0.305	0.118	0.102857
9	0.055	0.32	0.1	0.1	0.1225	0.091667	0.114286	0.278333	0.34	0.126	0.111429
均值	0.05	0.335	0.095	0.0925	0.12875	0.090833	0.098571	0.269167	0.3225	0.122	0.107143
10	0.085	0.345	0.1225	0.1625	0.165	0.085	0.151429	0.336667	0.37	0.144	0.151429
11	0.086667	0.36	0.1425	0.115	0.155	0.108333	0.117143	0.348333	0.37	0.15	0.138571
均值	0.085833	0.3525	0.1325	0.13875	0.16	0.096667	0.134286	0.3425	0.37	0.147	0.145

注：1—7 测点为双排锚杆，8—9 测点为单排锚杆，10—11 为无锚杆。

（2）变形分析

①从 5 阶段巷道变形监测数据可以看出锚杆补强效果显著,双排锚杆比单排锚杆效果好得多。

②从单排锚杆补强后的 3 个测试阶段测得的数据可以看出,单排锚杆的补强效果有一个显著的从"效果显著"→"效果减弱"的过程,说明围岩松动圈较大,围岩压力较大,单靠一排锚杆难以对金属支架柱腿发挥约束作用,建议使用双排锚杆。

③从无补强措施的各阶段测试数据可以看出,仅依靠 U 形棚支护,难以控制巷道的持续变形。

14.3.6　21 个月后巷道变形监测报告（双排补强 6 个月后）

14.3.6.1　观测内容及目的

截至 2010 年 11 月初,许疃煤矿－500m 南翼轨道大巷(82、83 段)采用"U 形棚＋双排加固锚杆"的试验段已完工 6 个月,按照预先部署,开始实施该试验段第二阶段的变形监测工作。此次观测,依然采用对比手段观测试验段和非试验段两帮、顶底和帮底移近量,用具体数字反映加固效果,为加固方案的推广提供基础依据。

加固试验段距离 81 采区联巷约 200m。该试验段内曾进行过多次巷道变形观测,因此很有代表性。此次观测共设测站 11 个,其中 1-7 测站位于两排锚杆补强试验段,8、9 测站位于单排锚杆补强段,10、11 两测站位于未补强段,如图 14.20 所示。每个测站都包含 6 个测点,用于观测顶底间距、拱角间距、帮底间距,如图 14.25 所示。顶板测点由锚杆及绑设在其端部的铁丝环构成,两帮测点均布置在棚腿上,底板测点与顶板测点类似,也是有底板锚杆和铁丝环构成的。为了降低顶底

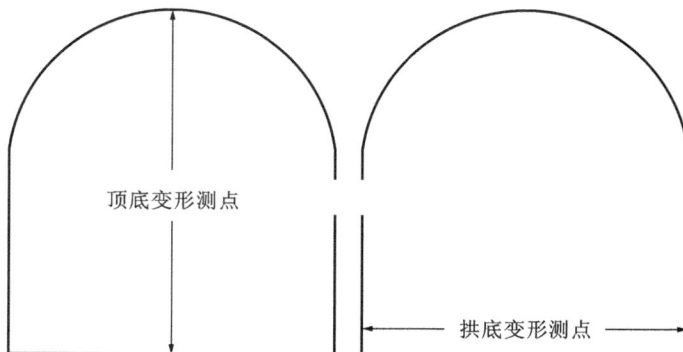

图 14.25　测点布置示意图

间距观测难度,每次观测时都用一根两端带钩的直杆协助。

14.3.6.2　观测结果分析

(1)变形速率曲线

测试表明,截至 2010 年 11 月 1 日,"两排锚杆＋注浆"加固段,巷道顶底和帮底的移近速度基本为零(图 14.26)。无锚杆段顶底移近速度约为 0.85mm/d,帮底移近速度 0.6mm/d,单排锚杆测试段较无锚杆段的移近速度略低。与 5 月 6 日至 6 月 28 日之间的监测数据比较,"两排锚杆＋注浆"加固段已经稳定,无锚杆段和单排锚杆段变形速度大幅增大,此时除 50m 双排锚杆＋注浆补强段外,其余 850m 急需返修(图 14.27)。

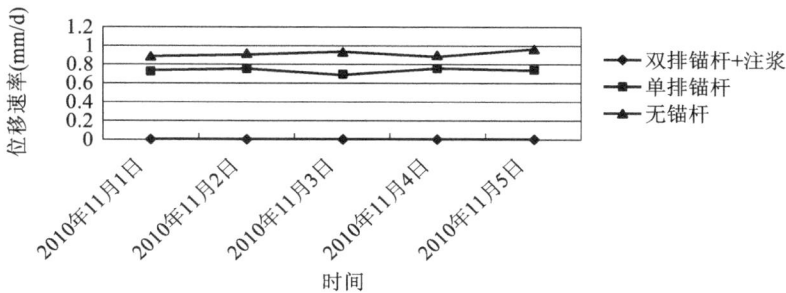

图 14.26　各观测段顶底变形曲线

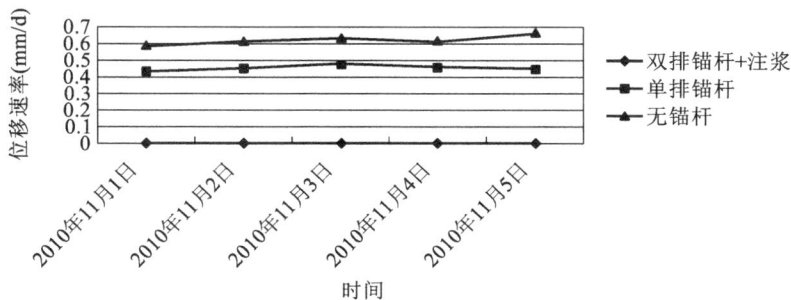

图 14.27　各观测段帮底变形曲线

14.3.7　双排补强＋注浆试验段补强 18 个月后

测试表明,截至 2011 年 11 月 7 日,"两排锚杆＋注浆"加固段,巷道顶底和帮底的移近速度基本为零,效果显著(图 14.28)。

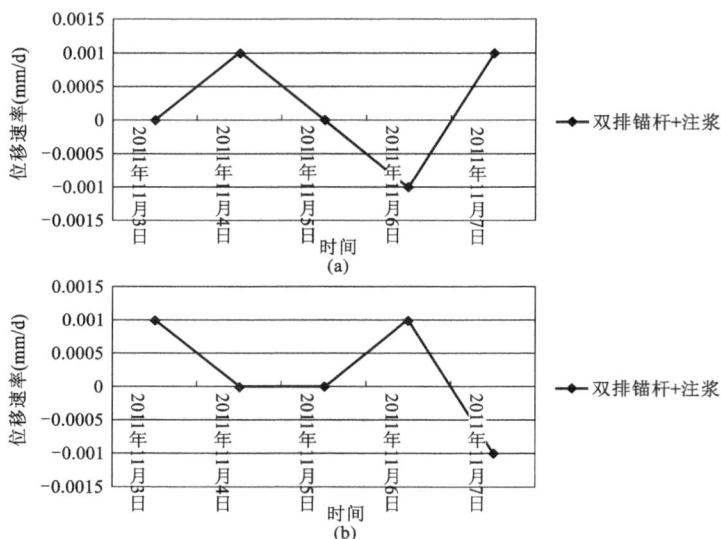

图 14.28　补强 18 个月后的变形曲线

14.3.8　双排补强＋注浆试验段补强 24 个月后

测试表明,截至 2012 年 5 月 13 日,"两排锚杆＋注浆"加固段已完成补强施工 24 个月,巷道顶底和帮底的移近速度基本为零,效果显著(图 14.29)。

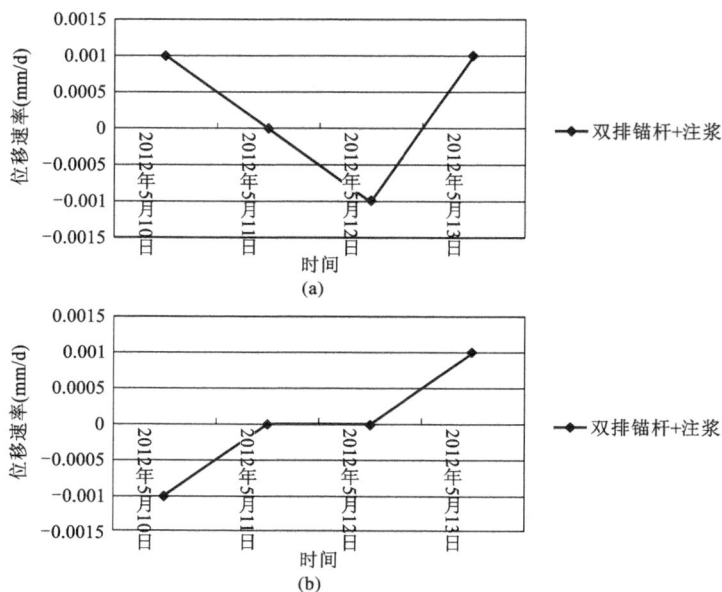

图 14.29　补强 24 个月后的变形曲线

14.4　结　　论

　　许疃南大巷 3 种修复方案的效果监测自 2009 年 5 月起共实施了 8 个阶段的变形监测,共计耗时近 36 个月,实现了 3 种修复方案的优劣对比,最后验证了双排锚梁与棚架组成的锚架组合结构的理论解析分析结果的科学性与合理性,同时也验证了单排锚梁与棚架组成的锚架组合结构的数值模拟的结果。

15 涡北煤矿现场工业性试验

15.1 涡北煤矿现场工业性试验巷道概况

15.1.1 试验巷道所属工作面位置

原设计的 8203 工作面外起第四勘探线以南 106m,里至第二勘探线以北 115m,上距 F5 断层 160～200m,下距 F15 断层 230～350m。

15.1.2 试验巷道及工程地质条件

(1)试验巷道概况

涡北煤矿煤层赋存稳定,但结构复杂、力学特征极为特殊。结构复杂主要表现为煤层中多含夹矸,力学特征极为特殊,主要表现为:煤的强度很低、稍碰即碎,属极松散煤层范畴。由于煤层极为松散、软弱,故煤体的侧压系数较大,表现在巷道支护方面,侧向变形难以控制,柱腿内移严重,支护非常困难。

自煤矿建成投入运营至本项目结束期间,涡北煤矿运营中的所有采区的机风巷道均出现了断面大幅缩小、巷道反复修复的情况,与试验巷道同煤层的其它巷道的很多部位套棚次数多达三次仍无法控制巷道的变形,某些巷道在投入运营之前断面就已经缩到原断面的 50％以下。

8203 机巷的巷道断面 4628×3600mm,在 2008 年 12 月至 2009 年 3 月之间分别采用了圆拱斜腿 36U 形钢支架、圆拱与拱形腿 36U 形钢支架等支护形式,但由于煤层极为散,底板十分软弱,支护很难保持 10 天以上,整个施工过程处于前掘后修状况,2 个月进尺不足 100m,施工单位连续自行退出。

（2）试验巷道地质水文条件

该工作面上限距三隔底部泥岩及四含底界约 200m。因此，新地层含水层对该面采掘无直接影响。影响该工作面的主要水源有 8 煤组顶、底板砂岩裂隙水。本区段 8 煤组老顶为粉～细砂岩，厚度 21.12～25.72m，裂隙较发育，富水性相对较强。施工过程中可能出现顶板淋水及短时间的出水现象。

施工范围内"太灰"距 8 煤底板 108～134.5m，平均 121m。正常情况太灰水对生产无影响。

（3）试验巷道的工程地质特征

8203 工作面对应的煤层倾角 19°～ 31°（平均 26°），赋存稳定，结构较复杂。8_1 煤为灰黑～ 黑色，粉末～碎块状，属半暗型煤，局部含薄层夹矸，夹矸厚 0.20m，8_1 煤厚 4.28～6.84m（平均 5.55m）。8_2 煤为黑色粉末状～碎块状，局部鳞片状，属半暗型煤。局部靠底部含一厚 0.20m 的薄层夹矸。8_2 煤厚 2.46～3.84m（平均 3.23m）。8_1、8_2 之间的夹矸为灰～深灰色块状泥岩，局部粉砂岩，性脆，含植物化石，厚为 0.78～5.49m，平均 2.30m；总体呈外段厚里段薄，外段又呈上部厚下部薄的趋势。煤（岩）层总厚度 8.78m。底板为软弱泥岩。8203 工作面原设计走向长 1200m，倾向长 148m，面积 173900 m^2。

15.2 工业试验方案设计

15.2.1 试验巷道支护原理分析

涡北煤矿 8203 机风巷支护设计原理如下：

（1）"支强压弱、支弱压强"原理

当支护体强度越强时，松动圈范围就越小，支护体承受的来自于围岩（煤）的压力就越低；反之，当支护体强度越弱时，松动圈范围就越大，支护体承受的来自围岩的压力就越大。

依据图 15.1(b)可知，作用在松动圈外围上的压力 $q_2 = \sigma_3$，与支护结构和围岩之间的压力 q_1 呈线性关系，其随着 q_1 的增大而增大。根据库伦-纳维尔准则"$\sigma_1[(f^2+1)^{1/2}-f]-(\sigma_3[(f^2+1)^{1/2}+f])=2C$"又知：$\sigma_3$ 越大、越接近 σ_1，外围岩体就越稳定，否则松动圈将继续扩大，而松动圈的扩大会导致 σ_1 的增大，此时要想抑制松动圈的继续扩大，必须提高 $q_2 = \sigma_3$ 的数值。结合图中的关系式可知，在保持 N 不变的情况下，此时只有继续增大 q_1，才会保持松动圈的平衡状态。

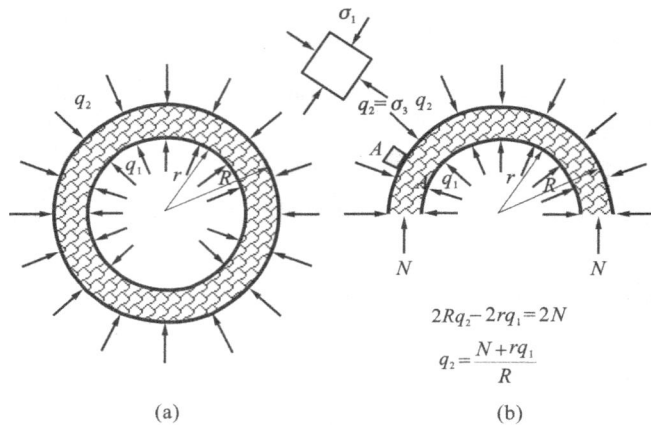

图 15.1 支护强度与松动圈外围压力关系示意图

（2）极松散特厚煤层中"借力提力、越压越强"原理

通过增强金属支架的刚度、提高钢筋笆的刚度、使用双抗布防止碎煤流漏等措施提高松动圈内的碎胀力和破碎煤体的压实度，通过使用带肋锚杆等措施提高锚杆与煤体之间的摩擦力，最终达到提高锚杆在极松散煤体中的抗拉拔力的目的。这种原理的最大特征是压力越大，锚杆的锚固力越大，金属支架的承载力越高，即具有"借力提力、越压越强"的特征。

15.2.2 工业试验方案设计

15.2.2.1 原支护方案及第一次修改方案（图 15.2、图 15.3）

支护参数：上述两方案中，金属支架排距均为 600mm，36U 形钢。

15.2.2.2 本项目支护方案

（1）主体支护构件参数

①支架：金属支架采用 3 节 36U 型钢，半圆拱半径 2.3m，巷道底板宽 4993mm，高 3600mm，断面积 14.58m²，棚距 500mm。顶梁为圆弧状，弧长 5236mm，棚腿长 3265mm，腿梁搭接长度 500mm，重叠部分用 3 道卡环连接。

②锚杆：锚杆采用 Φ22mm×2400mm 的 20MnSi 左旋无纵筋螺纹钢高强预应力锚杆，锚杆托盘为 10mm×150mm×150mm 的钢板冷轧碟型盘，锚杆布置方式见图 15.4。

（2）辅助支护设施参数

①钢筋网：钢筋网采用 Φ10mm 圆钢焊接，网眼密度 100mm×100mm，规格：700mm（巷道纵向）×1300mm（巷道横向）；

②双抗布：采用用防止静电的双抗布，规格：1800mm×1000mm；

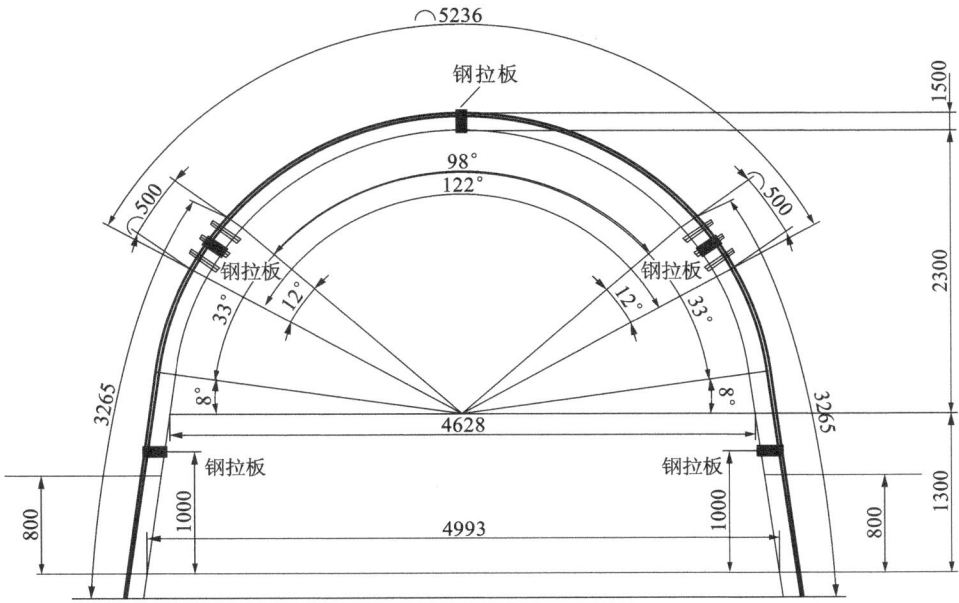

图 15.2 最初支护方案

8203机巷、风巷断面图

1:50

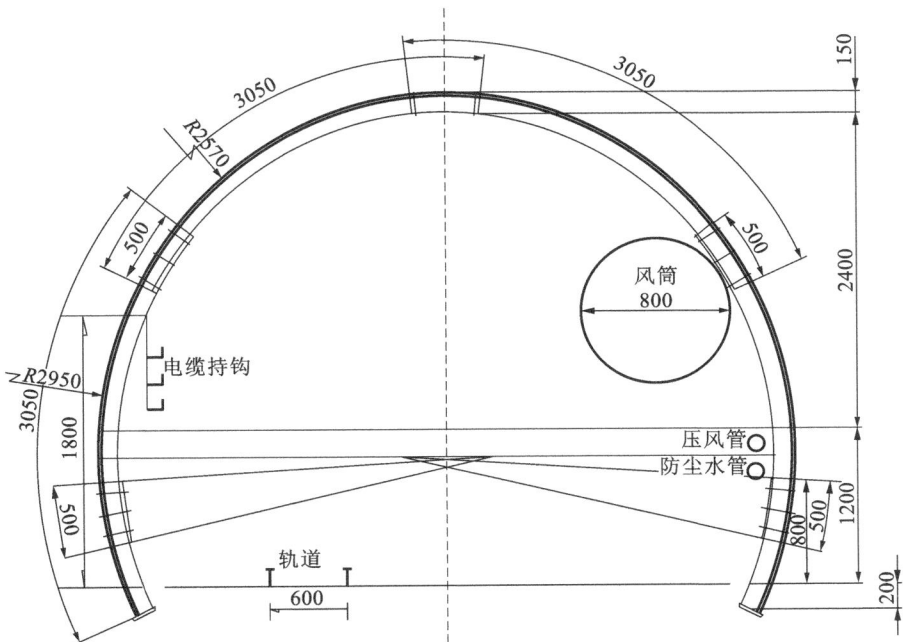

图 15.3 第一次修改方案

③槽钢：18 号槽钢，每段长 700mm，槽钢腹板紧贴棚腿，在槽钢腹板中心部位开设直径 25 的圆孔作为锚杆的穿孔；

④木楔：硬质木料加工而成，规格：长×宽×厚（大头）＝300×150×100mm。

⑤拉板：采用 10mm 钢板制成，规格：450mm（长）×80mm（宽）×10mm（厚）。

（3）其他相关支护参数（表 15.1）

表 15.1　其他支护参数

巷道名称	断面形状	围岩类别	煤层类别	净高（mm）	净宽（mm）	支架		
						棚距（mm）	棚梁节数	搭接长度（mm）
8203 机巷	斜腿拱形	F＞3	8_1、8_2	3600	4993（底板）	500	3	500

支架					护顶（帮）材料			
卡缆间距	螺母拧紧力矩	腿窝深度	材料	规格（mm）	材料	规格（mm）	间距	网搭接长（mm）
230	≥300N·m	200	36U 形钢	180×150	钢笆网	700×1300	全封闭	100

说明：1. 表中参数的单位为 mm，支架及其构件、配件的材质、规格质量必须符合设计要求及有关标准要求；

　　　2. 棚腿扎角 8°

（4）支护平、剖、断面图（图 15.4～图 15.6）

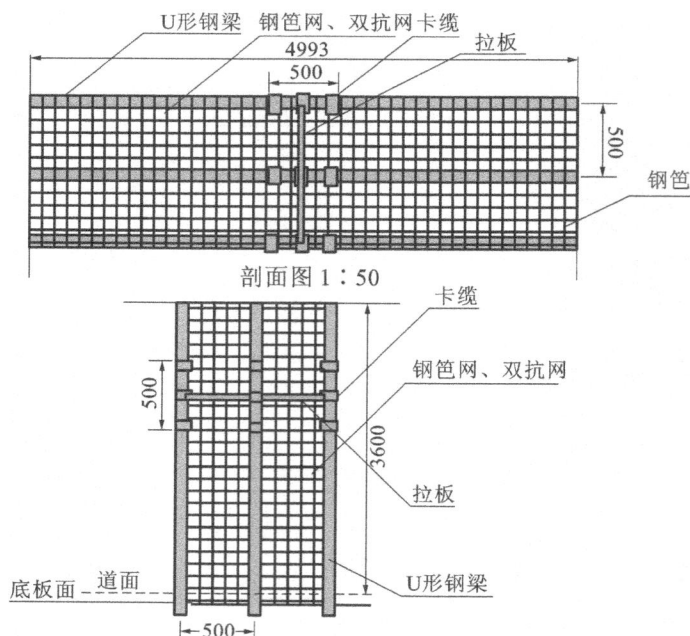

图 15.4　8203 采区巷道 U 形钢、锚杆布置平面图

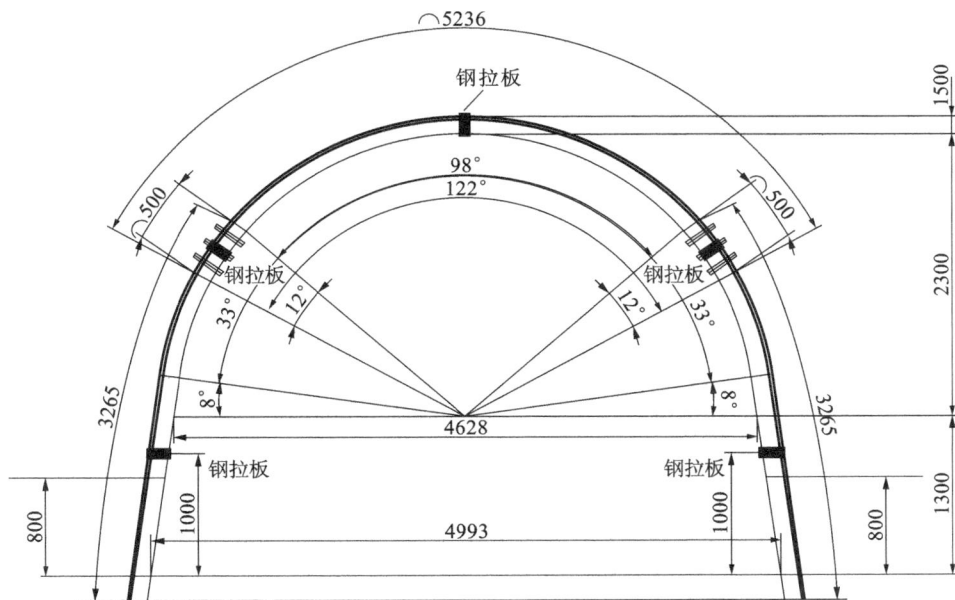

图 15.5　8203 采区巷道断面图

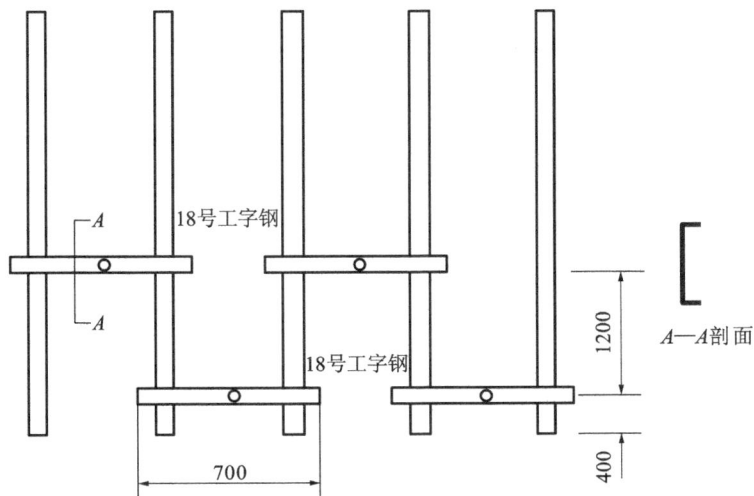

图 15.6　8203 采区巷道锚杆布置平面图

（5）施工工艺

风镐挖掘拱部→敲帮问顶→前移前探梁、铺双抗布、挂防片帮网→看中或腰线后上拱梁（钢棚梁）→上拉板、过顶、刹紧→出煤（矸）、刨腿窝（深度、棚距合格）→栽棚腿→紧固卡缆、上拉板→封帮→检查支架调斜情况后用木楔整体加固→安装锚杆。

（6）相关现场照片（图 15.7）

图 15.7　槽钢＋锚杆补强支护现场实拍照片

15.3　工业试验巷道监测方案

巷道变形测试共分为 5 个阶段,其中第一阶段为动压影响阶段测试,其余为效果监测阶段,下面分别介绍。

15.3.1　8203 巷道第一变形阶段观测

15.3.1.1　观测方案

（1）测站布置

2009 年 5 月 28 日 8:30~13:00,涡北煤矿生产技术部会同安徽理工大学课题组到 8203 机巷布置矿压观测站。共布置 8 个测站,测站间距为 5m,8 号测站距离迎头 9m,如图 15.8 所示。每个测站内均包含 4 个观测测点:顶板测点、底板测点和两帮测点,如图 15.9 所示。

在这 8 个测站内,两帮和顶板测点的布置方法是:用直径为 10mm 的钢筋弯成挂钩,并且焊接在螺母上,把螺母固定在 U 形棚上作为测点。底板测点的布置方法是:用直径为 10mm 的钢筋弯成挂钩,并且焊接在直径为 10mm、长度 300mm 的铁钎上,砸入底板作为测点。

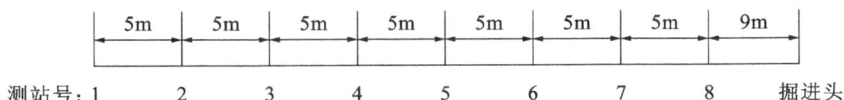

图 15.8　测站布置示意图(单位:m)

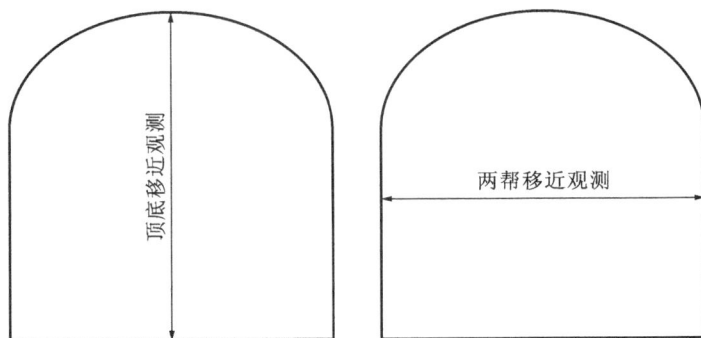

图 15.9　测站内测点位置示意图

（2）测试仪器

此次观测采用 JSS30A 型数显收敛计如图 14.10 所示。该收敛计的分辨是 0.01mm，能实现巷道变形的精确测量。每个测站的 4 个测点均需安设挂钩，以满足收敛计的使用需要。

（3）观测方法

测点布置后前期每天观测一次，连续观测五天，目的是了解工作面前方实体煤体对巷道变形的影响。五天以后巷道掘进超过 30m，巷道变形基本处于稳定期。然后每三天测试一次并填写测试记录。当次测试结果与前次测试结果之差即为两次测试期间巷道的变形量，当次测试结果与首次测试结果之差即为整个测试期内巷道的总变形量。

15.3.1.2　各测站观测结果汇总（图 15.10）

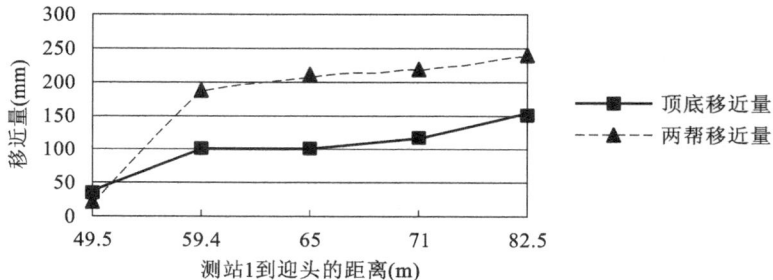

（a）测站1表面位移随迎头推进累积示意图

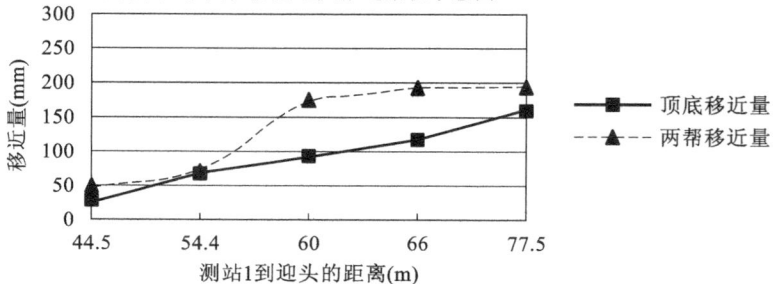

（b）测站2表面位移随迎头推进累积示意图

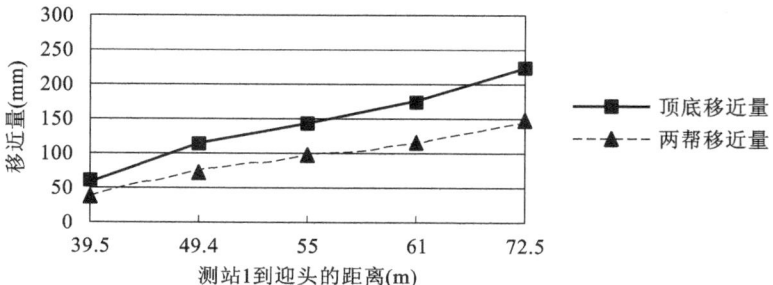

（c）测站3表面位移随迎头推进累积示意图

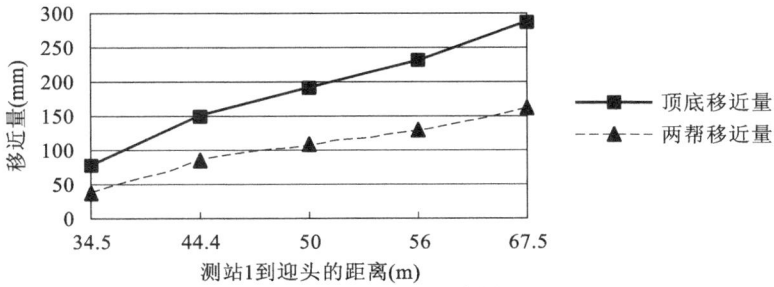

(d)测站4表面位移随迎头推进累积示意图

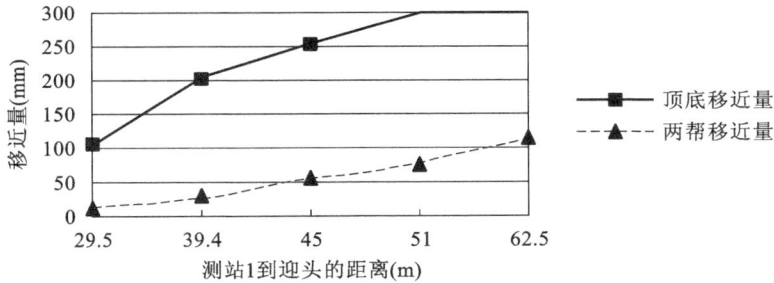

(e)测站5表面位移随迎头推进累积示意图

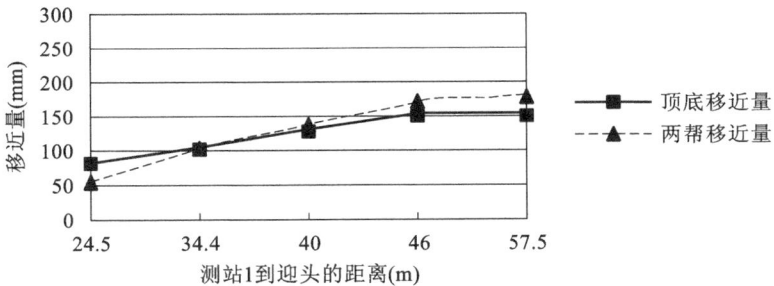

(f)测站6表面位移随迎头推进累积示意图

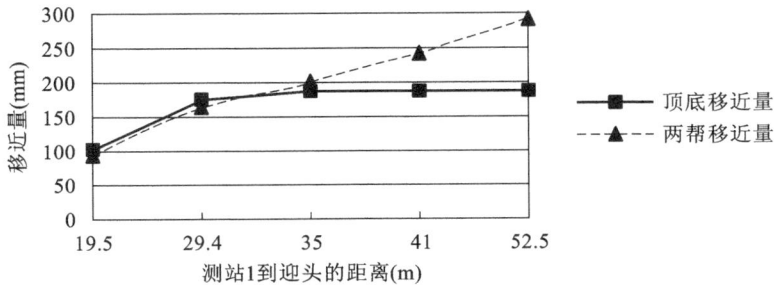

(g)测站7表面位移随迎头推进累积示意图

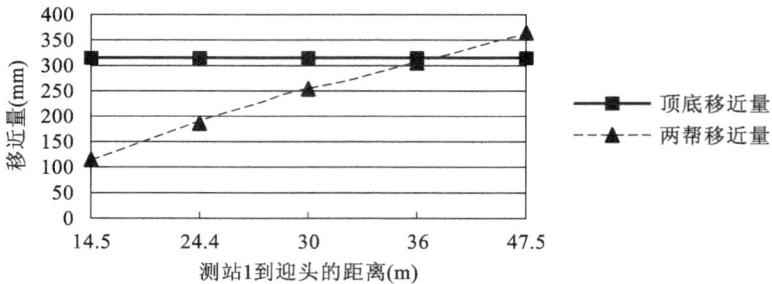

(h)测站8表面位移随迎头推进累积示意图

图 15.10　围岩位移与工作面推进关系示意图

15.3.1.3　测试结果分析

（1）变形特征

8203 机巷变形特征有三点：

①变形总量很大，观测期间 U 形棚两帮最大移近量达 365mm，平均值 212mm；顶底最大移近量超过 320mm，平均值 224mm；

②变形速度很快，顶底日均变形量超过 26.5mm，腰部超过 28mm；

③变形未趋于稳定，截至 2009 年 6 月 3 日，8 号测站与迎头间距已超过 47.5m，但各测站顶底移近速度仍在 20mm/d 左右，两帮移近速度仍在 15mm/d 左右，说明测站范围内巷道尚未进入稳定变形期。

（2）结论及建议

上述测量结果汇总后如表 15.2 所示。从表中可以看到，巷道的变形量属合理的变形状态中，平均断面积仅较设计值缩小 3 m² 左右，正常的通风、行人、运输等没有受到任何影响。发生上述变形的主要原因可以概括为以下三个方面：

支架支护初期，支架搭接处、柱腿脚部尚未进入稳定状态，在压力作用上去后，搭接部位在缓冲过程中会导致支架整体发生一定程度的变形，同时柱腿脚部和周围煤体之间的相互作用在达到平衡状态前也会有一个过程。这个过程中，柱腿会向下、向内位移。

施工过程中，两排补强锚杆安装不及时，导致金属支架引得不到加强而发生一定的变形。巷道开挖初期，底板因受力状态变化，产生松动圈，发生底臌；底臌又导致两帮底部的煤体向内位移，致使棚架柱腿随之向内移动。

由于上述因素均会随着时间的延续而慢慢变弱，因此变形速率也会慢慢降低，同该矿以往的巷道支护情况相比，8203 巷道的变形属于正常合理的范围之内。

表 15.2　8203 巷道阶段测试结果汇总

测试时间：6 月 3 日 16 时（巷道净断面测试）			测试人：经来旺、江苷平、郝朋伟、张宏学
测站编号	顶底净距(m)	两帮净距(m)	净断面面积(m²)
1	3.27	3.97	11.29
2	3.16	3.99	10.90
3	3.31	3.94	11.38
4	3.15	4.01	10.91
5	3.42	4.03	12.04
6	3.42	4.15	12.35
7	3.21	3.94	10.98
8	3.35	4.08	11.88
平均值	3.29	4.01	11.47
设计值	3.60	4.36	14.58

15.3.2　8203 巷道第二变形阶段观测

15.3.2.1　观测测站布置

2009 年 5 月 28 日～6 月 3 日，涡北煤矿生产技术部和安徽理工大学科研组已经完成了 8203 机巷动压影响期间的变形观测，初步掌握了该巷道变形与掘进工作面推进所引起的动压之间的关系。

2009 年 6 月 13 日～7 月 15 日，涡北煤矿生产技术部再次会同安徽理工大学科研组到 8203 机巷布置矿压观测测站，以掌握巷道稳定变形期间的变形规律。此次布置的 8 个测站基本与动压影响期间的观测测站重合。需要指出的是，截至 6 月 13 日 8 号测站与迎头的间距已超过 160m。

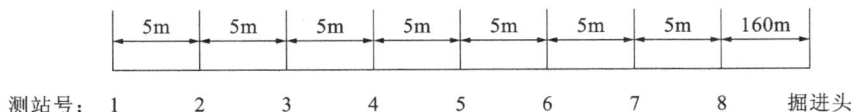

图 15.11　测站布置示意图

8 个测站内共有测点 38 个，详细情况如图 15.12～图 15.19 所示。此次观测的 30 个顶帮测点均直接布置在 U 形棚的内侧，底板测点由预先加工的铁钎充当。

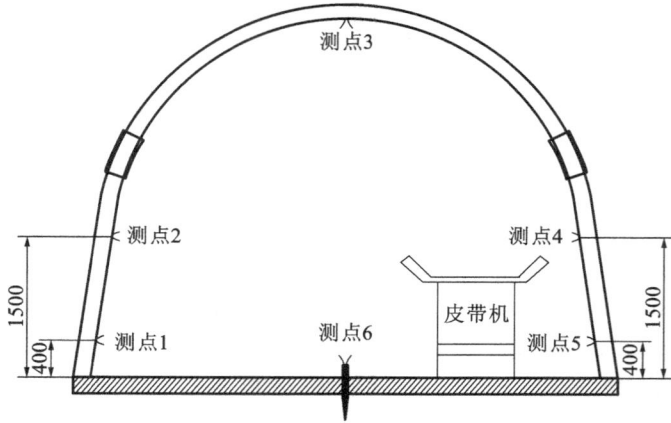

图 15.12 测站 1 内测点布置示意图

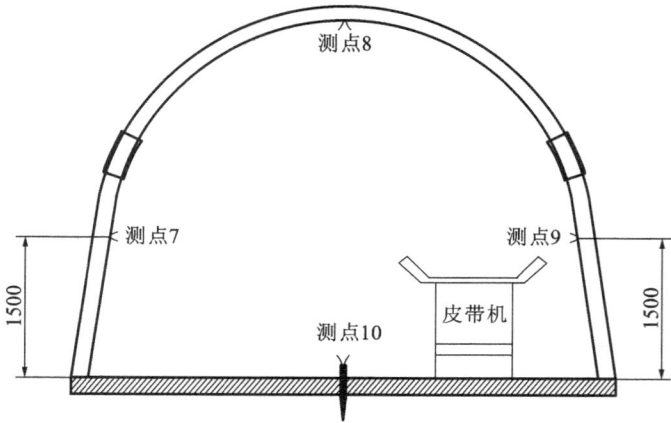

图 15.13 测站 2 内测点布置示意图

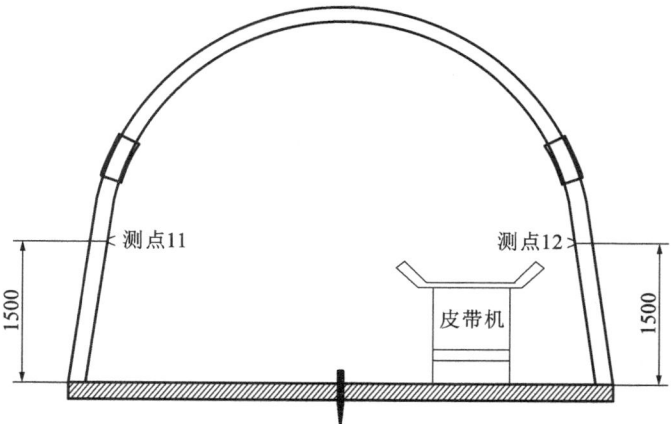

图 15.14 测站 3 内测点布置示意图

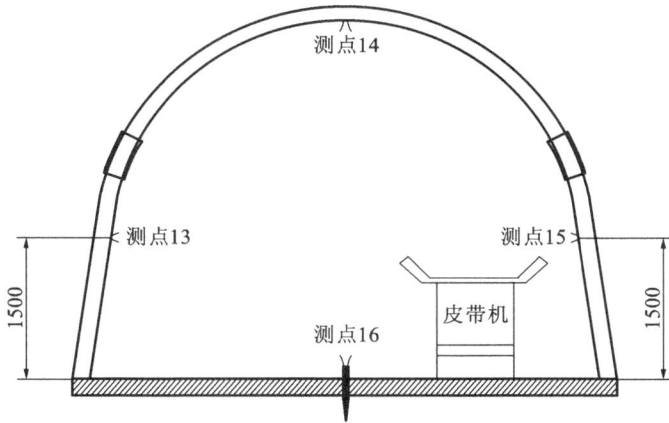

图 15.15 测站 4 内测点布置示意图

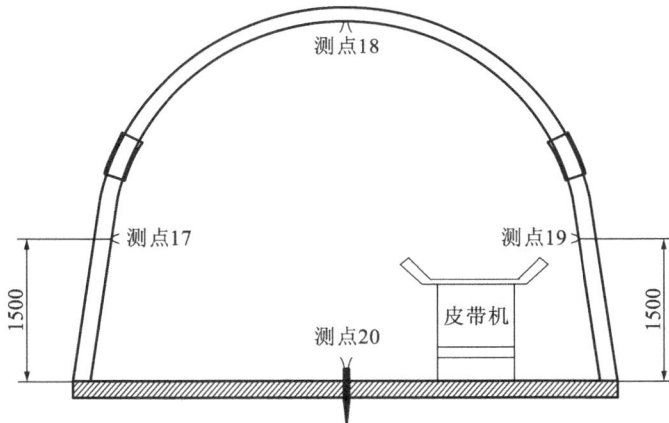

图 15.16 测站 5 内测点布置示意图

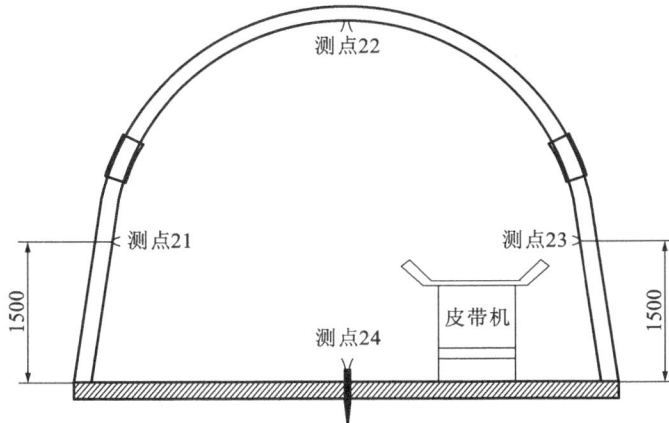

图 15.17 测站 6 内测点布置示意图

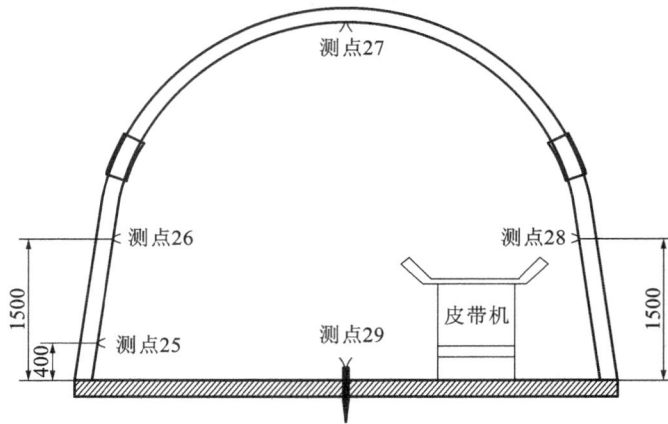

图 15.18　测站 7 内测点布置示意图

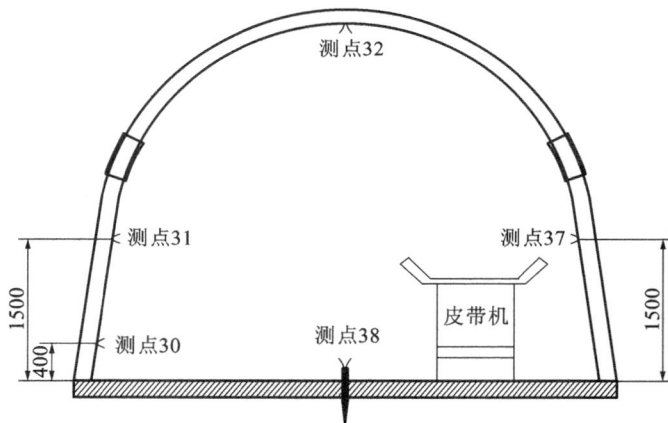

图 15.19　测站 8 内测点布置示意图

15.3.2.2　观测方法

主要的观测仪器为全站仪。观测人员定期用全站仪观测 38 个测点的绝对坐标,并填写测试记录。当次测试结果与前次测试结果之差即为两次测试期间巷道的变形量,当次测试结果与首次测试结果之差即为整个测试期内巷道的总变形量。据此,可以得到巷道的顶板下沉量、底臌量、左帮移近量、右帮移近量。

15.3.2.3　测试结果(图 15.20~图 15.27)

15.3.2.4　结果分析

综合以上所有曲线可以发现,8203 机巷的第二阶段(6 月 19 日至 7 月 15 日)变形有以下几个特征:

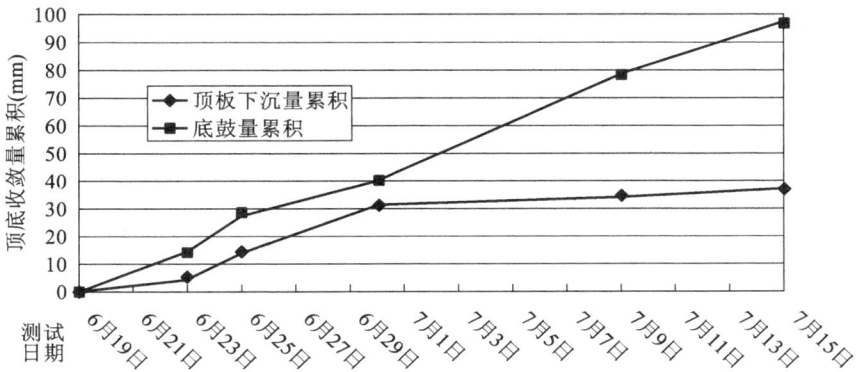

图 15.20 巷道顶底收敛量累积曲线

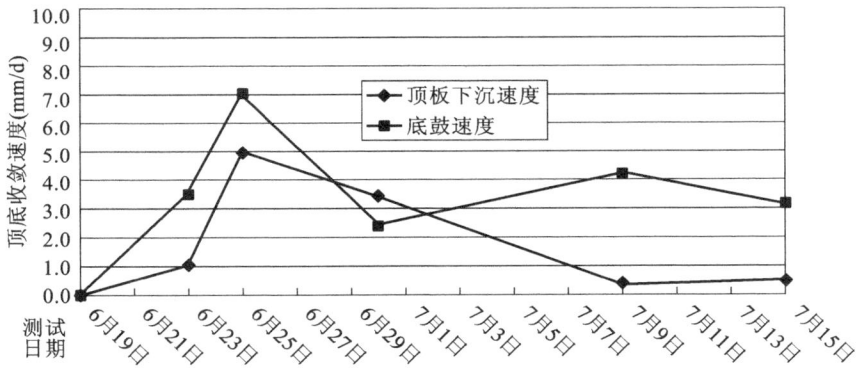

图 15.21 巷道顶底收敛速度曲线

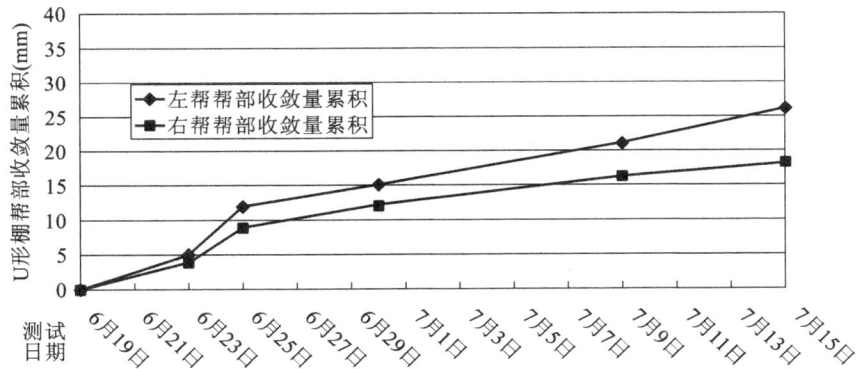

图 15.22 U 形棚帮部收敛量累积曲线

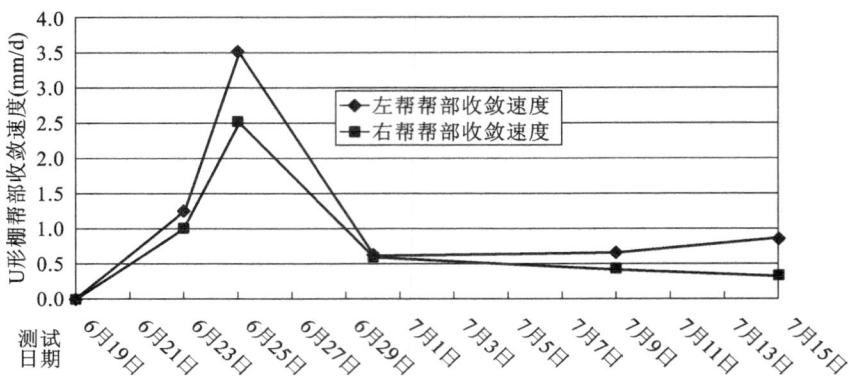

图 15.23　U 形棚帮部收敛速度曲线

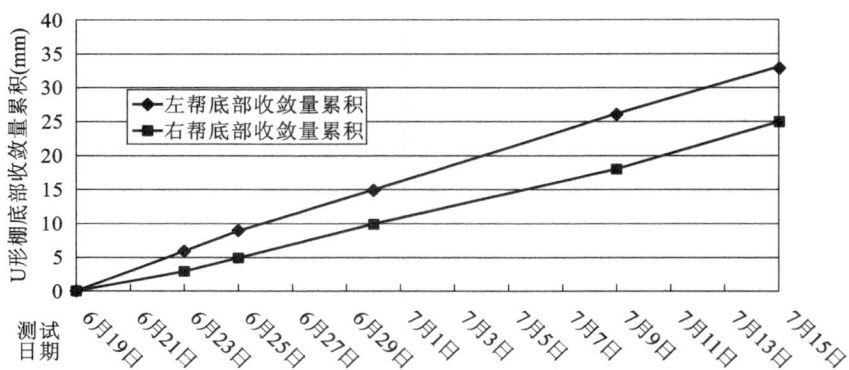

图 15.24　U 形棚底部收敛量曲线

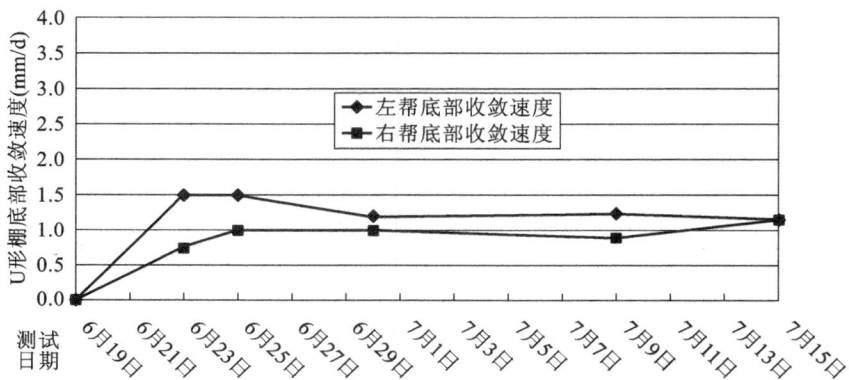

图 15.25　U 形棚底部收敛速度曲线

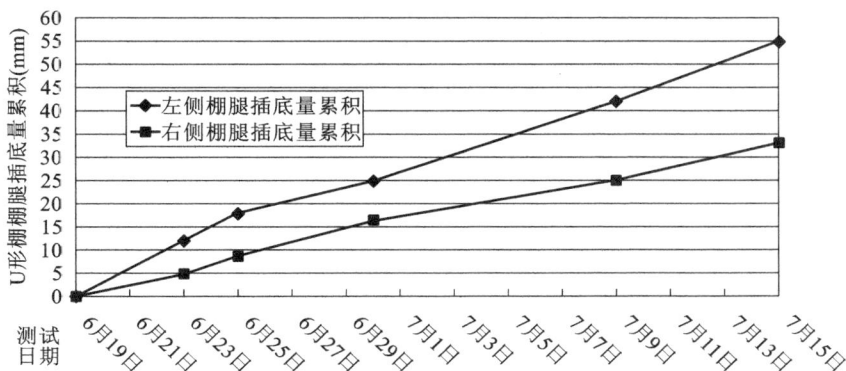

图 15.26 U 形棚棚腿插底量曲线

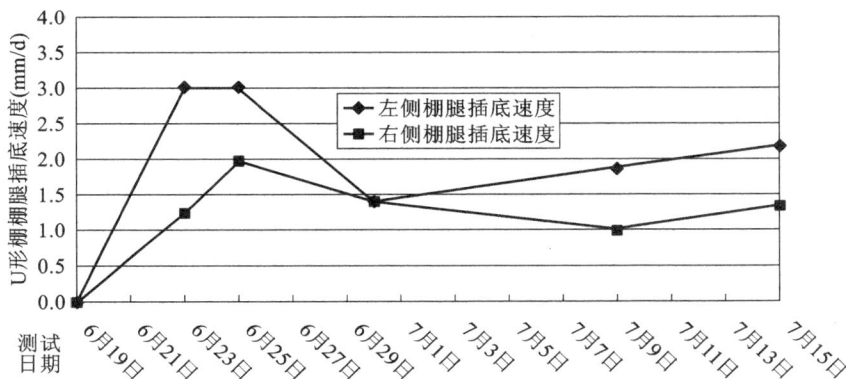

图 15.27 U 形棚棚腿插底速度曲线

(1)巷道变形总量不对称,变形速度也不对称,支架左侧变形大于右侧,即以煤层为底板的左侧明显比以岩层为底板的右侧变形速度快;

(2)柱腿部位变形速率大于帮部,插底速度与顶部下移速度相当;

(3)变形速度较第一阶段大幅降低(第一阶段:顶底日均变形量超过 26.5mm,腰部超过 28mm),说明巷道在逐渐地趋于稳定。

表 15.3 U 形棚变形速度(mm/d)

顶板下沉	底臌	左帮帮部	右帮帮部	左帮底部	右帮底部	左帮插底	右帮插底
1.4	3.4	1.0	0.7	1.3	1.0	2.1	1.3

表 15.4 U 形棚变形总量(mm)

顶板下沉	底臌	左帮帮部	右帮帮部	左帮底部	右帮底部	左帮插底	右帮插底
37	97	26	18	33	25	55	33

15.3.3　8203 巷道第三变形阶段观测

本次效果监测共取两个断面,连续监测 7 天,监测内容为帮底移近量和顶底移近量,采用 JSS30A 型数显收敛计作为监测仪器(图 15.28)。

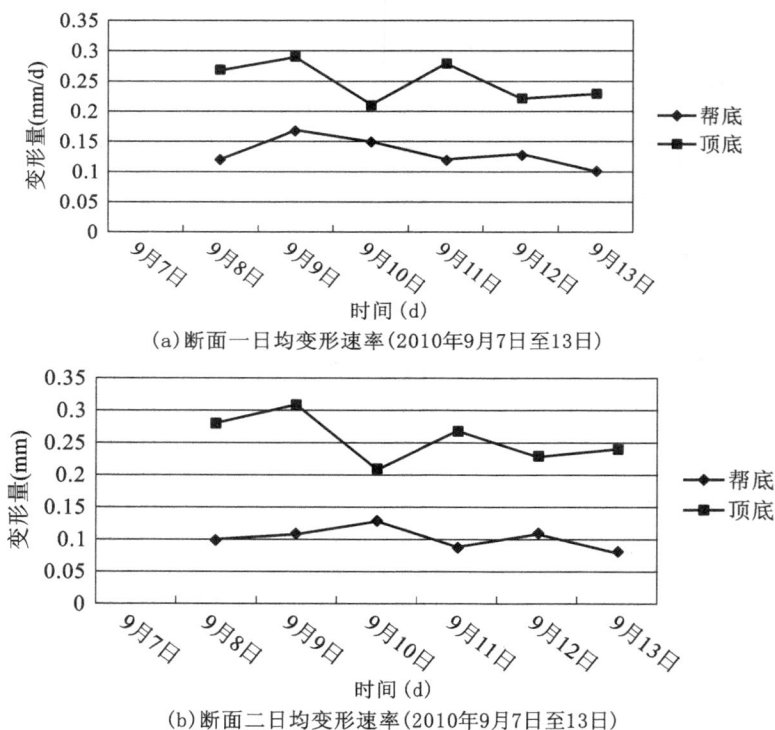

(a)断面一日均变形速率(2010年9月7日至13日)

(b)断面二日均变形速率(2010年9月7日至13日)

图 15.28　第三阶段断面变形速率

15.3.4　8203 巷道第四变形阶段观测

本次效果监测共取两个断面,连续监测 6 天,监测内容两个:帮底移近量和顶底移近量,采用 JSS30A 型数显收敛计作为监测仪器(图 15.29)。

15.3.5　8203 巷道第五变形阶段观测

本次效果监测共取两个断面,连续监测 5 天,监测内容 1 个:帮底移近量,采用 JSS30A 型数显收敛计作为监测仪器(图 15.30)。

(a)断面一日均变形速率

(b)断面二日均变形速率

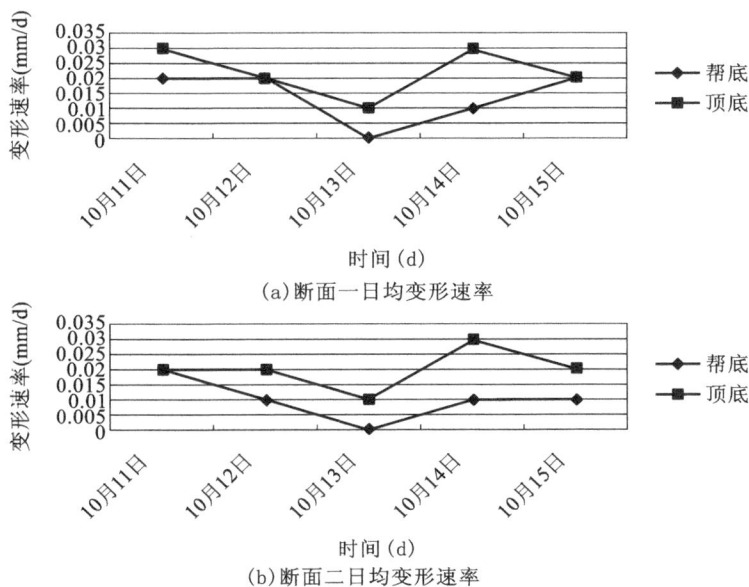

图 15.29 第四阶段断面变形速率

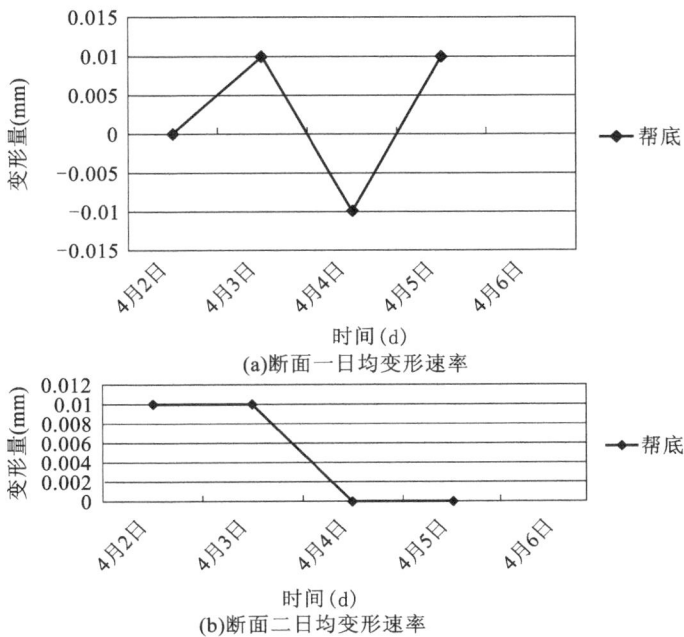

(a)断面一日均变形速率

(b)断面二日均变形速率

图 15.30 第五阶段断面变形速率

15.3.6 监测结果总结

从 2010 年 5 月 28 日至 9 月 7 日,约 100 天内,巷道基本稳定,至 2012 年 10 月,该工作面已近采完,但巷道仍完好无损,在国内首次实现了极松散厚煤层巷道近 4 年零返修的记录。

16 袁庄煤矿现场工业性试验

16.1 袁庄煤矿现场工业试验巷道概况

16.1.1 试验巷道位置

袁庄煤矿 IV2 专用回风道的走向剖面图及其与周边巷道的位置关系如图 16.1 及图 16.2 所示。

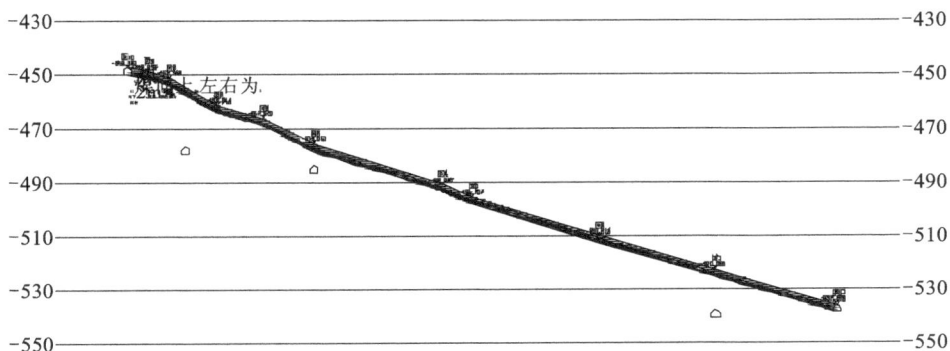

图 16.1 IV2 专用回风道走向剖面图

16.1.2 试验巷道及工程地质条件

16.1.2.1 试验巷道概况

袁庄煤矿 IV2 专用回风道周边有四条平行的下山及多个采煤工作面,巷道正上方存在一"孤岛",应力集中现象十分突出,加之围岩多为软弱和破碎的泥岩及泥岩砂岩交互的情况,巷道变形十分严重。巷道两帮的变形与底臌往往同时发生,并

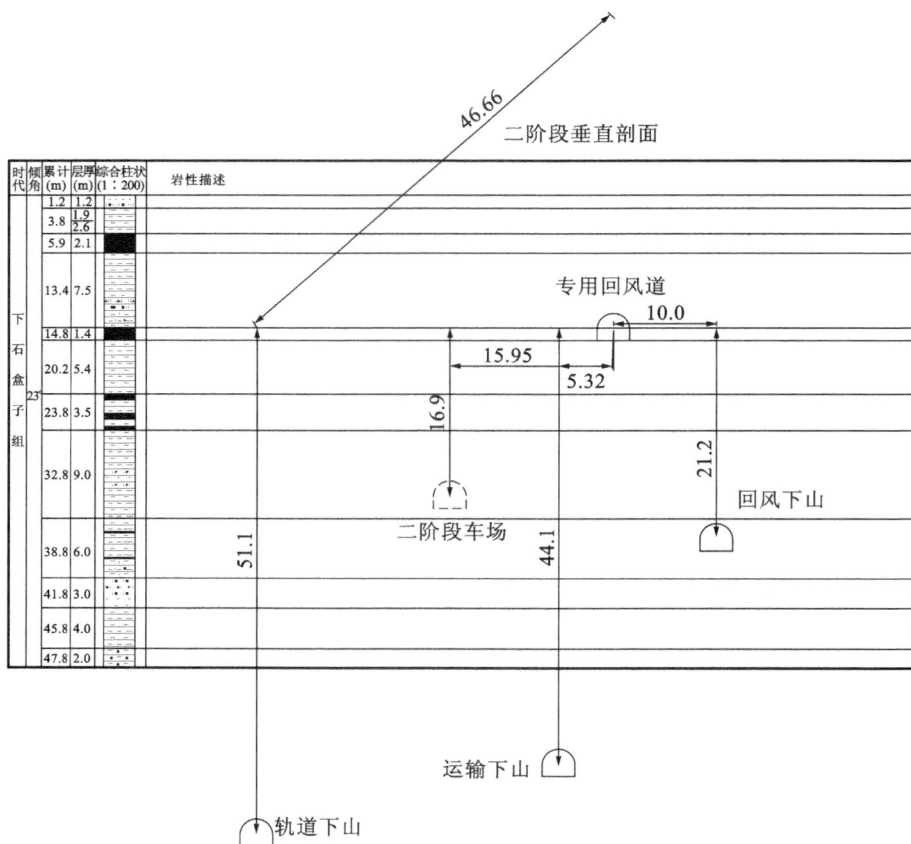

图 16.2　IV2 专用回风与周边巷道位置关系

迅速引起 U 形棚棚腿的内敛变形。由于底板软弱及棚腿支承力度减小,巷道顶板下沉也随之加剧,整条巷道几乎每年就要重新架棚修护一次,每次修复前,巷道收缩率基本达到了 50%。IV2 专用回风道断面为直墙拱形,尺寸 2800mm × 2800mm,采用 29U 金属支架支护,排距 600mm×600mm。

16.1.2.2　试验巷道地质水文条件

本区是被 40m 左右的第四系冲击层覆盖的隐伏煤田,井田东部有两姜河、闸河,井田西部有龙河,井田内有一条人工开挖的解放河和较多的大小池塘。井田内地势平坦,一般标高为+34～+36m。但由于多年的井下开采,造成井田内大面积塌陷,塌陷面积约 6 平方公里,分布在井田内的西部和南部,塌陷区内积水受季节性变化影响,雨季积水面积大,冬季大多干涸,最高洪水位+35.85m。在正常情况下,地表水对井下生产无影响。

袁庄煤矿 30 多年来的生产实践表明,影响煤矿生产的主要含水层为煤系地层可采煤层顶板砂岩裂隙含水层,该含水层是矿井主要冲水水源,其次是第四系水。

16.1.2.3　试验巷道的工程地质特征

图 16.1 显示,Ⅳ2 专用回风道沿 4 煤掘进,4 煤只有 1.4m 厚,专用回风道顶板是泥岩,底板也是泥岩,而两帮却是半煤半岩,围岩极为软弱。巷道修复迎头所剥落碎块几乎全是散碎的岩渣,很少能见到大块的矸石,巷道底板更是软弱,而且有大量积水存在。

图 16.2 显示,Ⅳ2 专用回风道附近还有运输下山、轨道下山、回风下山、阶段车场等四条巷道。五条巷道之中,Ⅳ2 专用回风道的层位最高,受巷道掘进所引起的次生应力影响最为严重。

除此之外,上述五条巷道上方的 3 煤中对称布置有若干采煤工作面,工作面开采结束后五条巷道上方的保护煤柱内强大次生高地压使巷道的受力状态进一步恶化,而专用回风道距离 3 煤最近,受到的影响当然也最大。

16.2　工业试验方案设计

16.2.1　试验巷道支护原理分析

袁庄煤矿 Ⅳ2 专用回风道采用的支护方案综合了涡北 8203 回采巷道与许疃煤矿－500m 南翼轨道大巷所遵循的支护原理,即:"支强压弱、支弱压强"原理、"借力提力、越压越强"原理和"锚杆与金属支架相互增强"原理。

16.2.2　工业试验段补强支护方案设计

16.2.2.1　原支护方案及以往修复方案

Ⅳ2 专用回风道断面为直墙拱形,尺寸 2800mm×2800mm。2006 年初成巷时为锚喷支护,间排距 700mm×700mm,锚杆规格:Φ22mm×2400mm 的 20MnSi 左旋无纵筋螺纹钢高强预应力锚杆,锚杆托盘为 10mm×150mm×150 mm 的钢板冷轧碟型盘。后因变形压力大改为 36U 形金属支架支护,排距 600mm,腿梁搭接长度 500mm,重叠部分用 3 道卡环连接。

16.2.2.2　本项目方案

(1)巷道断面与永久支护形式

①断面形状:直墙半圆拱;

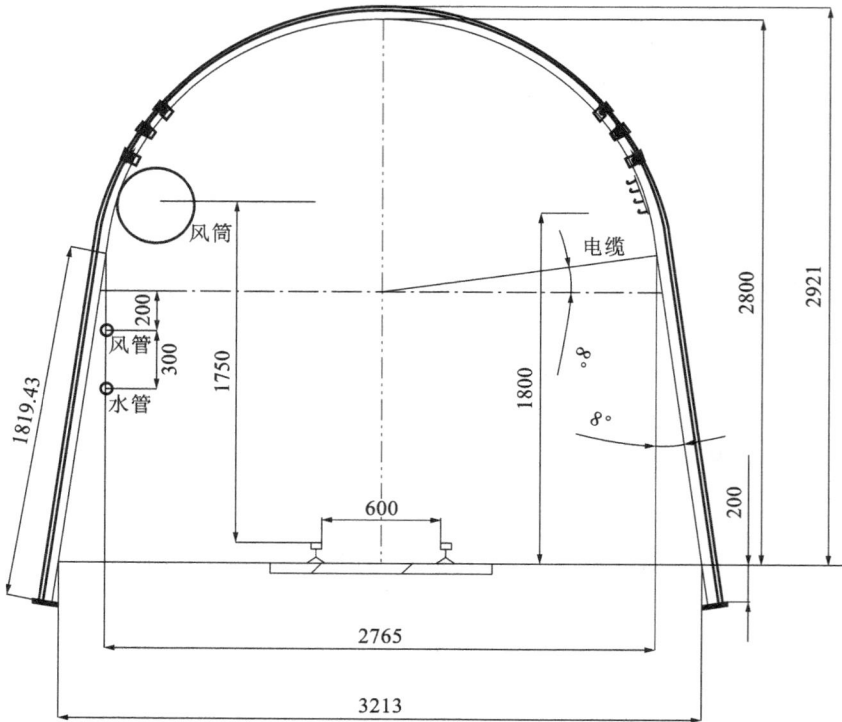

图 16.3　巷道断面图

②断面规格:净宽×净高＝2800×2800mm;

③支护形式:采用全断面棚、加强短梁＋锚索、网、注浆综合支护。

(2)主要支护技术参数

A.金属支架

整个巷道长度范围内均采用三节 29U 形棚支护,巷道净宽 2.8m,净高 2.8m;排距 600mm。

B.加强短梁＋锚索

①锚索:锚索规格为 17.8×6300mm,托盘为普通 150×150×10mm 托盘,锁具为普通锚索锁具,采用 4 节 Z2550 型树脂药卷锚固。

②加强短梁:废旧 29U 形棚加工而成,梁长 800mm,并在中间钻直径 20mm 的孔作为锚索的穿孔。

③具体安装参数及相关示意图(图 16.4~图 16.5)

如图 16.5 所示,800mm 长的废旧 U 形棚加工而成的短梁取代了常规的锚索托盘,在托盘与 U 形短梁之间用锚杆托盘做垫片,将 U 形棚棚腿和锚索有机地联系了起来。每节 U 形棚棚腿因此有了 3 个稳定的支点,其抗弯强度因而大大提

图 16.4 棚腿加固组合梁示意图

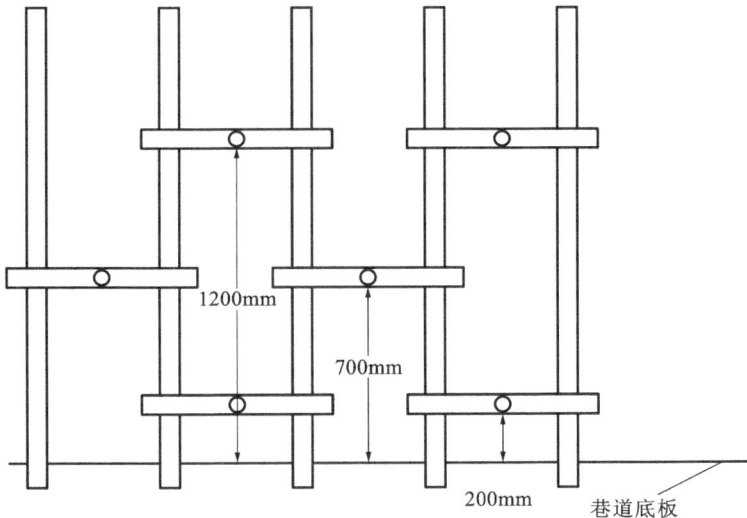

图 16.5 锚索施工位置示意图

高,而锚索的作用效果显然不会因此而削弱。

补强系统施工要求:锚索施工位置如图 16.5 所示,如果局部围岩特别破碎,锚索成孔困难,可适当调整钻孔位置,但 U 形棚梁不能因此而脱离 U 形棚棚腿。

C. 钢筋网

钢筋网规格:长×宽=800mm×400mm,钢筋网全封闭腰帮过顶;主筋采用直径 10mm、副筋采用直径 6mm 钢筋焊接。

D. 注浆

①喷混凝土

巷道全断面喷厚 100mm,强度为 C20,采用 P. O32.5 水泥,水泥,黄沙,瓜子片按重量配比为 1:2:2,水灰比为 0.45:1,速凝剂为水泥重量的 3%。

②注浆孔布置

如图 16.6 所示,帮顶注浆孔排距为 3.6m,孔深为 2.0m。帮顶注浆孔每排 5 个,孔口管规格均为 ϕ26.75×3.25×800mm。底板注浆利用底板锚索孔,每排 2 孔。底板注浆跟随锚索安装一并进行,滞后底板锚索 2 排。

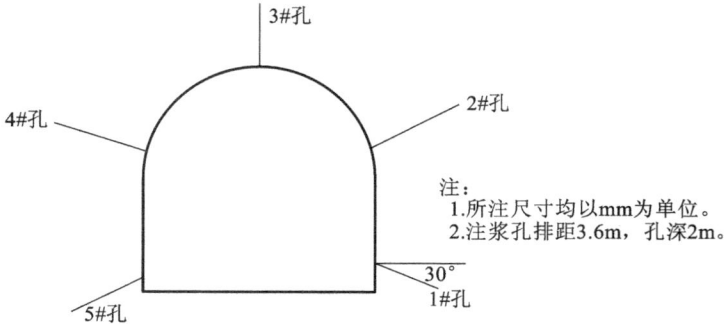

图 16.6　注浆孔布置图

③注浆材料、浆液类型及注浆量

注浆采用单液水泥浆,水泥选用 P.O.42.5 普通硅酸盐水泥。水灰比为 0.7:1,注浆量以实际发生量为准。

④注浆压力

浅孔注浆设计终压:2.0MPa,单孔注浆标准:达到终压后保持 10min。

(3)施工工艺

刷扩断面至要求尺寸→初喷 50mm 厚混凝土→挂网架棚→卧底→打注浆孔并注浆→锚索及短梁。

16.3　工业试验巷道监测方案

本次监测共分为 5 个阶段,前 4 个阶段是对比监测,第 5 个阶段是支护效果监测。

16.3.1　第一阶段——重新架棚后巷帮表面变形对比观测

16.3.1.1　监测目的

为了全面监测袁庄煤矿Ⅳ2专用回风巷道的支护状态,掌握围岩的变形规律,确定巷道的稳定程度,检验支护设计的合理性以及支护质量,安徽理工大学课题组于 2011 年 7 月 20 日上午,针对Ⅳ2 专用回风巷道的现场实际情况,选取监测断面并布置监测测点,进行巷道表面相对位移监测。本次监测主要是巷道断面收敛监测,具体内容是巷道两帮和顶底板之间的相对移近量。

表面位移能够反应巷道断面的缩小程度,从而判断围岩的位移是否超过其安全最大允许值。巷道断面收敛量包括顶、底板相对收缩,两帮相对移近,顶板下沉及底臌等。根据测量结果,分析巷道围岩的变化量、相对变形速度,并了解巷道的支护效果等。

16.3.1.2　测点布置

针对Ⅳ2 专用回风巷道现场实际情况,本次监测采用十字交叉布点法,共布置 6 个监测断面,其中断面 1、2、3 布置在原有 U 形棚支护段,断面 4、5、6 布置在重新架棚段(尚未实施锚梁补强和注浆),各相邻监测断面间距如图 16.7 所示。分别在每个监测断面顶、底中线上各布置 1 个观测测点,在两帮距轨道面 1000mm 处各布置 1 个观测测点,如图 16.8 所示。

布置顶板和两帮的观测测点时,将 10♯铁丝牢固绑扎在 U 形棚上,并在铁丝端部设置大小合适的套环作为测量基点;而底板的观测测点是将 10♯铁丝牢固绑扎在枕木上,同样在铁丝端部设置大小合适的套环作为测量基点。

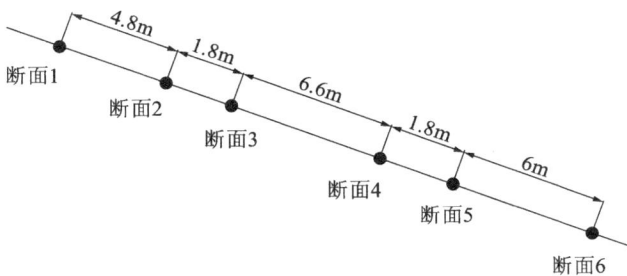

图 16.7　各断面布置示意图

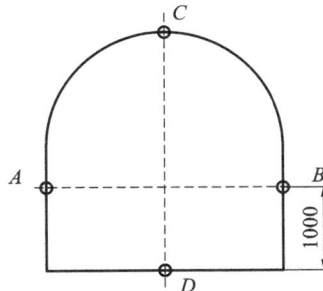

图 16.8　各断面测点布置示意图

16.3.1.3   测量仪器观测方法

Ⅳ2专用回风巷道表面位移的监测所采用的仪器为JSS30A型数显收敛仪,如图14.10所示,该仪器的测量精度能够达到0.01mm,为巷道表面位移的精确监测提供了保障。

此次监测将实地测量各断面两帮以及顶、底板之间的间距(并不是巷道断面的实际尺寸),安徽理工大学科研组于2011年7月21日开始首次监测,连续监测一周。将首次测量每对基点间的距离记下作为初始值,以后每次测量相应基点所得数据与初始值差值的绝对值即为此次监测相应基点间的累计移近量,相邻两次测量同一基点所得数据差值的绝对值除以相邻两次监测间隔的天数即为此次监测期内相应基点的变形速度。巷道表面位移监测数据记录格式见表16.1。

表 16.1   巷道表面位移监测数据记录格式表

| 测试日期:7 月 21 日—26 日 | | | | 测试人员:经来旺、郝朋伟、周军伟 | | |
| 测试地点:Ⅳ₂专用回风巷道 | | | | 单位:mm | | |
位移 测点	两帮	日移近量	累计移近量	顶底	日移近量	累计移近量
7 月 21 日	1625.228			1934.618		
7 月 22 日	1622.593	2.635	2.635	1927.64	6.978	6.978
7 月 23 日	1620.023	2.57	5.205	1920.79	6.85	13.828
7 月 24 日	1617.79	2.233	7.438	1913.79	7	20.828
7 月 25 日	1615.321	2.470	9.908	1906.827	6.963	27.792
7 月 26 日	1613.178	2.142	12.05	1898.898	6.928	34.72

16.3.1.4   观测数据处理

(1)变形速率与累计变形量变动曲线(图16.9)

(2)观测结果分析

分析上述观测数据可知,在整个观测期间,各个断面顶底和两帮的累计移近量—时间曲线均属于非正常曲线。Ⅳ2专用回风巷道原U形棚支护段(断面1、2、3所在区段)顶底的平均变形速度保持在5.9mm/d左右,两帮的平均变形速度保持在2.5mm/d左右;而重新架棚段(断面4、5、6所在区段)顶底的平均变形速度保持在8.1mm/d左右,两帮的平均变形速度保持在2.4mm/d左右。由此可见,修复段的变形速度和未修复段的变形速度相差无几,以此速度继续变形,则很难保证Ⅳ2专用回风巷道的正常使用。

上述分析表明,Ⅳ2专用回风巷道修复初期已明显来压,这与现场实际情况十分吻合(整个断面内钢筋网变形较明显,向断面内凸出;巷道底臌较严重;现场观测

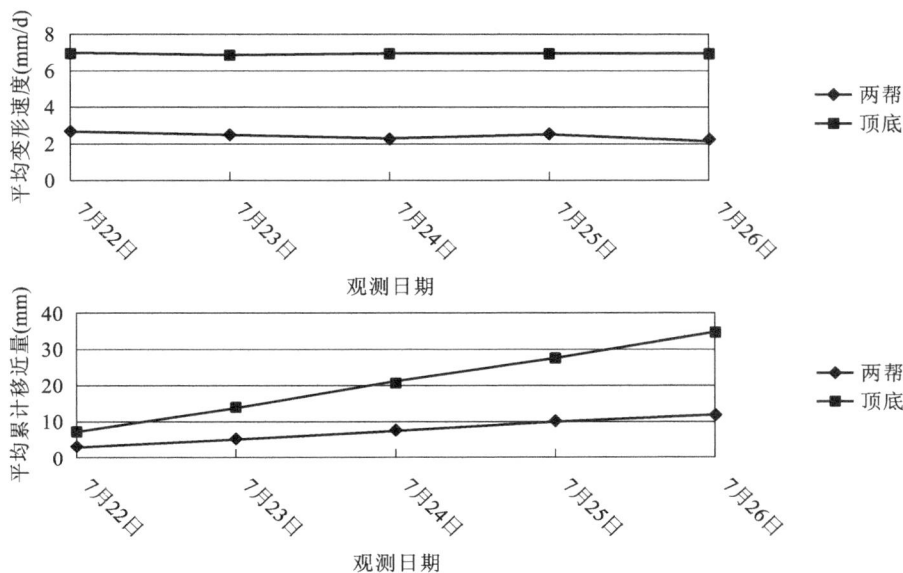

图 16.9 变形速率与累计变形量变动曲线

时,能听到"啪、啪"的声音,这些现象同时也说明Ⅳ2专用回风巷道已明显来压)。由于软岩巷道围岩变形具有明显的时间效应,不仅初始变形速度很大,后期围岩仍会以较大的速度继续流变且持续时间很长,因此,对Ⅳ2专用回风巷道如不及时采取有效的二次支护和加固措施,巷道破坏势必不可避免。U形棚支架与围岩之间压力观测数据也验证了上述观测结果。

16.3.2 第二阶段——U形棚棚腿补强后巷道变形对比检测

16.3.2.1 观测目的

对Ⅳ2回风巷道原U形棚支护段、重新架棚但未进行棚腿补强段及重新架棚且进行棚腿补强段表面变形情况进行对比检测,旨在检验补强修复效果。

16.3.2.2 测站位置选择

变形检测测站共有6个,其中1♯、2♯位于重新架棚且进行棚腿补强段,3♯、4♯位于重新架棚但未进行棚腿补强段,5♯、6♯位于原U形棚支护段,测站分布如图16.11所示。

16.3.2.3 观测准备工作

测站内测点布置如图16.10所示,观测方法及观测工具均与第一阶段相同,不再赘述。

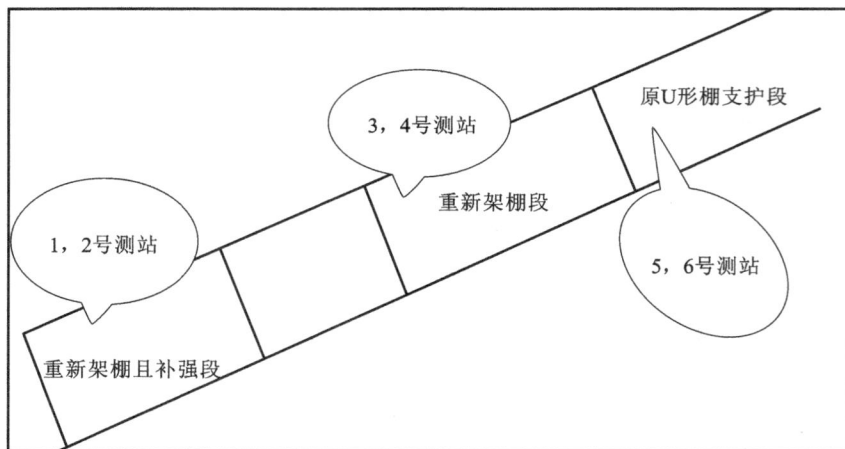

图 16.10　回风巷道表面变形观测点布置图

16.3.2.4　变形观测原始数据汇总(图 16.11～图 16.20)

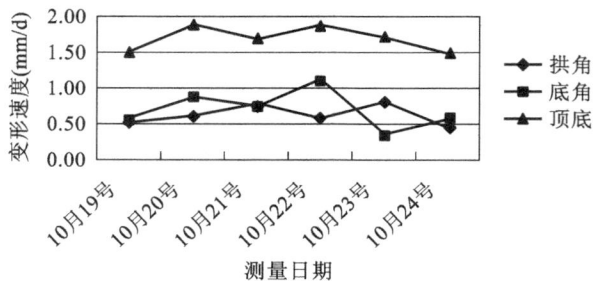

图 16.11　断面-速度变形图

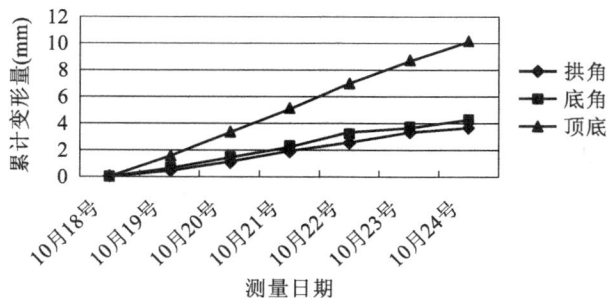

图 16.12　断面-累积变形图

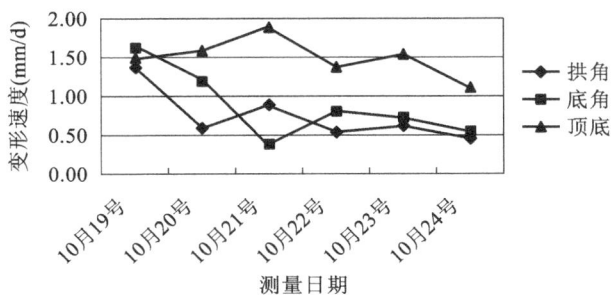

图 16.13 断面二速度变形图

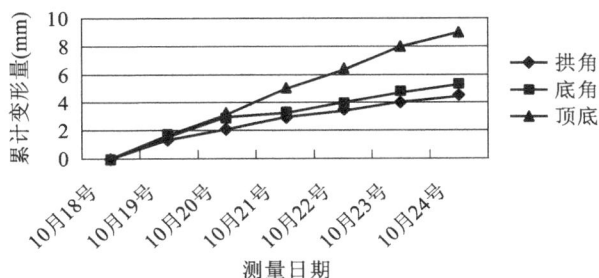

图 16.14 断面二累积变形图

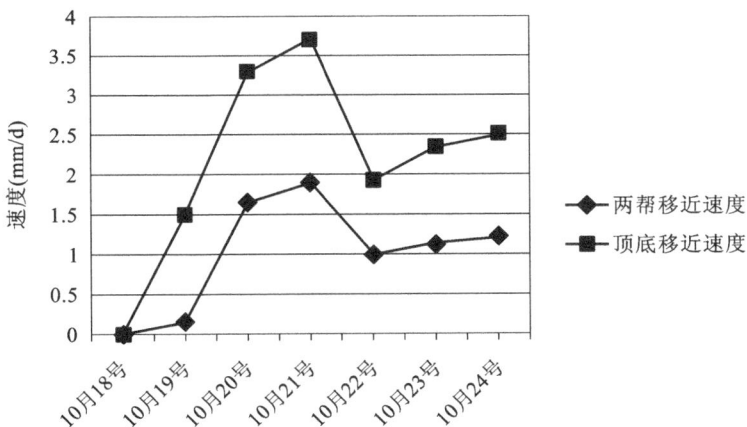

图 16.15 二阶段测站三两帮、顶底移近速度曲线

16.3.2.5 结论

分析上述观测数据可知,在整个观测期间,IV2回风巷道重新架棚且进行 U 形棚补强后两帮平均变形速度为 0.793mm/d,没进行补强段两帮平均变形速度 1.043/d;补强段顶底平均移近速度 1.593 mm/d,未补强段顶底平均移近速度 2.284 mm/d。

从变形数据统计来看,补强段较未补强段数据相差并不是很大,主要原因是补

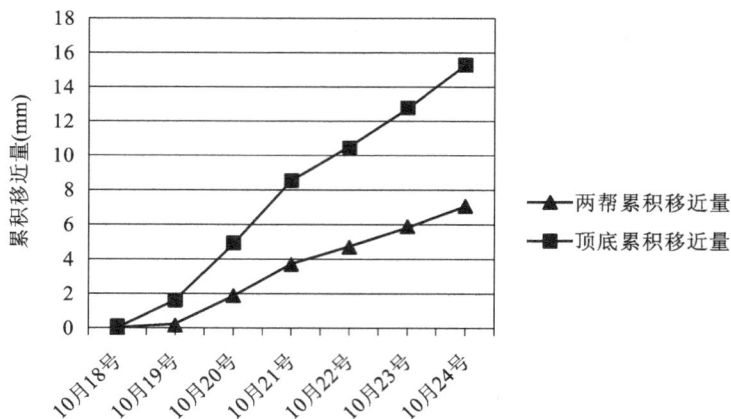

图 16.16　二阶段测站三两帮、顶底累积移近量曲线

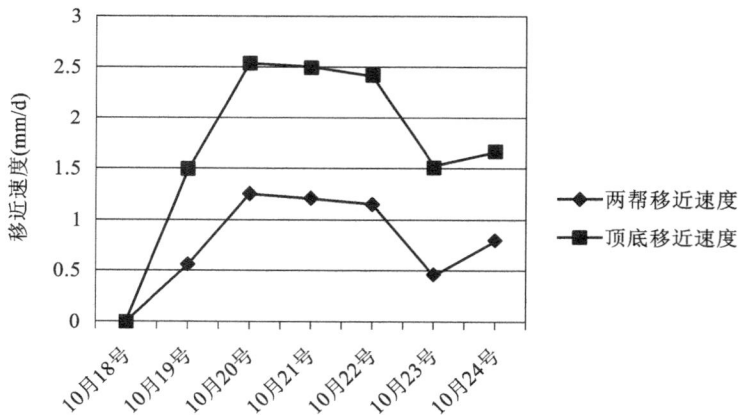

图 16.17　二阶段测站四围岩移近速度分析曲线

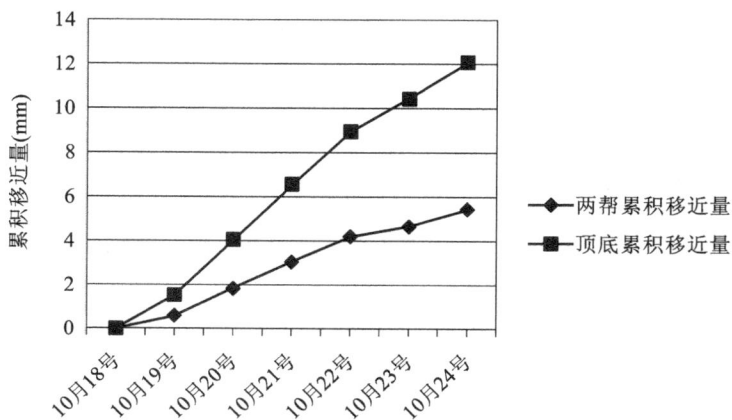

图 16.18　二阶段测站四围岩累积移近量分析曲线

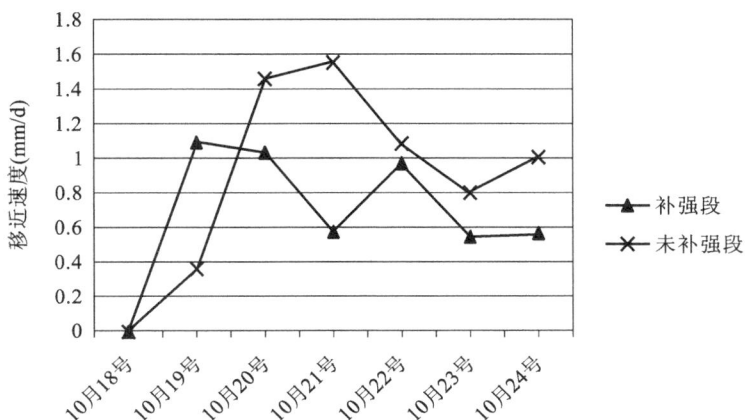

图 16.19 补强、未补强两帮平均移近速度对比

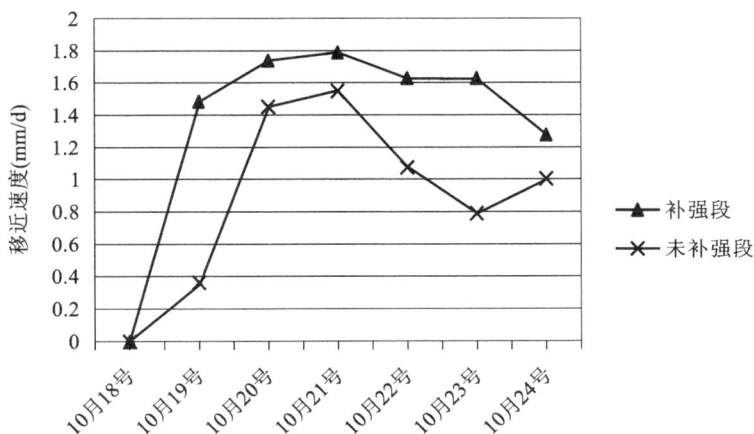

图 16.20 补强、未补强顶底平均移近速度对比分析

强段刚刚完成补强(补强后 3 天开始检测),锚索的补强作用才开始显现,因此尚需进一步检测。

16.3.3 第三阶段变形监测——修复效果对比监测

16.3.3.1 监测目的及方法

此次观测旨在继续检验巷道进行棚腿加固后的变形收敛情况。如图 16.21 所示,观测过程中共布置四个测站,1♯、2♯测站位于棚腿加固段,3♯、4♯测站位于仅重新架棚段。测站内布点及观测方法及观测仪器与前述完全一致,不再赘述。

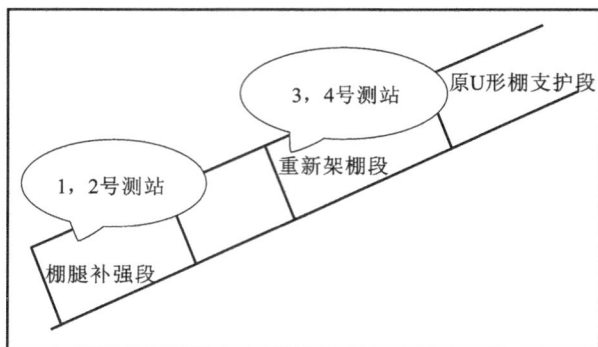

图 16.21　观测测站位置图

16.3.3.2　变形观测结果及分析(图 16.22~图 16.25)

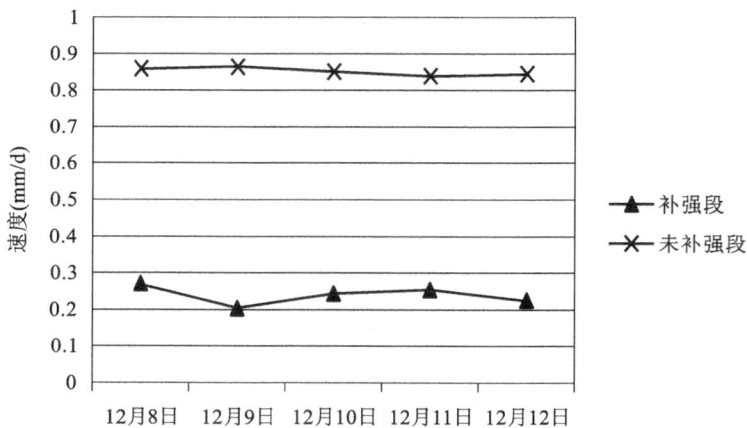

图 16.22　三阶段两帮移近速度对比

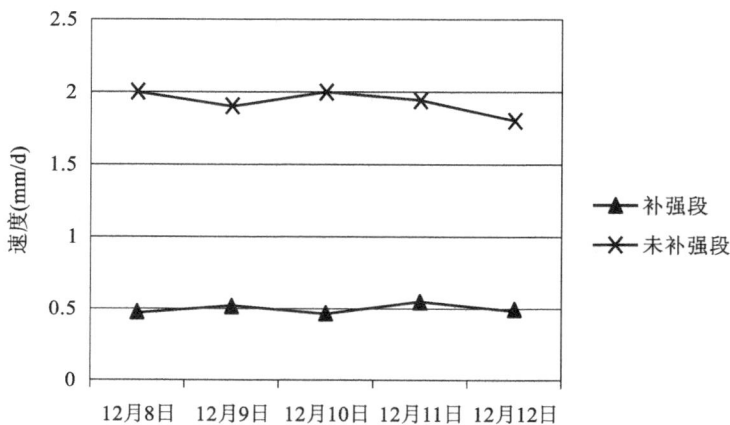

图 16.23　三阶段顶底移近速度对比

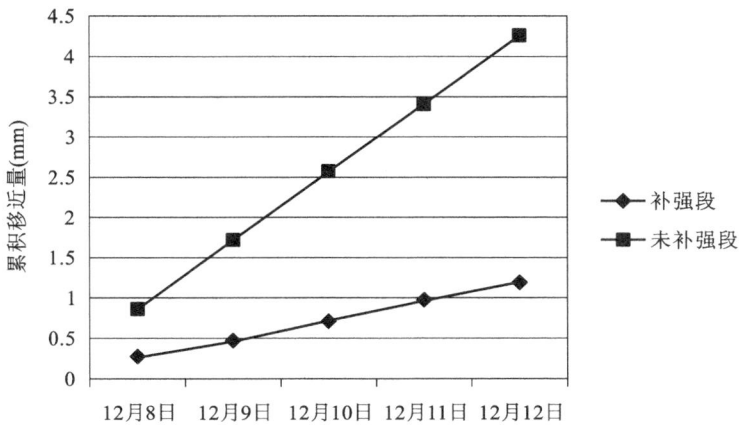

图 16.24　三阶段两帮累积变形量对比

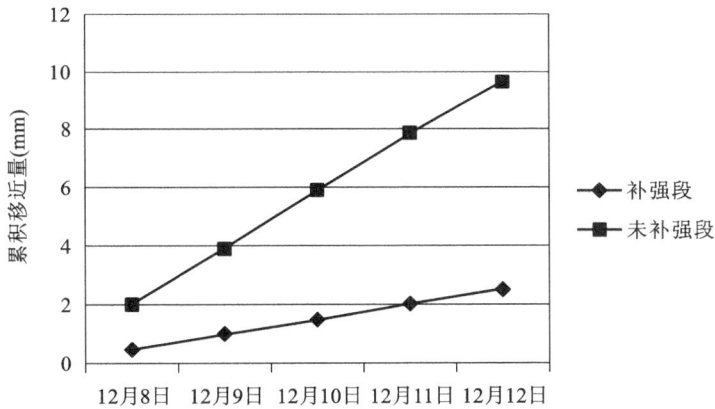

图 16.25　三阶段顶底累积变形量对比

16.3.3.3　结论

本次监测,补强段的补强效果已然反映出来,同第一次监测结果相比,在 54 天后补强段两帮变形速度降低 230.4%,顶底变形速度降低 212.4%;而未补强段两帮变形速度仅降低 21.98%,顶底变形速度仅降低 18.3%。补强段同未补强段相比,两帮变形速度相差 0.615mm/d,顶底变形速度相差 1.42mm/d,补强效果十分显著。

16.3.4　第四阶段变形监测——修复效果对比监测（图 16.26～图 16.29）

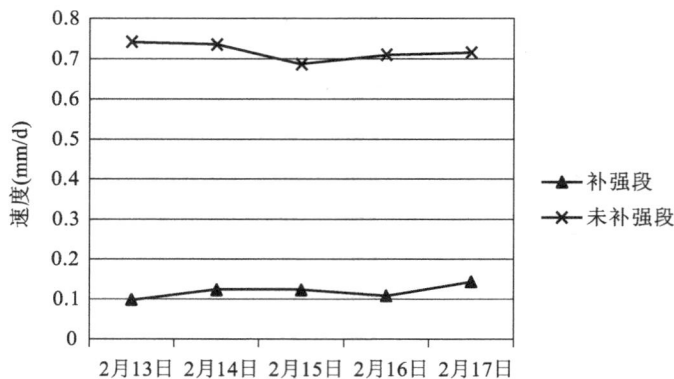

图 16.26　四阶段两帮移近速度对比

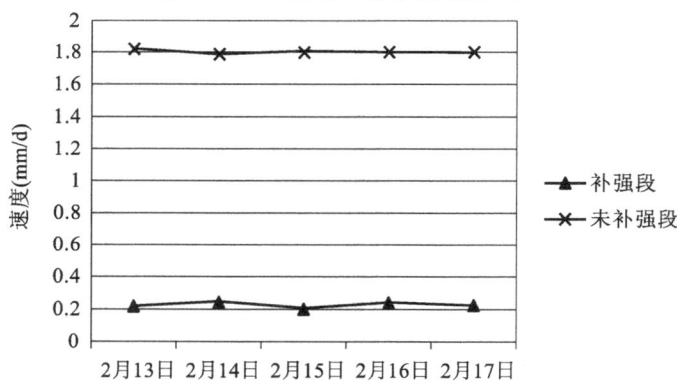

图 16.27　四阶段顶底移近速度对比

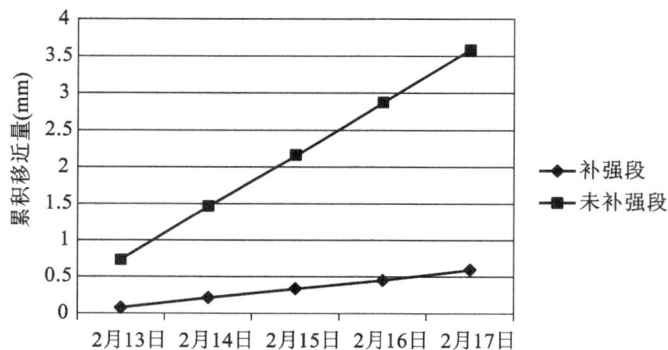

图 16.28　四阶段两帮累积对比

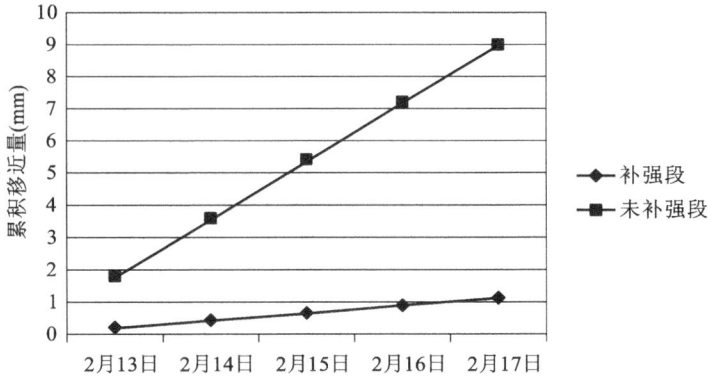

图 16.29　四阶段顶底累积对比

16.3.5　第五阶段巷道支护效果监测

第五阶段监测,补强段与未补强段各取一个断面,测试结果如图 16.30 所示。

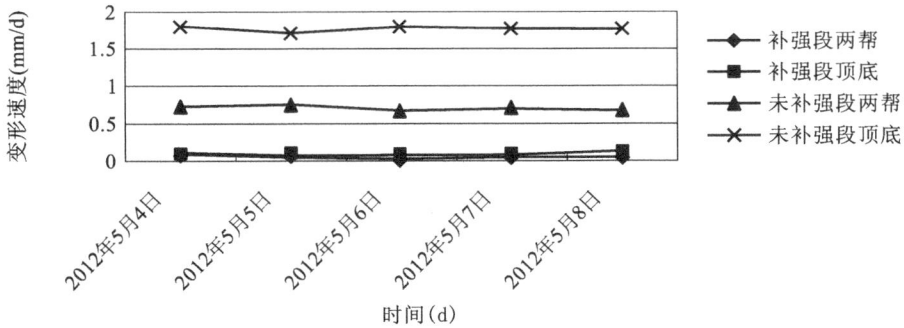

(a)顶底及两帮移近速度统计

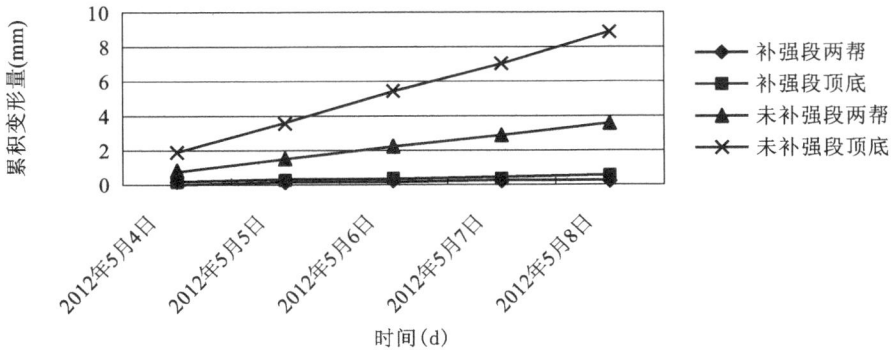

(b)顶底及两帮移近量统计

图 16.30　变形速率与累计变形量变动曲线

16.3.6　综合结论

对比未补强段,200 天内补强段巷道两帮变形速度由 0.793mm/d 将为 0.05mm/d,巷道顶底变形速度由 1.593mm/d 降至 0.1mm/d。从变形趋势看,未补强段巷道变形收敛趋势较慢,补强段的收敛趋势较为明显。

从上述变形速度的变化情况可明显看出,帮底变形具有十分密切的相关性,即帮部变形大时,底臌量也大;帮部变形小时,底臌量也小。

依据上述监测情况,围岩注浆后底板锚索可暂不实施。目前状况已能实现服务期内零返修的目标。

16.4　现场工业性试验结果总结

三个试验矿井连续数月的现场支护效果监测结果表明,本项目采用的"支强压弱、支弱压强"原理、"借力提力,越压越强"原理和"锚杆与金属支架相互增强"原理效果显著,具有较高的可靠性。

(1)本项目技术与经济效果非常突出,三条试验巷道均实现了零返修率的目标。

(2)项目社会效益非常显著,因为巷道的稳定性问题涉及矿井安全、高效生产,以及世界各国的煤炭行业。本项目以巷道变形发生机理为切入点,将围岩应力场中巷道围岩质点应力状态较大变化前提下的蠕变规律及控制对策列入重点研究目标,提出的"支强压弱、支弱压强"支护原理、极松散厚煤层巷道中"借力提力、越压越强"支护原理与"高应力松动泥岩中锚杆与金属支架相互增强"支护等原理在相应研究领域具有较大的创新,且实践证明效果显著、成本低廉、操作简便。这不仅确保了巷道的安全、通风断面的稳定、工人劳动强度的降低、井下工作环境的改善,而且有利于整个矿井的安全、高效生产和生产成本的降低,具有广泛的社会效益。

(3)项目应用前景十分广泛,因为松散煤巷、高应力软岩巷道的支护问题是一个涉及全球范围的重要问题,许疃煤矿－500m 轨道大巷、涡北 8203 机风巷和袁庄 IV2 专用回风道在工程地质、地压、岩石性质等方面并不是独特与唯一的,与目前国内外的煤矿巷道相比,它们具有典型性,其支护模式与相关技术原理具有普遍性。

综上所述,本项目技术方案具有推广价值。

第三篇　技术经济分析

17　推广应用前景分析

17.1　煤矿巷道现状

受煤矿工程地质环境的制约,国内外煤矿的很多巷道必须设计在软弱岩层和煤层之中。当所处地应力场较弱时,巷道变形动力较小,变形程度较轻,控制难度也较小。但当巷道处于高应力场之中时,由于围岩质点的应力状态改变较大,围岩变形动力较强,变形程度较大,变形破坏的形式也很多。大多数情况下巷道变形从底板开始,然后两帮内移、顶板炸皮开裂、冒顶,很多巷道每年修复 1～2 次,有些巷道每月修复一次,还有些巷道每天不间断修复。这方面的实例很多,以两淮地区为例,涡北煤矿 8201 机风巷原断面 18m² 左右,后来很多地方仅 2 m² 左右,正常生产期间 1 个维修队对其实施 24 小时不间断修复方能维持其正常运转。皖北卧龙湖煤矿首采区 10 煤层南翼轨道、运输和通风巷道,每天底臌量在 10mm 左右,每天两帮移近量在 4mm 左右,反复修复多次,仍无法解决问题,最后迫使工作面停产。诸如此类的矿井还有很多,在淮北矿区有许疃煤矿、袁庄煤矿、孙疃煤矿、童亭煤矿、海孜煤矿、杨庄煤矿等,在淮南矿区有朱集煤矿、潘一矿、潘二矿、潘三矿、潘北煤矿、顾桥煤矿、张集煤矿、丁集煤矿、新集一矿、新集二矿、刘庄煤矿等。在皖北煤电公司所属煤矿中有朱集西煤矿、五沟煤矿等。我国其它矿区与两淮矿区的情况基本一致,国外深部煤矿巷道变形情况也相差无几。

上述问题的存在给煤矿的正常、安全生产带来了极为严重的影响。未来几十年将是煤矿建设的快速发展期。而煤炭资源储存环境和开采条件的复杂化对巷道支护技术理论和安全施工技术方面均提出了更高的要求,推广应用效果显著、成本低廉、简单、易操作且适用于煤矿正常、安全生产的技术理论有广阔的应用前景。

17.2　煤矿巷道变形控制研究中存在的问题

长期以来,国内外关于特殊情形下的巷道变形机理和控制机理的研究成果颇丰,但问题依然存在,这从国内外煤矿巷道变形依然严重,且目前依然尚无具有普遍意义的支护模式和符合力学理论的设计理论可以判明。对于这一领域存在的问题,下面分别从理论与实践两个方面进行介绍。

17.2.1　理论方面

(1)变形机理研究方面存在问题

目前,巷道变形机理的研究方面依然存在认识问题。近些年来,"让压"原理在煤矿巷道支护设计中被不加考虑地推广应用,有些时候效果显著,有些时候看不到效果,现在该领域依然保持有很多科研项目,就是因为很多情况下,"让压"没能显示其预期的效果。之所以存在这样的问题,根本原因在于巷道变形的内在动力还没搞清楚,实际上,有些巷道围岩在其变形过程中变形动力会逐渐自行削弱,这样的巷道实施"让压"技术,效果极为显著。但有些巷道围岩变形动力是难以依靠其自身因素得以减弱的,这样的巷道一味地、不加考虑地实施"让压"技术会适得其反,这里有地应力场强度、围岩性质、巷道断面、支护强度等方面的原因,也有工程地质结构方面的原因,这些都是客观因素。此外,还有对围岩结构认识不足等方面的因素,这些因素的综合远远超出了目前支护设计时所依据的因素。另外,很多人对"让压"中的"压力"理解不全,这也构成了目前国内外巷道变形控制难以奏效的根本所在。

(2)控制机理研究方面

由于在变形机理方面尚存在很多不清楚之处,故很多情况下的控制手段不能有的放矢。此外在提高支护结构的强度方面、依靠与利用支护材料的力学性能方面、人为构建不同支护材料之间的相互位移约束关系并进而制造支护材料之间、支护材料与地压之间"借力增强"的有效机制等方面的研究很少。在谈到提高支护强度时,不是首先考虑如何挖掘支护材料的力学性能,而是片面增加支护材料的用量,致使煤矿难以承受,被迫放弃希望。

17.2.2 实践方面

由于得不到理论方面可以依据的有效而简单的理论、原理,目前,现场的支护设计大多凭经验、靠感觉,返修率很高。

此外,很多该方面的科研项目未能显示出很好的效果,也导致了某些情况下企业不愿与高校、研究单位合作,致使某些好的成果难以推广应用。

基于上述原因,针对该领域存在的问题,制定一个较长的研究计划,认真研究巷道变形与控制机理,挖掘一种适用范围广、效果显著、简单易行、成本低廉的支护模式是十分迫切的。

17.3 本项目成果的推广优势

对于煤矿软岩巷道和极松散厚煤层巷道而言,寻求一种适用范围广、效果显著、简单易行、成本低廉的支护模式是目前国内外煤炭行业急需解决的关键问题。本课题通过在淮北矿业股份有限公司的许疃煤矿、涡北煤矿和袁庄煤矿相关巷道的应用研究,其成果推广有技术理论和技术应用两方面的优势。

17.3.1 技术理论方面的优势

(1)揭示了巷道支护实施"让压"的工程地质条件,为支护方式的选择、确定指明了基本方向。

(2)提出的"借力提力、越压越强"支护原理不仅创新了现有支护理论,而且简单易懂、极易掌握。

(3)提出的"高应力松动泥岩中锚杆与金属支架相互增强"原理在创新现有支护理论的同时,也较好的改变了支护设计的某些理念和思想,同时也为煤矿低成本修复巷道指明了一条效果显著、简单易行、成本低廉、效率高的方法。

(4)弄清了底臌发生的本质机理,为彻底解决这一煤矿顽症奠定了理论基础。

17.3.2 技术应用方面的优势

(1)本项目实施的巷道治理方案,效果显著,对巷道变形控制能够达到零返修的程度。

（2）本项目实施所需的各种设备、施工技术以及人员的要求与近几十年来煤矿一般巷道无异。

本项目研究成果不仅适用于特殊工程地质条件下煤矿巷道的变形控制，也可应用于金属、其它非金属深部矿井巷道的巷道稳固工程，具有十分广阔的推广应用前景。

18 经济效益与社会效益分析

18.1 项目基本情况

本项目在应用研究阶段,分别选取许疃煤矿、涡北煤矿、袁庄煤矿的相关巷道作为试验巷道,下面分别进行介绍。

18.1.1 许疃煤矿

许疃煤矿南翼−500m轨道运输大巷(老南大巷),全长1538.54m,始建于2002年4月26日,竣工于2003年12月25日,巷道掘进断面从16.7m² 到19.9 m² 不等,锚喷支护方式。根据围岩性质,锚杆间排距有800×800和700×700两种布置方式,16.7m² 掘进断面的锚杆规格为 φ16×1600,其余断面的锚杆规格为 φ16×1800。整条巷道自东向西共穿越较明显断层13 条。南大巷与7118、7114 两工作面的走向相同,距7118 工作面风巷水平距离130m,垂直距离30m;距7114 机巷水平距离80m,垂直距离60m。因受构造应力与次生高地压影响,南轨道大巷自建成至今,上述两工作面影响区域内约900m巷道已多次破坏,2009 年经36U 形钢(排距700)加固后仍不能有效阻止围岩向内位移,至今巷道已经过5 次大修处理(每次卧底量在500mm 左右,刷帮400mm 左右)。通过对巷道围岩松动圈测试,松动圈范围达到2.6~3.0m。修复段地应力分别为:$\sigma_1 = 16.4030\text{MPa}$,$\sigma_2 = 7.5747\text{MPa}$,$\sigma_3 = 7.3357\text{MPa}$。

试验段巷道整个处于泥岩之中,且底板下方泥岩层厚度较大,属于蠕变动力无法自制的情况。岩石中含有少量高岭土、陶土、云母等遇水膨胀成分,在巷道底板1.0m 之下聚积着大量的游离水,底板岩石软化严重。

试验段巷道长度共计900m,项目效果检测采用加固前后巷道变形量及变形速率对比及加固后较长时间的巷道变形观测。

18.1.2　涡北煤矿

原设计的 8203 工作面外起第四勘探线以南 106m,里至第二勘探线以北 115m,上距 F5 断层 160~200m,下距 F15 断层 230~350m。煤层倾角(度)19°~ 31°(平均 26°),煤层赋存稳定,结构较复杂。8_1 煤为灰黑~黑色,粉末~碎块状,属半暗型煤,局部含薄层夹矸,夹矸厚 0.20m,8_1 煤厚 4.28~6.84m(平均 5.55m)。8_2 煤为黑色末状~碎块状,局部鳞片状,属半暗型煤。局部靠底部含一厚 0.20m 的薄层夹矸。8_2 煤厚 2.46~3.84m,平均 3.23m。8_1、8_2 之间的夹矸为灰~深灰色块状泥岩,局部粉砂岩。性脆,含植物化石。厚为 0.78~5.49m(平均 2.30m),总体呈外段厚里段薄,外段又呈上部厚下部薄的趋势。煤(岩)层总厚度 8.78m。8203 工作面原设计走向长 1200m,倾向长 148m,面积 173900 m^2,地质储量 213.75 万吨,可采储量约 192 万吨。经技术改造后 8203 工作面长度增加 620m,增加可采储量约 110 万吨,可采期延长约 10 个月,有效缓解了工作面接替紧张的局面。

试验段长度 1820m。项目效果检测采用加固前后巷道变形量和变形速率对比、加固后较长时间的巷道变形观测,同时将其与 8201 巷道进行变形对比。

18.1.3　袁庄煤矿

IV2 专用回风道断面为直墙拱形,尺寸 2800mm×2800mm。2006 年初成巷时为锚喷支护,后因变形压力大改为 36U 金属支架支护,排距 600mm。由于特殊的工程地质状况及围岩性质,该巷道自 2006 年成巷以来,变形极为严重,平均每年修复一次,每次修复前,巷道收缩率基本达到了 50%。本次实施卧底改棚修复,工程量约 220m,其中采用试验方案 200m,原方案 20m(作为对比)。项目效果检测采用补强与不补强效果对比监测。

2012 年 6 月完成全部现场应用和监测,结果表明,试验段巷道变形速率逐渐减小,最后趋向稳定,实现了服务期内零返修率。

18.2　经济效益情况

18.2.1　许疃煤矿

18.2.1.1　直接经济效益

（1）增加费用

采用项目方案,增加材料、人工成本和动力费用分别为:

材料成本:50m 修复巷道共架设 U 形棚 72 架、槽钢 115.2m、锚杆 144 套,增加费用:(144 根×57.55 元/根)+115.2m×20.174kg/m×4.0 元/kg＝1.7583(万元)

人工＋动力费用(依照材料成本的 15％计算):

$$1.7583×15％＝0.264(万元)$$

（2）减少费用

巷道剩余服务期按 20 年计,每两年大修 1 次。巷道报废前,尚需大修 10 次,按照 11000.00 元/m 的修复成本,50m 巷道约需 550.00 万元。由此可算出直接经济效益为:

$$550.0－1.76－0.264＝547.976(万元)$$

18.2.1.2　间接经济效益

（1）减少费用

若其他 850m 均采用试验段方案,可节约 10 次返修成本:

$$850×1.1×10＝9350(万元)。$$

（2）增加费用

材料成本:850m 巷道需架棚 1215 架、18 号槽钢 1944m、锚杆 2430 套,合计费用:

(2430 根×57.55 元/根)+1944m×20.174kg/m×4.0 元/kg＝29.672(万元)

人工＋动力费用(材料成本的 15％):29.672×15％＝4.4508(万元)

由此可算出间接经济效益为:

$$9350.0－29.672－4.4508＝9315.88(万元)$$

由此可见,应用本项目加固技术,由于无须返修,经济效益极为可观。另外,巷道变形得到控制、有效通风面积得到保障、地下工作环境得到改善,都将提高矿井生产效率,具有较大的间接经济效益。

18.2.2　涡北煤矿

18.2.2.1　技改项目实施费用计算

原规划 8203 机风巷长 1200m,现延伸至 1820m,增加费用如下:

开拓巷道成本按 1 万元/m 计算,回采巷道工程量:$(620 \times 2 + 148) \times 1 = 1388$ (万元)

改进项目需要在原有设计上增加 1388 万元则能完成 8203 工作面回采巷道掘进,形成 8203 工作面掘进生产系统。

补强支护增加槽钢和锚杆用量:

槽钢用量 3640m,锚杆用量 5200 根($\Phi22mm \times 2400mm$ 的 20MnSi 左旋无纵筋螺纹钢高强预应力锚杆,锚杆托盘为 $10 \times 150 \times 150$ mm 的钢板冷轧碟型盘)

材料成本:$(5200$ 根 $\times 57.55$ 元/根$) + 3640m \times 20.174kg/m \times 4.0$ 元/kg $= 592993.44$(元)

人工+动力费用(15%):592993.44 元 $\times 15\% = 88949.016$(元)

共计增加费用:$1388 + 59.299 + 8.895 = 1456.194$(万元)

18.2.2.2　技改项目直接经济效益

(1)返修率为零。按照涡北煤矿同煤层相邻采区机风巷的返修率 60%,年返修次数 3 次,返修成本 4000 元/m 计算,节约返修成本:
$$1820 \times 2 \times 60\% \times 0.4 \times 9 = 7862.4(万元)。$$

(2)减少北二采区 2800m 开拓和准备巷道,节约资金约 2800 万元。

(3)两个工作面合二为一多回收煤炭资源 83.5380 万吨,具体计算如下:

节省的三条开拓巷道所需的保护煤柱宽度:170m;

延伸段工作面走向长度 450m,平均煤厚 7.8m,采出煤的容重 $1.4t/m^3$,多回收煤炭资源总量:
$$170 \times 450 \times 7.8 \times 1.4 = 83.5380(t)$$

创造纯经济效益:
$$83.5380 \times 500 = 41769.0(万元)。$$

(4)少布置一个工作面,少一套系统和一套综采设备的租赁,节约资金约 500 万元。

综上所述,因 8203 支护效果良好所带来的经济效益
$$7862.4 + 2800 + 41769 + 500 - 1456.194 = 51475.206(万元)。$$

18.2.2.3　间接经济效益

(1)为涡北煤矿今后其他采区的总体规划的技改、产量的稳定提高、煤炭资源的避免浪费(跨采区连续作业,相邻采区之间保护煤柱的取消)奠定了基础。

（2）确保工作面正常接替，稳步提高产量，节省投入，创造经济效益，对提高职工收入具有重大意义。

18.2.3 袁庄煤矿

18.2.3.1 直接经济效益

直接经济效益可以从增减的材料、人工成本和降低的返修成本两大方面考虑。

（1）材料成本增加额

本次修复方案与往年修复方案相比较，多了 3 道帮部补强锚索，其余一致。因此，本次修复方案与往年修复方案相比较，材料成本、人工成本有所增加，具体计算如下：

基本参数：200m 巷道，共计 333 棚 U 形棚，332 格。平均每两格耗用锚索 6 根，长 800mm 的废旧 29U 形钢 6 块。

帮部补强锚索用量：(332÷2)×6＝996 根，规格 φ17.8×6300mm，托盘为普通 150×150×10mm 托盘，锁具为普通锚索锁具，采用 4 节 Z2550 型树脂药卷锚固。200m 巷道共增加帮部锚索成本：
$$996（根）×6.3m×28 元/m ＝17.56944（万元）$$
锚索托盘用量：996 块 10×15×15 mm 冷轧碟型盘成本：
$$996 块×15.1 元/块＝1.50396（万元）$$
锚杆药卷：3984（996×4）个树脂锚固剂
$$3984 个×2 元/个＝0.7968（万元）$$
29U 短梁用量
$$996 块×0.8m×28.98kg/m×12.7 元/kg＝29.3259（万元）$$
两种支护方案，其它支护材料价格一致，用量一致，无须计算。

前 4 项费用总额：49.1961 万元

（2）工程成本增加额

本方案导致锚索施工费用增大，具体计算如下：

帮部锚索孔钻孔总长度：996×6＝5976（m）；

按照 12 元/m 的人工和动力及设备损耗，费用为：5976m×12 元/m＝7.1712（万元）。

本方案导致材料运输、搬运成本：

钢绞线总重：1.94kg/m（钢绞线单位重量）×(996×6.3)＝12173.112（kg）

托盘总重：1.755kg（单块托盘重量）×996＝1747.98（kg）

29U 形钢短梁总重：996 块×0.8m×28.98kg/m＝23091.264kg

药卷、锚具重量忽略。

上述三种材料总重量：12173.112kg＋1747.98kg＋23091.264kg＝37012.356（kg）

材料从地面至井下工作面的运输搬运成本以 1.5 元/kg 计算，发生运输、搬运费用总计：37012.356kg×1.5 元/kg＝5.55185（万元）

本方案较往年修复方案增加的工程总成本：7.1712＋5.55185＝12.723（万元）

（3）成本增加总额

$$49.1961＋12.723＝61.9192（万元）$$

18.2.3.2　返修成本降低方面

根据试验段监测结果，无补强段 120 天后的两帮底变形速度是补强段两帮底变形速度的 5.96 倍，无补强段 120 天后顶底变形速度是补强段顶底变形速度的 7.8 倍。180 天顶底、两帮均降至为零，250 天、300 天、350 天均保持为零，表明巷道稳定。

按照上述变形速率关系，采用补强方案，巷道无须再次修复。目前 IV2 专用回风道每年修复 1 次，每次修复成本约 4000 元/m×200m＝80 万元，巷道剩余使用年限按 7 年计算，总计修复费用为 80 万/年×7 年＝560 万元。而采用本项目修复方案，一次投入，无须再花钱。即采用优化方案后，可获得直接经济效益：

$$560－61.9192＝498.0808（万元）$$

18.2.3.3　间接效益

间接经济效益表现在两个方面：第一，作为一种有效的支护新技术，在得到广泛推广之后，其所带来的经济效益将是数千条巷道的返修成本的降低；第二，由于巷道服务期内无需大的修复，对生产的正常运营不会形成影响，故其间接经济效益同样很大。

18.2.3.4　项目总直接经济效益

$$547.976＋51475.206＋498.0808＝52521.2628（万元）$$

18.3　经济效益前景分析

松散煤巷、高应力软岩巷道的支护问题是一个涉及全球范围的重要问题，许疃煤矿－500m 轨道大巷、涡北 8203 机风巷和袁庄 IV2 专用回风道在工程地质、地压、岩石性质等方面并不是独特与唯一的，与目前国内外的煤矿巷道相比，它们具有典型性，其支护模式与相关技术原理具有普遍性。

另外，巷道返修所引发的一系列生产、安全方面的问题也都随之而去，所以其潜在的经济效益更是无法估量。

18.4 社会效益分析

　　巷道的稳定性问题涉及矿井安全、高效生产,涉及世界各国的煤炭行业。本项目以巷道变形发生机理为切入点,将围岩应力场中巷道围岩质点应力状态较大变化前提下的蠕变规律及控制对策列入重点研究目标,提出的"支强压弱、支弱压强"支护原理、极松散厚煤层巷道中"借力提力、越压越强"支护原理与"高应力松动泥岩中锚杆与金属支架相互增强"支护等原理在相应研究领域具有较大的创新,且实践证明效果显著、成本低廉、操作简便。这不仅确保了巷道的安全、通风断面的稳定、工人劳动强度的降低、井下工作环境的改善,而且有利于整个矿井的安全、高效生产和生产成本的降低,具有广泛的社会效益。

附录：相关现场对比照片

 下面有两组照片,分别为涡北煤矿 8203 机巷支护效果图片(拍摄于 2012 年 4 月 11 日)和同煤层 8201 机巷变形、破坏图片(拍摄于 2010 年 3 月 17 日)。其中 8203 机巷照片拍摄时间距巷道成巷时间约 35 个月,期间从未修复;8201 机巷照片拍摄时间距成巷时间 27 个月,已反复修复多次。

1　支护效果照片(8203 机巷)

附图 1.1　原设计巷高 3.6m,近 3 年时间变形量很小

附图 1.2　原设计巷高 3.6m,近 3 年时间变形量很小

附图 1.3　近 3 年时间里管道之间距离变动很小,管道几乎无变形

附图 1.4　近 3 年时间支架柱腿变形量很小

附图 1.5　近 3 年时间里巷道断面保持良好状况

附图 1.6　近 3 年时间里巷道顶部保持良好状况

2　变形破坏照片(8201 机巷)

附图 2.1　原 3.6m 的巷高,反复修复多次后仅剩 1.96m 高

附图 2.2　第 4 次架的棚架仍出现成排跪腿现象

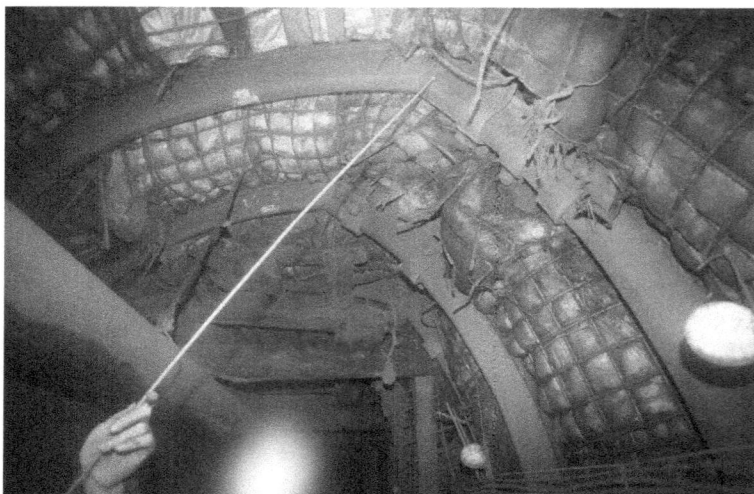

附图 2.3　第 4 次架的棚架仍成排出现拱腰弯折现象

附图 2.4　无可奈何之下各种手段齐上

附图 2.5　第 5 次大修后的巷道断面

附图 2.6　拱腰部为被挤压成扁平状

附图 2.7　成排的支架拱腰部发生严重变形

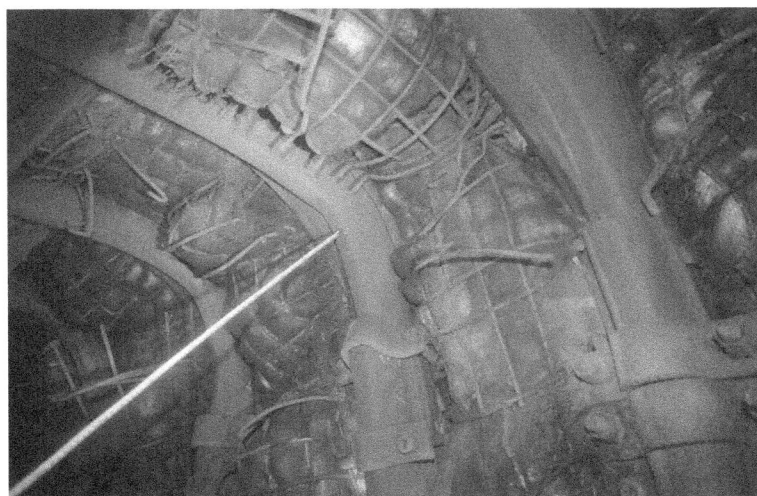

附图 2.8　成排的支架拱腰部发生严重变形

附图 2.9　很多区段使用单体液压作应急处理

附图 2.10　反复修复后较理想的地段巷宽也仅有 **2.2m**(原设计 **4.628m**)

参考文献

[1] 余伟健,王卫军,黄文忠,等. 高应力软岩巷道变形与破坏机制及返修控制技术[J]. 煤炭学报,2014,39(4):614-622.

[2] 袁亮,顾金才,薛俊华,等. 深部围岩分区破裂化模型试验研究[J]. 煤炭学报, 2014,39(6):987-993.

[3] 陈智纯等.岩石流变损伤方程与损伤参量测定[J].煤炭科学技术,1994,22(8):34-36.

[4] 陈智纯,缪协兴,赵鹏. 软岩流变过程中的超常现象分析[J]. 煤炭学报,1995,20(2):135-138.

[5] 陈有亮,孙钧.岩石的流变断裂特性[J].岩石力学与工程学报,1996,15:323-327.

[6] 何满潮. 深部软岩工程的研究进展与挑战[J]. 煤炭学报,2014,39(8):1409-1417.

[7] 王波,高延法,王军.流变扰动效应引起围岩应力场演变规律分析[J].煤炭学报,2010,35(9):1446-1450.

[8] 宗义江. 深部破裂围岩蠕变力学特性与本构模型研究[D].徐州:中国矿业大学,2013.

[9] 柏建彪,王襄禹,贾明魁,等.深部软岩巷道支护原理及应用[J].岩土工程学报,2008,30(5):632-635.

[10] 袁亮,薛俊华,刘泉声,等. 煤矿深部岩巷围岩控制理论与支护技术[J]. 煤炭学报,2011,36(4):535-543.

[11] 龙景奎,蒋斌松,刘刚,等. 巷道围岩协同锚固系统及其作用机理研究与应用[J]. 煤炭学报,2012,37(3):372-378.

[12] KANG H. Support technologies for deep and complex roadways in underground coal mines:a review [J]. International Journal of Coal Science & Technology, 2014, 1 (3):261-277.

[13] 常聚才,谢广祥. 深部巷道围岩力学特征及其稳定性控制[J]. 煤炭学报, 2009,34(7):881-886.

[14] 唐芙蓉,刘娜,郑西贵. 直墙半圆拱U形钢封闭支架控底力学模型及应用[J]. 煤炭学报,2014,39(11):2165-2171.

[15] 徐则民,黄润秋.深埋特长隧道及其施工地质灾害[M].成都:西南交通大学出版社,2000.

[16] 张志康,王连国,单仁亮,等.深部动压巷道高阻让压支护技术研究[J].采矿与安全工程学报,2012,29(1):33-37.

[17] 夏才初,孙钧. 蠕变试验中流变模型辨识及参数确定[J].同济大学学报,

1996,21(5):497-503.

[18]刘保国,孙钧.岩体流变本构模型的辨识及其应用[J].北方交通大学学报,1998,22(4):10-14.

[19]陈有亮,刘涛.岩石流变断裂扩展的力学分析[J].上海大学学报(自然科学版),2000,6(6):491-496.

[20]陈有亮.岩石蠕变断裂特性的试验研究[J].力学学报,2003,35(4):480-484.

[21]刘江,杨春和,吴文,高小平.盐岩蠕变特性和本构关系研究[J].岩土力学.2006,27(8):1267-1271.

[22]杨春和,高小平,吴文.盐岩时效特性实验研究与理论分析[J].辽宁工程技术大学学报,2004,23(6):764-766.

[23]杨春和,曾义军,吴文.深层盐岩本构关系及其在石油钻井工程中的应用[J].岩石力学与工程学报,2003,22(10):1678-1682.

[24]张国锋,于世波,李国峰,等.巨厚煤层三软回采巷道恒阻让压互补支护研究[J].岩石力学与工程学报,2011,30(8):1619-1626.

[25]王琦,李术才,李为腾,等.深部煤巷高强让压型锚索箱梁支护系统研究[J].采矿与安全工程学报,2013,30(2):173-180.

[26]李海燕,李术才.膨胀性软岩巷道支护技术研究及应用[J].煤炭学报,2009,34(3):325-328.

[27]黄文忠,王卫军,余伟健.深部高应力碎胀围岩二次支护参数研究[J].采矿与安全工程学报.2013,30(5):665-672.

[28]刘建华.岩体力学行为拉格朗日分析方法研究与工程应用.[D].济南:山东大学,2006.

[29]崔希海,付志亮.岩石流变特性及长期强度的试验研究[J].岩石力学与工程学报,2006,25(5):1021-1024.

[30]张忠亭,罗居剑.分级加载下岩石蠕变特性研究[J].岩石力学与工程学报,2004,23(2):218-222.

[31]马明军.岩石流变性的试验研究和理论分析[M].长沙:中南工业大学,1986.

[32]杨圣奇.岩石流变力学特性的研究及其工程应用[D].南京:河海大学,2006.

[33]徐卫亚,周家文,杨圣奇,等.绿片岩蠕变损伤本构关系研究[J].岩石力学与工程学报,2006,25(增1):3093-3097.

[34]徐卫亚,杨圣奇,褚卫江.岩石非线性黏弹塑性流变模型(河海模型)及其应用[J].岩体力学与工程学报,2006,25(3):433-447.

[35] 褚卫江,徐卫亚,杨圣奇,等.基于 FLAC3D 岩石黏弹塑性流变模型的二次开发研究[J].岩土力学,2006,27(11):2005-2010.

[36]吕爱钟,丁志坤,焦春茂,等.岩石非定常蠕变模型辨识[J].岩石力学与工程学报,2008,27(1):16-21.

[37]袁海平,曹平,许万忠,等.岩体黏弹塑性本构关系及改进 Burgers 蠕变模型[J].岩土工程学报,2006.28(6):796-799.

[38]陈沅江,潘长良,曹平,等.基于内时理论的软岩流变本构模型[J].中国有色金属学报,2003,13(3).735-742.

[39]金丰年,范华林.岩石的非线性流变损伤模型及其应用研究[J].解放军理工大学学报,2000,1(3):1-5.

[40]王来贵,何峰,刘向峰,等.岩石试件非线性蠕变模型及其稳定性分析[J].岩石力学与工程学报,2004,23(10):1640-1642.

[41]曹树刚,边金,李鹏,等.岩石蠕变本构关系及改进的西原正夫模型[J].岩石力学与工程学报.2002,21(5):632-634.

[42]夏才初,金磊,郭锐.参数非线性理论流变力学模型研究进展及存在的问题[J].岩石力学与工程学报,2011,30(3):27-36.

[43]王波,高延法,夏方迁.流变特性引起围岩应力场演变规律分析[J].采矿与安全工程学报,2011,28(3):113-117.

[44]郑西贵,季明,张农.考虑湿度效应的膨胀岩流变模型[J].煤炭学报,2012,37(3):43-48.

[45]齐亚静,姜清辉,王志俭,周创兵.改进西原模型的三维蠕变本构方程及其参数辨识[J].岩石力学与工程学报,2012,31(2):135-143.

[46]李刚,梁冰,张国华.高应力软岩巷道变形特征及其支护参数设计[J].采矿与安全工程学报.2009 26(2):183-186.

[47]周宏伟,谢和平,左建平.深部高地应力下岩石力学行为研究进展[J].力学进展,2005(2):91-99.

[48]姜耀东,刘文岗,赵毅鑫,等.开滦矿区深部开采中巷道围岩稳定性研究[J].岩石力学与工程学报,2005,24(6):1857-1862.

[49]姜耀东,王宏伟,赵毅鑫,刘长海,朱喜东.极软岩回采巷道互补控制支护技术研究[J].岩石力学与工程学报,2009,28(12):2384-2389.

[50]田洪铭,陈卫忠,谭贤君,王辉,田田.高地应力软岩隧道合理支护方案研究[J].岩石力学与工程学报,2009,28(12):2011,30(11):2286-2292.

[51]于洪丹.Boom Clay 渗流-应力耦合长期力学特性研究[D].武汉:中国科学院武汉岩土力学研究所,2010.

[52]贾善坡.Boom clay 泥岩渗流应力损伤耦合流变模型、参数反演与工程应

用[D]. 武汉：中国科学院武汉岩土力学研究所,2009.

[53]周宏伟,谢和平,董正亮,等. 深部软岩巷道喷射钢纤维混凝土支护技术[J]. 工程地质学报,2001,9(4):393-398.

[54]郭志飚,李乾,王炯. 深部软岩巷道锚网索-桁架耦合支护技术及其工程应用[J].岩石力学与工程学报,2009,28(增2)：573-578.

[55] 郭子源,赵国彦,彭康. 深部高应力软岩巷道开挖与支护围岩变形的FLAC3D模拟[J].矿冶工程,2012,32(2):19-29.

[56]许广,唐又驰. 深部软岩煤巷围岩变形分析与控制技术研究[J].中国安全科学学报,2011, 21(2):89-93.

[57] 徐卫亚,杨圣奇,杨松林,谢守益,邵建富,王义锋. 绿片岩三轴流变力学特性的研究(I):试验结果[J].岩土力学.2005,26(4):531-537

[58] LI Yong-sheng,XIA Cai-chu. Time-dependent tests on intact rocks in uniaxial compression[J]. International Journal of Rock Mechanics and Mining Sciences & Geomechanics Abstracts, 2000, 37(3)：467-475.

[59]何满朝,景海河,孙晓明. 软岩工程力学[M]. 北京:科学出版社,2003：35-60.

[60] 孙晓明,杨军,曹伍富. 深部回采巷道锚网索耦合支护时空作用规律研究[J].岩石力学与工程学报,2007,26(5):895-899.

[61]陈士林,钱七虎,王明洋.深部坑道围岩的变形与承载能力问题[J].岩石力学与工程学报,2005,24(13):2203-2211.

[62] 邬爱清,周火明,胡建敏,钟作武,朱杰兵,陈汉珍,郝庆泽. 高围压岩石三轴流变试验仪研制[J]. 长江科学院院报,2006,23(4):28-31.

[63]孙晓明,何满潮.深部开采软岩巷道耦合支护数值模拟研究[J].中国矿业大学学报,2005,34(2):166-169.

[64]周家文,徐卫亚,李明卫,等.岩石应变软化模型在深埋隧洞数值分析中的应用[J].岩石力学与工程学报, 2009,28(6):1116-1127.

[65]郭喜峰,尹健民,李永松,等.引汉济渭工程黄三隧洞地应力测试研究[J].地下空间与工程学报,2010, 6(增 2)：1629-1635.

[66] 李永松,尹健民,艾凯. 小湾水电站坝基岩体弹模与地应力测试研究[J].地下空间与工程学报,2006,2(6)：912-915.

[67]曹金凤,孔亮,王旭春.水压致裂法地应力测量的数值模拟[J].地下空间与工程学报,2012,8(1)：148-153.

[68]孟庆彬,韩立军,乔卫国,等.基于地应力实测的深部软岩巷道稳定性研究[J]. 地下空间与工程学报,2012,8(5)：922-927.

[69]葛修润,侯明勋.三维地应力 BWSRM 测量新方法及其测井机器人在重

大工程中的应用[J].岩石力学与工程学报,2011,30(11):2161-2180.

[70]长江科学院.四川省雅砻江官地水电站地下厂房地应力测试报告[R].武汉:长江科学院,2006.

[71]江权,冯夏庭,徐鼎平,等.基于围岩片帮形迹的宏观地应力估计方法探讨[J].岩土力学,2011,32(5):1452-1459.

[72]王小琼,葛洪魁,宋丽莉,等.两类岩石声发射事件与Kaiser效应点识别方法的试验研究[J].岩石力学与工程学报,2011,30(3):580-588.

[73]LIN W. A core. based method to determine three-dimensional insitu stress in deep drilling wells:an elasticstrain recovery technique[J]. Chinese Journal of Rock Mechanics and Engineering,2008,27(12):2387-2394.

[74]周春华,尹健民,丁秀丽,等.秦岭深埋引水隧洞地应力综合测量及区域应力场分布规律研究[J].岩石力学与工程学报,2012,31(增1):2957-2964.

[75]孟祥连,宋丙林,毛建安.西康线秦岭特长隧道地应力测试方法及其应用:铁路工程地质实例[M].北京:中国铁道出版社,2002.

[76]王思敬.中国岩石力学与工程的世纪成就与历史使命[J].岩石力学与工程学报,2003,22(6):867-871.

[77]经来旺,张浩,郝鹏伟.套筒致裂法测试地应力原理技术与应用[M].合肥:中国科学技术大学出版社,2012.

[78]徐秉业,刘信声.应用弹塑性力学[M].北京:清华大学出版社,2002.

[79]MARANINI E, YAMAGUCHI T. A non-associated viscoplastic model for the behaviour of granite in triaxial compression[J]. Mechanics of Materials, 2001, 33(5):283-293.

[80]MARANINI E, BRIGNOLI M. Creep behaviour of a weak rock:experimental characterization [J]. International Journal of Rock Mechanics and Mining Sciences, 1999, 36(1):127-138.

[81]陈卫忠,于洪丹,王晓全,贾善坡,郝庆泽,黄胜.双联动软岩渗流-应力耦合流变仪的研制[J].岩石力学与工程学报,2009,28(11):2177-2183

[82]陈晓斌,张家生,唐孟雄,张继勋.大型三轴流变试验轴压及围压装置与应用[J].铁道科学与工程学报,2008,5(4):32-37

[83]经纬,薛维培,郝朋伟,经来旺,杨仁树.套筒致裂法测试地应力的原理与方法[J].煤炭学报,2015,40(2):342-346.

[84]经纬,郝朋伟,郭东明.三孔正交法地应力测试原理[J].地下空间与工程学报,2013,9(5):1082-1086.

[85]王连捷,孙东生,张利容,周冠武.地应力测量在岩石与CO_2突出灾害研究中的应用[J].煤炭学报,2009,34(1):28-32.

[86]贾金河,邢长海.地应力测试数据高可靠性处理系统研究[J].煤炭科学技术,2015,43(1): 41-44.

[87]李远,乔兰,孙歆硕.关于影响空心包体应变计地应力测试精度若干因素的讨论[J].岩石力学与工程学报,2006,25(10) : 2040-2044.

[88]韩军,梁冰,张宏伟,朱志洁,荣海,张普田,梁和平.开滦矿区煤岩动力灾害的构造应力环境[J].煤炭学报,2013, 38 (7):1154-1160.

[89]赵云川,李琦,陈江,李伟.孔径变形法测试地应力弹性模量参数选取分析[J].岩石力学与工程学报,2010,29(10):2143-2147.

[90]赵奎,闫道全,钟春晖,等.声发射测量地应力综合分析方法与实验验证[J].岩土工程学报,2012, 34(8):1403-1410.

[91]陈渠,许江,周德培.利用岩芯变形测定原始地应力[J].煤炭学报,2007,32(3):248-252.

[92]葛修润,侯明勋.一种测定深部岩体地应力的新方法——钻孔局部壁面应力全解除法[J].岩石力学与工程学报,2004,23(23):3923-3927.

[93]张芳,刘泉声,张程远,蒋景东.流变应力恢复法地应力测试及装置[J].岩土力学,2014,35(5):1506-1513.

[94]葛修润,侯明勋.三维地应力 BWSRM 测量新方法及其测井机器人在重大工程中的应用[J].岩石力学与工程学报, 2011, 30(11): 2161-2178.

[95]罗超文,李海波,刘亚群.煤矿深部岩体地应力特征及开挖扰动后围岩塑性区变化规律[J].岩石力学与工程学报,2011,30(8):1613-1618.

[96]张延新,宋常胜,蔡美峰,彭华. 深孔水压致裂地应力测量及应力场反演分析[J].岩石力学与工程学报,2010,29(4): 778-786.

[97]蔡美峰.地应力测量原理和技术[M].北京:科学出版社,2000.

[98]刘江.伊泰矿区井下地应力测量及应力场分布特征研究[J].煤炭学报,2011,36(4):562-566

[99]王建新,高成玉,郭放良,刘晓丽,杨野. 尼泊尔上塔马克西水电站三维地应力测试分析[J].岩石力学与工程学报,2012,31(z1):3339-3344.

[100]许文龙. 三向压力盒地应力测试与反演方法研究[M].青岛:山东科技大学,2011.

[101]李宏,马元春,王福江. 压磁套芯三维原地应力测量研究[J].岩土力学,2007,28(2):253-257.

[102]陈强,朱宝龙,胡厚田. 岩石 Kaiser 效应测定地应力场的试验研究[J].岩石力学与工程学报,2006,25(7):1370-1376.